橡胶助剂
实用手册

Handbook of Rubber Additives

中国橡胶工业协会橡胶助剂专业委员会　组织编写
许春华　主编

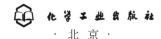

化学工业出版社
·北京·

内 容 简 介

本书主要对橡胶硫化剂、橡胶硫化促进剂、橡胶防老剂、加工型橡胶助剂、功能型橡胶助剂、预分散母胶粒、国外助剂新品种的化学名称、英文名称、CAS 号、结构式、技术指标、使用特性、用途、贮存和安全、主要生产厂家等进行了详细介绍，最后一章列举了典型橡胶制品配方，可为橡胶助剂上下游企业的技术人员、营销人员和管理人员提供参考。

图书在版编目（CIP）数据

橡胶助剂实用手册/中国橡胶工业协会橡胶助剂专业委员会组织编写；许春华主编. —北京：化学工业出版社，2021.12

ISBN 978-7-122-39947-2

Ⅰ.①橡…　Ⅱ.①中…　②许…　Ⅲ.①橡胶助剂-手册　Ⅳ.①TQ330.38-62

中国版本图书馆 CIP 数据核字（2021）第 189428 号

责任编辑：赵卫娟　仇志刚　　　装帧设计：刘丽华
责任校对：李雨晴

出版发行：化学工业出版社（北京市东城区青年湖南街 13 号　邮政编码 100011）
印　　装：中煤（北京）印务有限公司
710mm×1000mm　1/16　印张 25　字数 351 千字　2021 年 10 月北京第 1 版第 1 次印刷

购书咨询：010-64518888　　　售后服务：010-64518899
网　　址：http://www.cip.com.cn
凡购买本书，如有缺损质量问题，本社销售中心负责调换。

定　　价：168.00 元

编委会名单

主　　编： 许春华

副 主 编： 王延栋　王志强　刘安华　高　波

参编人员（按姓氏笔画排序）：

王　岚　田　旭　刘恩冉　安　静

李云峰　宋士杰　张　成　张　颂

陈　丹　屈军伟　贺炅昊　唐志民

陶再山　彭华龙

前言

2001年6月中国橡胶工业协会橡胶助剂专业委员会正式成立，中国橡胶助剂工业从此进入了持续、稳定、健康的发展阶段。

2003年，根据行业发展需要，进一步沟通橡胶助剂企业与上下游企业的合作关系，专委会组织专家编制了内部发行的《橡胶助剂实用手册》（袖珍版），收集了86个助剂产品的国际注册号、标准、性能、生产企业和应用实例，以及国外有代表性的橡胶助剂新产品。该手册一经推出，就得到了助剂企业和上下游企业的青睐，成为相关技术人员、营销人员和管理人员的“好朋友”。

2010年，橡胶助剂专委会会员单位增加一倍以上，助剂产品和应用技术有了很大变化，清洁生产引领中国橡胶助剂走向世界。根据广大读者的要求，橡胶助剂专委会对原手册进行了修订，进一步阐述橡胶助剂产品的新颖性和实用性，篇幅增加了50%以上。

2021年是橡胶助剂专业委员会成立二十周年，二十年峥嵘岁月，中国橡胶助剂行业突飞猛进，从小到大，从弱到强，坚持创新驱动，逐步进入绿色化、智能化、微化工化的新阶段。中国橡胶助剂产业发展迅速，产量持续占据全球70%以上份额，为满足行业发展需求，助剂品种不断更新换代。因此，橡胶助剂专业委员会决定重新编制《橡胶助剂实用手册》，并由化学工业出版社公开出版发行。手册主要对国内外大量的新产品进行论述，具体包括橡胶硫化剂、橡胶硫化促进剂、橡胶防老剂、加工型橡胶助剂、功能型橡胶助剂、国外助剂新品种等，而且还根据绿色轮胎、航天、航空、高铁等各项新技术的要求编制了助剂应用实例，使本手册更具实用性。为促进橡胶助剂产品剂型的创新和改造，专门编制了“预分散母胶粒”一章，以供行业参考。

《橡胶助剂实用手册》的公开发行，必将更好地满足上下游企业的合作发展需求，满足广大科技工作者、营销人员和管理人员的需求，并为我国橡胶工业的发展做出新贡献！

中国橡胶工业协会橡胶助剂专业委员会
名誉理事长　许春华

目录

第 1 章

橡胶硫化剂

第 3 章

橡胶防老剂

第5章

功能型橡胶助剂

第 6 章

预分散母胶粒

第8章

典型橡胶制品配方实例

第 1 章

橡胶硫化剂

硫化是指橡胶的线型大分子通过化学交联而转变为三维网状结构的过程，随之胶料的物理性能及其他性能也发生了根本变化。硫化过程中，由于交联作用，橡胶大分子结构中的活性官能团或双键逐渐减少，从而增加了化学稳定性。另一方面，由于生成网状结构，使橡胶大分子链段的运动减弱，低分子物质的扩散作用受到严重阻碍，提高了橡胶对化学物质作用的稳定性。

硫化剂主要分为硫黄类硫化剂、树脂类硫化剂、过氧化物类硫化剂、醌肟类硫化剂等。

1.1 硫黄类硫化剂

1.1.1 普通硫黄

化学名称：硫；硫黄

英文名称：sulfur

化学式：S

CAS 注册号：[7704-34-9]

技术指标：执行标准 GB/T 18952—2017

项目		指标	
		Ⅰ型	Ⅱ型
外观		黄色粉末	黄色不飞扬粉末
加热减量(80℃±2℃)/%	≤	0.50	
灰分(600℃±25℃)/%	≤	0.15	
筛余物(75μm)/%	≤	4.0	
酸度(以 H_2SO_4 计)/%	≤	0.10	
总硫含量/%		≥99.5	94.0～96.0
油含量/%		—	4.0～6.0

主要特性：单质硫俗称硫黄，有特殊臭味，能溶于二硫化碳，不溶于水。工业硫黄呈黄色或淡黄色，有块状、粉状、粒状或片状等。硫有多种同素异形体，斜方硫又叫菱形硫或 α-硫，在 95.5℃以下最稳定，密度 $2.1g/cm^3$，熔点 112.8℃，沸点 445℃，质脆，不易传热导电；单斜硫又称 β-硫，在 95.5℃以上时稳定，密度 $1.96g/cm^3$；弹性硫又称 γ-硫，是无定形的，不稳定，易转变为 α-硫。斜方硫和单斜硫都是由 S_8 环状分子组成，液态时为链状分子，蒸气中有 S_8、S_4、S_2 等分子，1000℃以上时蒸气由 S_2 组成。

用途：硫黄在橡胶中的溶解度为 1%，普通硫黄在橡胶中的用量超过其溶解度部分在胶料冷却后会喷出表面，即喷霜。喷霜将影响半成品部件之间的黏性并对产品硫化均匀性带来不利影响，故硫黄用量较高时宜采用不溶性硫黄。

注意事项：普通硫黄宜在开炼机冷辊上加入，最好在其他配合剂加完后再加；噻唑类促进剂会增加普通硫黄喷霜的危险。硫黄易燃，贮存和使用应避明火。

国内主要生产厂家：

河南省开仑化工有限责任公司

广西防城港五星环保科技股份有限公司

无锡华盛橡胶新材料科技股份有限公司

上海京海（安徽）化工有限公司

1.1.2　不溶性硫黄

化学名称：不溶性硫黄；聚合硫；μ-硫

英文名称：insoluble sulfur；polymeric sulfur

化学式：S_n

CAS 注册号：[9035-99-8]

技术指标：执行标准 GB/T 18952—2017

非充油型

项目	指标	
	IS 60	IS 90
外观	黄色粉末	
加热减量(80℃±2℃)/% ≤	0.50	
灰分(600℃±25℃)/% ≤	0.20	
筛余物(150μm)/% ≤	1.0	
酸度(以 H_2SO_4 计)/% ≤	0.10	
总硫含量/% ≥	99.5	
不溶性硫含量/%	60.0	90.0

充油型

项目	指标									
	HD OT-20	HS OT-10	HS OT-20	HS OT-33	IS 8010	IS 7520	IS 7020	IS 6033	IS 6010	IS 6005
外观	黄色不飞扬粉末									
加热减量(80℃±2℃)/% ≤	0.50									
灰分(600℃±25℃)/% ≤	0.15									
筛余物(150μm)/% ≤	1.0									
酸度(以 H_2SO_4 计)/% ≤	0.05									
总硫含量/%	78.5～81.5	89.0～91.0	79.0～81.0	66.0～68.0	89.0～91.0	79.0～81.0	79.0～81.0	66.0～68.0	89.0～91.0	94.0～96.0
不溶性硫含量/% ≥	72.0	81.0	72.0	60.0	81.0	75.0	72.0	60.0	60.0	60.0
油含量/%	18.5～21.5	9.0～11.0	19.0～21.0	32.0～34.0	9.0～11.0	19.0～21.0	19.0～21.0	32.0～34.0	9.0～11.0	4.0～6.0

续表

<table>
<tr><th rowspan="2">项　目</th><th colspan="10">指　标</th></tr>
<tr><th>HD OT-20</th><th>HS OT-10</th><th>HS OT-20</th><th>HS OT-33</th><th>IS 8010</th><th>IS 7520</th><th>IS 7020</th><th>IS 6033</th><th>IS 6010</th><th>IS 6005</th></tr>
<tr><td>热稳定性(105℃)/%　≥</td><td colspan="7">75.0</td><td colspan="3">—</td></tr>
<tr><td>热稳定性(120℃)/%　≥</td><td colspan="5">45.0</td><td colspan="5">—</td></tr>
</table>

主要特性：不溶性硫黄是硫的长链聚合物，长链上的硫原子数达 106 以上，结晶学上早期称为 μ-硫，现在称 ω-硫，属于硫的一种同素异形体，具有不溶于二硫化碳和橡胶的性质。由于硫碳键容易破断以及长链分子两端自由基的电子结构的不稳定性，使不溶性硫黄具有亚稳态性质，有向可溶性硫黄即斜方硫转化的倾向，这就是不溶性硫黄的不稳定性。基于这种性质，不溶性硫黄商品是不溶性硫与可溶性硫的混合物，其精品的不溶性硫含量可达 98%以上。不溶性硫黄受热、与碱性物接触或长期贮藏都会发生硫含量下降。由于不溶性硫黄是高热下经自由基聚合方法生产的，产品通常带有静电荷，容易使产品团聚、在胶料中分散不均或引发加工事故。为此，市售产品多是充油型无飞扬产品，所填充的环烷油可以降低其静电荷并提高其在胶料中的分散性。

普通可溶性硫黄为 S_8 环结构的斜方晶体，常温下在橡胶中的溶解度约为 1%，且溶解度随炼胶温度的提高而增加。当混炼胶冷却至室温后，胶料就成为可溶性硫的过饱和溶液，所配加的高于 1%的硫就会结晶并向胶料表面迁移形成喷霜。如果这种喷霜发生在半成品胶件上，不仅起到了一种并不需要的隔离剂作用，严重影响胶件之间或胶件与骨架材料之间的黏合和成型，而且硫黄在胶料中的分布不均一，造成硫化胶交联密度不均一，最终降低橡胶制品的黏合强度和力学性能。与可溶性硫黄相反，不溶性硫黄的分子为锯齿状长链结构，具有普通聚合物的黏弹性，只要混炼温度达到其玻璃化转变温度以后，μ-硫由固态转化为塑性态，容易与塑化了的橡胶发生共混。这种含有μ-硫的混炼胶，即使冷却到室温，因其分子的长链结构性，不可能在胶料中产生结晶、迁移，形成喷霜，因而可以保持胶件表面新鲜，增进半成品胶件之间或胶件与骨架材料之间的黏合，并确保硫黄在胶料中的均一分布，提高橡胶制品，特别是轮胎的硫化质量和力学性能。

用途：不溶性硫黄用作天然橡胶和合成橡胶的硫化剂，可以在混炼时直接加入胶料。一般在混炼最后阶段加入。如在密炼机上投料，最好在排料前降低胶料温度至90℃后加入。对于IS-HS（不溶性硫黄）产品，可以在不高于105℃条件下加入。在软胶制品中一般用量为0.2～5.0份，在与黄铜黏合的胶料中用量不低于3.5份。随着子午线轮胎的发展，轮胎企业普遍要求不溶性硫黄在120℃×15min条件下，保持率为45%以上。

注意事项：碱性强的配合剂或噻唑类促进剂在与不溶性硫黄配合时有喷霜的危险。易燃，贮存和使用应避明火。

国内主要生产厂家：

山东尚舜化工有限公司

山东阳谷华泰化工股份有限公司

蔚林新材料科技股份有限公司

圣奥化学科技有限公司

河南省开仑化工有限责任公司

科迈化工股份有限公司

中信华诚化工科技有限公司

荣成市化工总厂有限公司

无锡华盛橡胶科技股份有限公司

上海京海（安徽）化工有限公司

江苏宏泰橡胶助剂有限公司
伊士曼化学有限公司

1.1.3 硫化剂 DTDC

化学名称： 1,1′-二硫代双己内酰胺
英文名称： dithiocaprolactame
化学结构式：

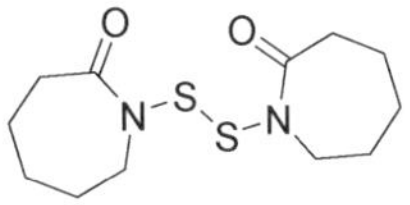

CAS 注册号： [23847-08-7]
技术指标： 执行标准 HG/T 5464—2018

项目		指标
外观		白色至淡黄色粉末
熔点/℃	≥	130
加热减量/%	≤	0.3
灰分/%	≤	0.5
总硫量/%		20～24

用途： DTDC 是天然橡胶和合成橡胶的硫化剂。DTDC 是硫的给予体，硫化过程中不产生亚硝铵，可用于替代 DTDM。在一般硫化条件下可以释放出活性硫，与加入的硫黄在橡胶分子间形成单硫键和双硫键，这种橡胶硫化网络结构可赋予硫化胶较好的耐热性、耐压缩性和高定伸应力。DTDC 易分散、不喷霜、焦烧性较好、硫化速度较快。DTDC 可全部或部分替代硫黄，组成有效或半有效硫化体系，应用在三元乙丙橡胶中。适用于轮胎、耐热橡胶制品、卫生橡胶制品及彩色橡胶、电线电缆等制品。

国内主要生产厂家：

蔚林新材料科技股份有限公司

山东阳谷华泰化工股份有限公司

鹤壁元昊新材料集团有限公司

1.1.4 硫化剂 DPTH

化学名称：六硫化双五亚甲基秋兰姆

英文名称：diptentamethylenethiuram hexasulfide

同类产品：TRA

化学结构式：

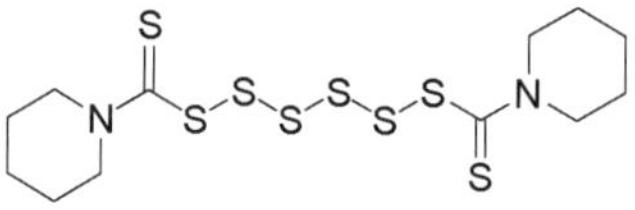

CAS 注册号：[971-15-3]

分子式：$C_{12}H_{20}N_2S_8$

分子量：448.7

主要特性：无味、无毒，相对密度 1.5。溶于氯仿、苯、丙酮、二硫化碳，微溶于汽油与四氯化碳，不溶于水、稀碱。

技术指标：执行标准 HG/T 4779—2014

项目		指标
外观(目测)		淡黄色粉末(颗粒)
初熔点/℃	≥	108
加热减量/%	≤	0.40
灰分/%	≤	0.40
筛余物(100 目)/%	≤	0.10
筛余物(240 目)/%	≤	0.50

用途：主要用作天然橡胶、合成橡胶及胶乳的辅助促进剂。由于加热时能分解出游离硫，故也可用作硫化剂，有效含硫量为其质量的 28%。用作硫化剂时，在操作温度下比较安全，硫化胶耐热、耐老化性能优良。在氯磺化聚乙烯橡胶、丁苯橡胶、丁基橡胶中可做主促进剂。当与噻唑类促进剂并用时特别适用于丁腈橡胶，硫化胶压缩变形和耐热性能均优。制造胶乳海绵时宜与促进剂 MZ 并用。易分散于干橡胶中，也易分散于水中，不污染。一般用于制造耐热制品、电缆等。DPTH 无污染，特别适用于浅色胶料。在助促进剂系统中 DPTH 的用量是 0.5～1.5 份。

包装及贮运：塑编袋、纸塑复合袋、牛皮纸袋包装，净重 25kg。应贮存在阴凉、干燥、通风良好的地方。包装好的产品应避免阳光直射，有效期 2 年。

国内主要生产厂家：

蔚林新材料科技股份有限公司

鹤壁元昊新材料集团有限公司

1.1.5　硫化剂 TB710

化学成分：对叔丁基苯酚二硫化物与硬脂酸的混合物

技术指标：执行企业标准

指标	数值
外观	棕色片状固体
硫含量/%	26.4～28.4
软化点/℃	75～95

用途：多用途硫化剂，产品耐热、耐老化，具有优异的抗硫化还原性，不产生亚硝铵，同时可改善并用橡胶的共硫化特性，增加胶料黏性。

作硫化剂适用于轮胎胎侧、气密层、三角胶、胎圈包布胶等部位，特别适用于厚制品及耐热制品，NBR、EPDM、EPDM、IIR 等胶种均可适用。

国内主要生产厂家：
山东阳谷华泰化工股份有限公司
蔚林新材料科技股份有限公司
山东瑞祺化工有限公司

1.1.6 硫化剂 DTDM

化学名称：4,4′-二硫化二吗啉
英文名称：4,4′ -dithiodimorpholine
同类产品：Sulfasan R；Vulnoc R
化学结构式：

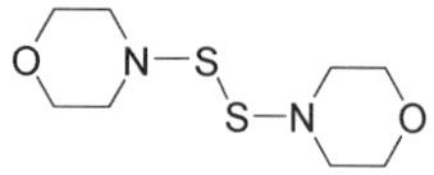

CAS 注册号：[103-34-4]
技术指标：执行标准 HG/T 4389—2012

项　目		指　标
外观		白色或浅黄色粉末
熔点/℃	≥	120
加热减量/%	≤	0.5
灰分/%	≤	0.5
总硫量/%		25～29

主要特性：相对密度 1.32～1.38，溶于乙醇、丙酮、苯、二氯乙烷，

不溶于水和脂肪烃。用作天然橡胶及合成橡胶硫化剂。由于在硫化温度下能释放出活性硫，属于硫黄给予体型硫化剂。有效活性硫含量约27%。操作安全，即使与碱性炉黑配合也无焦烧之虞。单独配用硫化速度慢，与噻唑、秋兰姆、二硫代氨基甲酸盐并用能提高硫化速度。与少量硫黄并用效果更好。水杨酸类酸性物质也能促进分解，加快硫化速度，但却使物理性能下降。不喷霜、不污染、不变色、易分散。

用途：主要用于制造轮胎、丁基内胎，各种耐热橡胶制品、特大特厚制品和浅色橡胶制品。

配合：

一般用量/份	DTDM	硫黄	促进剂 CZ	促进剂 M	促进剂 TMTD	促进剂 D
天然橡胶	1～2	0.3～1.0	0.5	—	—	—
	0.7～2	0.5～1.5	—	0.4	—	0.3
	1～1.5	0～0.3	—	—	—	0.7
丁腈橡胶	1	1	—	—	—	—
丁基橡胶	1.5	1	—	0～1.5	1～2	—

注意事项：燃烧温度 140℃，燃烧浓度下限 20.5g/m^3。干燥时有着火危险。粉尘-空气混合物有爆炸危险。有中等毒性。避光密闭贮存，以防分解。避免与皮肤及眼部接触。

毒害说明：DTDM 可产生致癌的亚硝铵物质。

环保替代品：DTDC/CLD(1,1′-二硫代双己内酰胺)、TB710 等。

国内主要生产厂家：

蔚林新材料科技股份有限公司

1.2 树脂类硫化剂

1.2.1 硫化树脂 201

化学名称：溴化对-叔辛基苯酚甲醛树脂

同类产品：SP-1055；SL-7065

化学结构式：

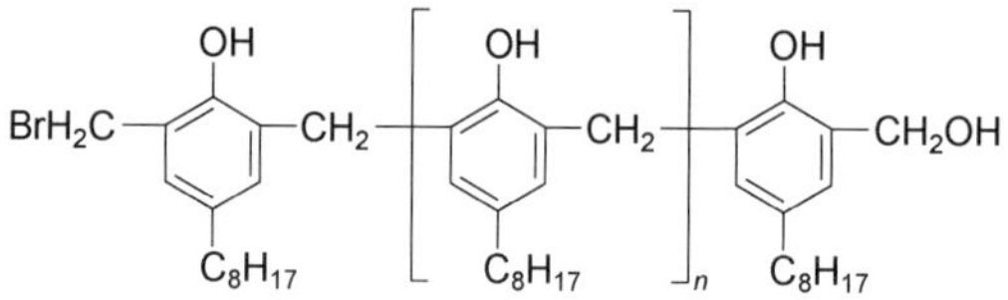

技术指标：执行企业标准

项目	指标 201-Ⅰ	指标 201-Ⅱ	指标 201-Ⅲ
外观	橙黄至红棕色透明块状物		
溴含量/%	3.5～4.0	4.0～4.5	4.5～5.0
羟甲基含量/%　　≥	8	8	8
软化点(环球法)/℃	75～90	75～90	75～90
水分/%	≤1	≥1	≥1

用途：丁基橡胶、三元乙丙橡胶等的有效硫化剂。硫化速度快，不需添加活化剂，防焦烧性能良好。本品硫化的丁基橡胶耐热老化、耐介质性能优于其他树脂硫化剂，广泛应用于制造耐热、耐介质制品，如胶囊、内胎、密封件、耐热胶圈、胶塞、胶辊等。用量 5～15 份。

国内主要生产厂家：

华奇（中国）化工有限公司

蔚林新材料科技股份有限公司

1.2.2　硫化树脂 202

化学名称：对-叔辛基苯酚甲醛树脂

英文名称：*p*-tert-octylphenol formaldehyde resin

同类产品：WS 树脂；SP-1045；SL-7015

化学结构式：

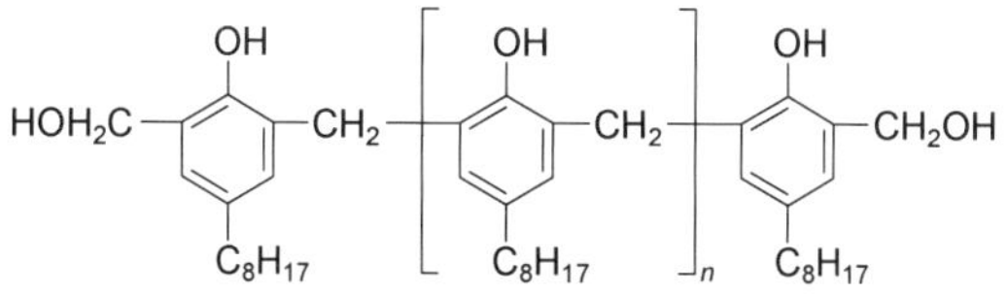

技术指标：执行企业标准

项目		指标
外观		淡黄—浅黄绿色块状树脂
软化点(环球法)/℃		75～90
羟甲基含量/%	≥	8.5
水分/%	≤	1

用途：该树脂是丁基橡胶的有效硫化剂，广泛应用于轮胎、医药密封制品等领域，还可以用于黏合剂和涂料制造等方面。该树脂在通常温度下易分散、易操作，硫化速度适中，能改善硫化胶的耐热老化性能和物理机械性能，是用于胶囊、内胎、耐热制品、密封制品、胶塞等的有效硫化剂。

国内主要生产厂家：

华奇（中国）化工有限公司

武汉径河化工有限公司

1.2.3 硫化树脂 2402

化学名称：对叔丁基苯酚甲醛树脂

同类产品：树脂 101；SL-7025

化学结构式：

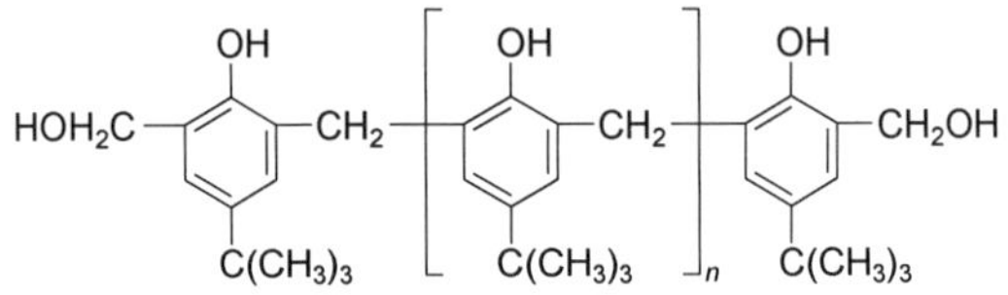

技术指标：执行企业标准

项目	指标	
	Ⅰ型	Ⅱ型
软化点(环球法)/℃	88～95	100～120
羟甲基含量/%	7.0～12.0	7.0～12.0
油溶性(1∶2，240℃)	全溶	全溶

用途：丁基橡胶、丁苯橡胶、天然橡胶等橡胶的硫化剂，主要用于丁基橡胶。硫化胶具有良好的耐热性，压缩永久变形较小。一般用量在 12 份以下，通常配合氯化物作活性剂，也可用于黏合剂。

国内主要生产厂家：

华奇（中国）化工有限公司

1.3　过氧化物类硫化剂

1.3.1　硫化剂 DTBP

化学名称：二叔丁基过氧化物

英文名称：di-tert-butyl peroxide

化学结构式：

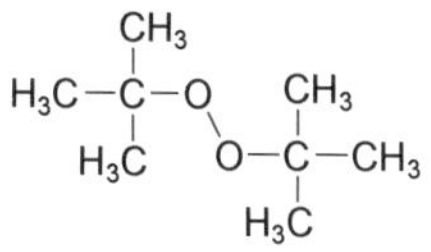

CAS 注册号：[110-05-4]

技术指标：执行标准 HG/T 5794—2021

项目	指标
外观	无色至微黄色透明液体
熔点/℃	–40
相对密度	0.794
叔丁基过氧化氢含量/%	≤0.1
纯度/%	≥98.0

用途：作为交联剂，可用于硅橡胶等合成橡胶和天然橡胶、聚乙烯、EVA 和 EPT 等。作为聚合引发剂，可用于聚苯乙烯及聚乙烯。

安全性：吸入、经口或以皮肤吸收后对身体有害。受高热、阳光曝晒、撞击或与还原剂以及易燃物如硫、磷接触时，有引起燃烧爆炸的危险。有强氧化性，易燃，常温下较稳定。

国内主要生产厂家：

江苏强盛功能化学股份有限公司

1.3.2 硫化剂 DCP

化学名称：过氧化二异丙苯

英文名称：dicumyt peroxide

化学结构式：

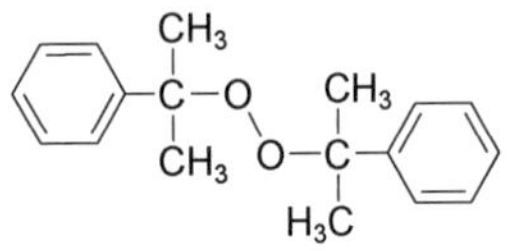

CAS 注册号：[80-43-3]

技术指标：执行企业标准

项目	指标			
	DCP 96	**DCP 90**	**DCP 40**	预分散体 **DCP40**
外观	白色或淡黄色粉末或片状	白色或淡黄色粉末	白色粉末	白色颗粒
熔点/℃	40～55	—	—	—
过氧化二异丙苯含量/% ≥	96	90	40	40
载体	—	$CaCO_3$	$CaCO_3$+SiO_2	$CaCO_3$+SiO_2

用途：用作丁腈橡胶、氯丁橡胶、聚苯乙烯的交联剂。用作自由基悬浮聚合引发剂时，可与还原剂亚铁盐组成氧化还原引发剂。主要用作丁苯橡胶低温聚合及厌氧胶合成的引发剂，其引发速度比过氧化氢异丙苯快 30%～50%，但比过氧化氢叔丁基异丙苯及过氧化氢三异丙苯要慢。也可用作不饱和聚酯的固化剂、酚醛-丁腈胶黏剂的交联剂，提高耐热性和耐老化性。100 份聚乙烯使用该品 2.4 份。

1.3.3　硫化剂双二五

化学名称：2,5-二甲基-2,5-二（叔丁基过氧基）己烷

英文名称：2,5-dimethyl-2,5-di(tert-butylperoxy)hexane

化学结构式：

CAS 注册号：[78-63-7]

技术指标：执行标准 T/CPCIF 0021—2018

项目	指标
外观	淡黄色油状液体
熔点/℃	8
闪点/℃	55
纯度/%	≥94

用途：用作硅橡胶、聚氨酯橡胶、乙丙橡胶和其他橡胶的交联剂，也可用作聚乙烯交联剂和不饱和聚酯树脂的硫化剂。没有二叔丁基过氧化物容易气化和过氧化二异丙苯产生臭味的缺点，是乙烯基硅橡胶有效的高温硫化剂，制品的拉伸强度和硬度均高，拉伸和压缩变形比较低。

注意事项：使用温度避免低于 10℃。为保持质量应存储在原密闭容器中，温度低于 40℃。避免震动及摩擦。单独密闭存放，避免接触铁和铜。接触不相容的物质（如酸、碱、重金属及还原剂等）将产生危险的分解反应。不得与过氧化物促进剂混合。仅能使用不锈钢 316、PVC、聚乙烯或搪玻璃设备。

国内主要生产厂家：

江苏强盛功能化学股份有限公司

1.3.4 硫化剂双二四

化学名称：过氧化二-2,4-二氯苯甲酰；2,4-二氯过氧化苯甲酰

英文名称：bis(2,4-dichloro benzoyl)peroxide

同类产品：DCBP

化学结构式：

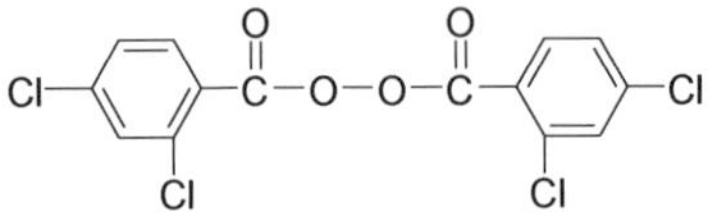

CAS 注册号：[133-14-2]

技术指标：执行标准 T/CPCIF 0015—2018

项目		指标
外观		白色或略带黄色膏状物
过氧化二-2,4-二氯苯甲酰含量/%		49.0～52.0
活性氧含量/%		2.06～2.19
游离氯/%	≤	0.05
酸度(以 2,4-二氯苯甲酸计)/%	≤	0.5
挥发分/%	≤	1.5

用途：本品过氧化二-2,4-二氯苯甲酰含量为 50%，与硅油混合，相对密度 1，不溶于水，溶于大多数有机溶剂。硫化剂双二四主要用于硅橡胶的硫化，且胶料能在无外压（如热空气或红外线硫化）下被硫化。而且硫化剂双二四在双辊机上很容易与胶料混炼。

注意事项：接触明火，或在高温下会产生爆炸危害。为保持质量应存储在原密闭容器中，温度低于 35℃。单独密闭存放，避免接触铁和铜。接触不相容的物质（如酸类、碱类、重金属及还原剂）将产生危险的分解反应。不得与过氧化物促进剂混合。仅能使用不锈钢 316、PVC、

聚乙烯或搪玻璃设备。

国内主要生产厂家：

江苏强盛功能化学股份有限公司

1.3.5 硫化剂 BPO

化学名称： 过氧化二苯甲酰

英文名称： dibenzoyl peroxide

同类产品： 引发剂 BPO

化学结构式：

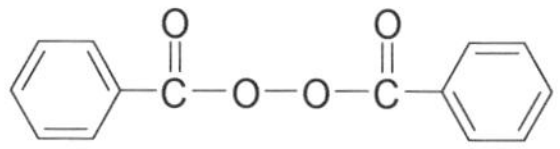

CAS 注册号： [94-36-0]

技术指标： 执行标准 HG/T 2717—2014

项目	指标
外观	白色颗粒或粉末
过氧化二苯甲酰含量/%	72.0～76.0
活性氧含量/%	4.75～5.02
总氯量/% ≤	0.25

用途： 本品过氧化二苯甲酰含量 75%，相对密度 0.63，不溶于水，溶于苯、氯仿、丙酮等，微溶于乙醇。在 80～100℃的温度范围内，硫化剂 BPO 可用于苯乙烯的聚合反应。实际上，不同活性的两种或两种以上的过氧化物联用可以减少反应后期单体的残留并提高反应器效率。在 65～100℃的温度范围内，硫化剂 BPO 可以用作丙烯酸酯类和甲基丙烯酸酯类本体聚合或共聚的引发剂。在室温或稍高的温度下，硫化剂 BPO 也可用作乙烯基酯和丙烯酸树脂的固化剂。

注意事项：为保持质量应存储在原密闭容器中，温度低于35℃。避免震动及摩擦。单独密闭存放。切忌失水，否则将引起爆炸。避免接触铁和铜。接触不相容的物质（如酸、碱、重金属及还原剂等）将产生危险的分解反应。不得与过氧化物促进剂混合。仅能使用不锈钢316、PVC、聚乙烯或搪玻璃设备。

国内主要生产厂家：

江苏强盛功能化学股份有限公司

1.3.6 硫化剂 TBPB

化学名称：过氧化苯甲酸叔丁酯；叔丁基过苯甲酸酯

英文名称：tert-butyl peroxy benzoate

同类产品：CP-02

化学结构式：

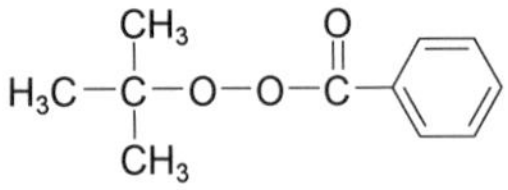

CAS 注册号：[614-45-9]

技术指标：执行标准 HG/T 4871—2016

项目		指标
色度(黑曾)	≤	50
含量/%	≥	98.5
活性氧含量/%	≥	8.12
水分/%	≤	0.2
叔丁基过氧化氢/%	≤	0.005
总可水解氯/%	≤	0.005

用途：相对密度1.04，不溶于水，溶于大多数有机溶剂。在100～140℃

的温度范围内，硫化剂 TBPB 可用于苯乙烯的聚合或共聚。在实践中，常常使用两个或两个以上的具有不同活性的过氧化物复合使用，以降低最终聚合物中单体的残存量并提高反应效率。

注意事项：与不相容的物质（如酸类、碱类、重金属和还原剂）接触将导致分解反应。对色度要求较高的客户，建议在 10～15℃下避光贮存。为保持质量应存储在原密闭容器中，并低于 30℃。单独密闭存放，避免接触铁和铜。不得与过氧化物促进剂混合。仅能使用不锈钢 316、PVC、聚乙烯或搪玻璃设备。

国内主要生产厂家：

江苏强盛功能化学股份有限公司

1.3.7　硫化剂 TBHP

化学名称：叔丁基过氧化氢；过氧化叔丁醇

英文名称：tert-butyl hydroperoxide

化学结构式：

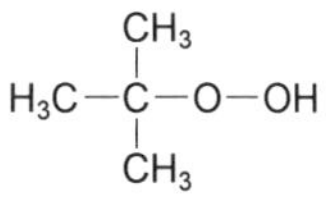

CAS 注册号：[75-91-2]

技术指标：执行标准 HG/T 5795—2021

项目	指标
外观	无色至微黄色透明液体
色度(黑曾)　≤	20
叔丁基过氧化氢含量/%	69.0～71.0
活性氧含量/%	12.25～12.62

用途： 本品为叔丁基过氧化氢含量 70%的水溶液，相对密度 0.935，不溶于水，溶于醇、酯、醚、烯烃及氢氧化钠溶液。硫化剂 TBHP 可作为苯乙烯、丙烯酸酯及甲基丙烯酸酯单体、水溶液或乳液的聚合引发剂。硫化剂 TBHP 典型应用：苯乙烯-聚酯树脂的固化、有机过氧化物合成的原料。

注意事项： 高温或与不相容的物质（如酸、碱、重金属和还原剂等）接触将导致危险的分解反应，而且在某些情况下会发生爆炸或火灾。为保持质量应存储在原密闭容器中，并低于 35℃。单独密闭存放，避免接触铁和铜。不得与过氧化物促进剂混合。仅能使用不锈钢 316、PVC、聚乙烯或搪玻璃设备。

国内主要生产厂家：

江苏强盛功能化学股份有限公司

1.3.8 硫化剂 TMCH

化学名称： 1,1-二（叔丁基过氧）-3,3,5-三甲基环己烷；1,1-双（过氧化叔丁基）- 3,3,5-三甲基环己烷

英文名称： 1,1-bis(t-butyl peroxy)-3,3,5-trimethyl cyclo hexane

同类产品： 3M

化学结构式：

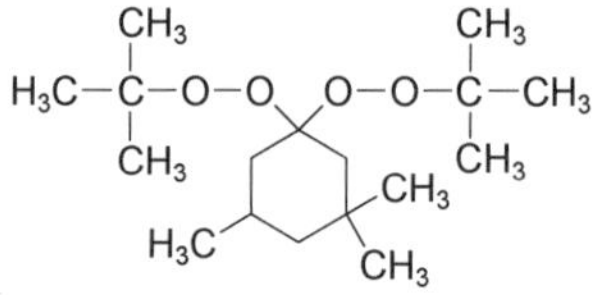

CAS 注册号： [6731-36-8]

技术指标： 执行标准 T/CPCIF 0091—2021

项目	指标
外观	无色至淡黄色透明油状液体
色度(黑曾)　≤	60
1,1-二(叔丁基过氧)-3,3,5-三甲基环己烷含量/%	88.0～90.0
活性氧含量/%	9.31～9.52
氢过氧化物(以叔丁基过氧化氢计)/%　≤	0.3

用途：相对密度 0.9，不溶于水，溶于大多数有机溶剂。用作苯乙烯的聚合，在 90～120℃温度范围内，硫化剂 TMCH 可提高苯乙烯聚合速率。在 90～120℃温度范围内，硫化剂 TMCH 也可用于苯乙烯、丙烯腈、丙烯酸酯及甲基丙烯酸酯的聚合或共聚。

注意事项：在温度等于或高于 SADT（自加速分解温度）时，发生的热分解可能会产生危险的自加速反应，而且在某些情况下会导致爆炸或火灾。为保持质量应存储在原密闭容器中，并低于 35℃。单独密闭存放，避免接触铁和铜。接触不相容的物质（如酸类、碱类、重金属及还原剂）将产生危险的分解反应。不得与过氧化物促进剂混合。仅能使用不锈钢 316、PVC、聚乙烯或搪玻璃设备。

国内主要生产厂家：

江苏强盛功能化学股份有限公司

1.3.9　硫化剂 CH

化学名称：1,1-二（叔丁基过氧）环己烷；1,1-双（叔丁基过氧基）环己烷

英文名称：1,1-bis(t-butyl peroxy)cyclohexane

化学结构式：

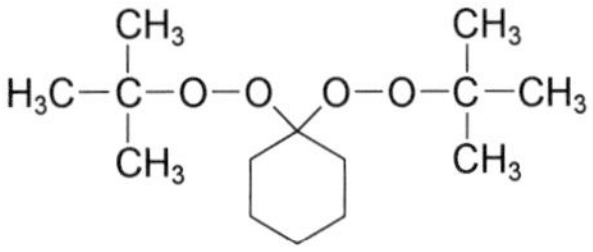

CAS 注册号：[3006-86-8]

技术指标：执行标准 T/CPCIF 0016—2018

项目	指标
外观	无色至微黄色透明液体
色度(黑曾) ≤	60
1,1-二(叔丁基过氧)环己烷含量/%	78.0～80.0
活性氧含量/%	9.58～9.84
氢过氧化物(以叔丁基过氧化氢计)/% ≤	0.5

用途：相对密度 0.92，不溶于水，溶于大多数有机溶剂。在 90～120℃的温度范围内，硫化剂 CH 可用于苯乙烯本体聚合。在 95～125℃的温度范围内，硫化剂 CH 也可用于苯乙烯、丙烯腈、丙烯酸酯及甲基丙烯酸酯的聚合或共聚。

注意事项：为保持质量应存储在原密闭容器中，并低于 35℃。单独密闭存放，避免接触铁和铜。接触不相容的物质（如酸类、碱类、重金属及还原剂）将产生危险的分解反应。不得与过氧化物促进剂混合。仅能使用不锈钢 316、PVC、聚乙烯或搪玻璃设备。

国内主要生产厂家：

江苏强盛功能化学股份有限公司

1.3.10 硫化剂 YNE

化学名称：2,5-二甲基-2,5-二(叔丁基过氧)-3-己炔；2,5-二甲基-2,5-双(过氧化叔丁基)-3-己炔

英文名称：2,5-dimethyl-2,5-bis(t-butyl peroxy)hexyne-3

同类产品：己炔双“二五”硫化剂

化学结构式：

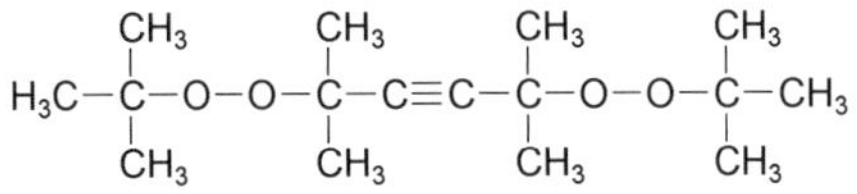

CAS 注册号：[1068-27-5]

技术指标：执行企业标准

项目	指标
外观	淡黄色透明油状液体
色度(黑曾)　　≤	100
2,5-二甲基-2,5-二(叔丁基过氧)-3-己炔含量/%	84.0～86.0
活性氧含量/%	9.38～9.61
氢过氧化物(以 2,5-二过氧化氢基-2,5-二甲基-3-己炔计)/%　　≤	2.0

用途：相对密度 0.88，不溶于水，溶于大多数有机溶剂。硫化剂 YNE 可用于天然橡胶、合成橡胶及热塑性聚烯烃的交联。

注意事项：当接触易燃物、遇高温时，有爆炸危险。为保持质量应存储在原密闭容器中，温度为 0～35℃。单独密闭存放，避免接触铁和铜。接触不相容的物质（如酸、碱、重金属及还原剂等）将产生危险的分解反应。不得与过氧化物促进剂混合。仅能使用不锈钢 316、PVC、聚乙烯或搪玻璃设备。

国内主要生产厂家：

江苏强盛功能化学股份有限公司

1.3.11 硫化剂 PMBP

化学名称： 过氧化二-（4-甲基苯甲酰）

英文名称： di(4-methylbenzoyl) peroxide

同类产品： 2M；无卤双二四

化学结构式：

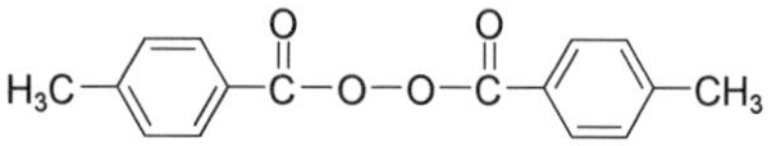

CAS 注册号： [895-85-2]

技术指标： 执行标准 T/CPCIF 0090—2021

项目		指标
外观		白色膏状物
过氧化二-(4-甲基苯甲酰)含量/%		49.0～52.0
活性氧含量/%		2.90～3.08
游离氯/%	≤	0.05
酸度(以对甲基苯甲酸计)/%	≤	0.5
挥发分/%	≤	1.5

用途： 本品过氧化二-（4-甲基苯甲酰）含量为 50%，与硅油混合，相对密度 1.1。不溶于水、乙醇，溶于大多数有机溶剂。建议添加量 1%～2%。使用温度≥120℃。热空气硫化温度 250～400℃。

为了改善使用温度稍高(比硫化剂 DCBP 略高 20℃左右)的缺陷，可搭配促进剂 B 组分同时使用，B 组分的加入量为硫化剂 PMBP 的十分之一即可。使用时，切记不能将二者混合在一起添加，必须分别加入到硅橡胶中（可先加入硫化剂 PMBP 混炼均匀后，再加入 B 组分），否则有造成焦烧的危险。

注意事项： 接触明火，在高温下会产生爆炸危害。为保持质量应存储在原密闭容器中，温度低于 35℃。单独密闭存放，避免接触铁和铜。接触不相容的物质（如酸类、碱类、重金属及还原剂）将产生危险的分解反应。不得与过氧化物促进剂混合。仅能使用不锈钢 316、PVC、聚乙烯或搪玻璃设备。

国内主要生产厂家：

江苏强盛功能化学股份有限公司

1.3.12　硫化剂 TBPEH

化学名称：过氧化-2-乙基己酸叔丁酯

英文名称：tert-butyl peroxy-2-ethylhexanoate

同类产品：引发剂 O

化学结构式：

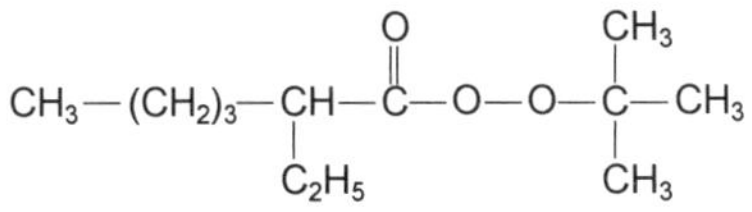

CAS 注册号：[3006-82-4]

技术指标：执行标准 HG/T 5796.1—2021

项目		指标
外观		澄清液体
色度(Pt-Co)	≤	20
过氧化-2-乙基己酸叔丁酯含量/%	≥	97.0
活性氧含量/%	≥	7.17
氢过氧化物(以 TBHP 计)/%	≤	0.08
无机和有机可水解氯化物/%	≤	0.01
游离酸(以 2-乙基己基酸计)/%	≤	0.1
水/%	≤	0.15

用途：相对密度 0.9，不溶于水，溶于大多数有机溶剂。在约 90℃，硫化剂 TBPEH 可用于悬浮法苯乙烯的聚合。TBPEH 也是生产低密度聚乙烯的有效引发剂，既可用于管式工艺，也可用于高压釜式工艺。在约 80～150℃的温度范围内，硫化剂 TBPEH 是丙烯酸酯和甲基丙烯酸酯溶液聚合的有效引发剂。

注意事项：为保持质量应存储在原密闭容器中，温度低于 10℃，但不能低于–30℃。单独密闭存放，避免接触铁和铜。接触不相容的物质（如酸类、碱类、重金属及还原剂）将产生危险的分解反应。不得与过氧化物促进剂混合。仅能使用不锈钢 316、PVC、聚乙烯或搪玻璃设备。

国内主要生产厂家：

江苏强盛功能化学股份有限公司

1.3.13 硫化剂 BIPB

化学名称：二（叔丁基过氧化异丙基）苯；*α*,*α*′-二叔丁过氧化二异丙基苯

英文名称：di(tert-butylperoxyisopropyl)benzene

化学结构式：

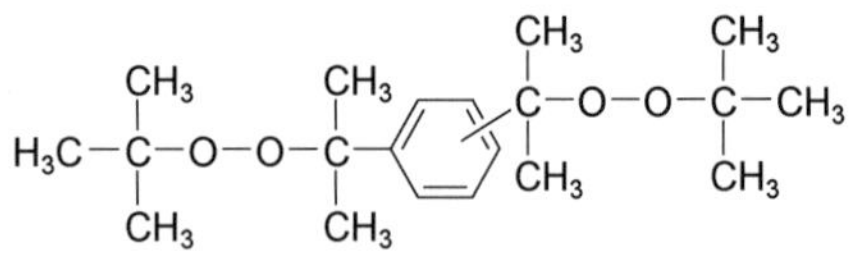

CAS 注册号：[25155-25-3]

技术指标：执行企业标准

项目	指标
外观	白色粉状

续表

项目		指标
二(叔丁基过氧化异丙基)苯含量/%	≥	96.0
活性氧含量/%	≥	9.07

用途：相对密度 0.4，不溶于水，溶于大多数有机溶剂。硫化剂 BIPB 可用于天然橡胶或者合成橡胶的交联，也可用于热塑性聚烯烃的交联。含有硫化剂 BIPB 的橡胶有卓越的防焦性，在一定条件下可以采用一步混合加工。安全加工温度（流变仪 t_{s2}＞20min）：135℃；典型交联温度（流变仪 t_{90} 约 12min）：175℃。

注意事项：为保持质量应存储在原密闭容器中，温度低于 30℃。单独密闭存放。避免接触铁和铜。接触不相容的物质（如酸类、碱类、重金属及还原剂）将产生危险的分解反应。不得与过氧化物促进剂混合。仅能使用不锈钢 316、PVC、聚乙烯或搪玻璃设备。

国内主要生产厂家：

江苏强盛功能化学股份有限公司

1.3.14　硫化剂 TBEC

化学名称：过氧化-2-乙基己基碳酸叔丁酯

英文名称：tert-butylperoxy 2-ethylhexyl carbonate

同类产品：叔丁过氧化碳酸-2-乙基己酯

化学结构式：

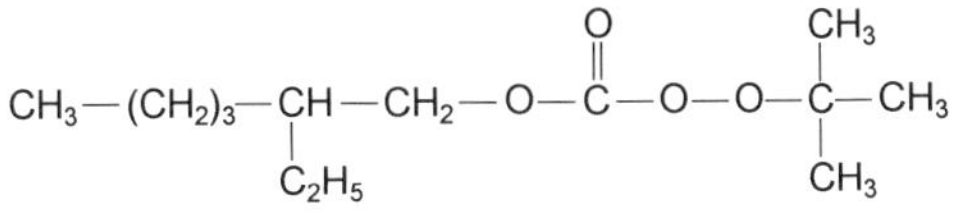

CAS 注册号：[34443-12-4]

技术指标： 执行企业标准

项目		指标
外观		无色透明液体
色度(黑曾)	≤	50
过氧化-2-乙基己基碳酸叔丁酯含量/%	≥	95.0
活性氧含量/%	≥	6.17
氢过氧化物(以 TBHP 计)/%	≤	0.1
无机+有机可水解氯/%	≤	0.01

用途： 相对密度 0.93，不溶于水，溶于大多数有机溶剂。硫化剂 TBEC 可用于中等温度下弹性体的交联，典型交联温度为 150℃；还可用于更高要求的应用，例如作为光伏设施中乙烯-乙酸乙烯共聚物（EVA）胶膜的交联剂。

注意事项： 为保持质量应存储在原密闭容器中，温度低于 20℃。单独密闭存放。避免接触铁和铜。接触不相容的物质（如酸类、碱类、重金属及还原剂）将产生危险的分解反应。不得与过氧化物促进剂混合。仅能使用不锈钢 316、PVC、聚乙烯或搪玻璃设备。

国内主要生产厂家：

江苏强盛功能化学股份有限公司

1.3.15 硫化剂 LPO

化学名称： 过氧化十二酰；过氧化月桂酰

英文名称： lauroyl peroxide

化学结构式：

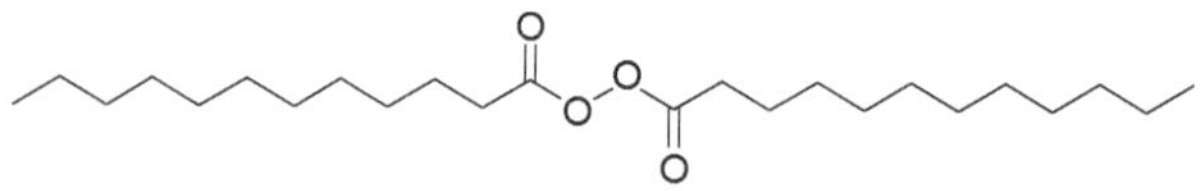

CAS 注册号：[105-74-8]

技术指标：执行企业标准

项目	指标
外观	白色粉末状固体
过氧化十二酰含量/%　≥	98.5

用途：相对密度 0.46，不溶于水，溶于大多数有机溶剂。硫化剂 LPO 主要用作自由基聚合反应引发剂，还可用作聚酯固化剂、橡胶交联剂、发泡剂、漂白剂、干燥剂等。用作聚氯乙烯、高压聚乙烯的高效引发剂。

注意事项：为保持质量应存储在原密闭容器中，温度低于 30℃。避免震动及摩擦。单独密闭存放，避免接触铁和铜。接触不相容的物质（如酸、碱、重金属及还原剂等）将产生危险的分解反应。不得与过氧化物促进剂混合。仅能使用不锈钢 316、PVC、聚乙烯或搪玻璃设备。

国内主要生产厂家：

江苏强盛功能化学股份有限公司

1.4　醌肟类硫化剂

1.4.1　硫化剂 GMF

化学名称：对苯醌二肟

英文名称：*p*-benzoquinonedioxime

化学结构式：

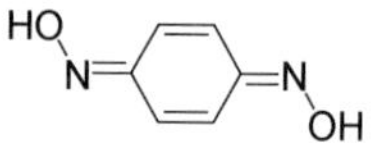

CAS 注册号：[105-11-3]

技术指标：执行企业标准

项目	指标
外观	淡黄色针状结晶
熔点/℃	240
纯度/%	≥99.2

用途：用作丁基橡胶、天然橡胶、丁苯橡胶、聚硫“ST”型橡胶的硫化剂，特别适用于丁基橡胶。氧化剂（如 Pb_3O_4、PbO_2）对其有活化作用。在胶料中易分散，硫化快，硫化胶定伸应力高。临界温度比较低，有焦烧倾向。加入某些防焦剂（如苯酐、防焦剂 NA）、促进剂（如秋兰姆、噻唑类、二硫代氨基甲酸盐类）能有效地改善操作安全性。本品有变色及污染性，只适用于暗色制品。当用促进剂 DM 作活性剂时，抗焦烧性要比氧化铅好，变色性也减弱，但炭黑胶料例外。当以四氯苯醌为活性剂时，活化作用比氧化铅强得多。本品主要用于制造气囊、水胎、电线电缆的绝缘层、耐热垫圈等。用量 1～2 份，与氧化铅（6～10 份）或促进剂 DM（2～4 份）配合。

1.4.2 硫化剂 DBGMF

化学名称：二苯甲酰对苯醌二肟

英文名称：*p*-benzoquinone dioxime dibenzoate

化学结构式：

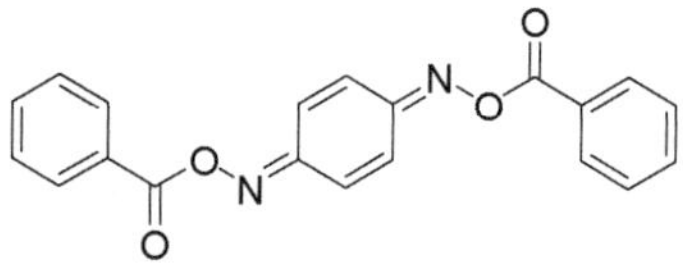

CAS 注册号：[120-52-5]

技术指标：执行企业标准

项目		指标
外观		紫灰色粉末
闪点/℃		190
沸点/℃		467.3±55.0
纯度/%	≥	95

用途：橡胶硫化剂，用于天然橡胶、丁基橡胶和丁苯橡胶。性能与对醌二肟相近，但由于结构中含有苯甲酰基，故比对醌二肟具有更强的硫化迟效性，不易焦烧。也用作过氧化物硫化剂的促进剂。特别适用于丁基橡胶，制内胎、水胎、硫化胶囊、电线及电缆的绝缘层。

1.5 其他类

1.5.1 硫化剂 PDM

化学名称：*N,N'*-间苯撑双马来酰亚胺

英文名称：*N,N'*-m-phenylenedimaleimide

同类产品：HVA-2；VULNOC PM

化学结构式：

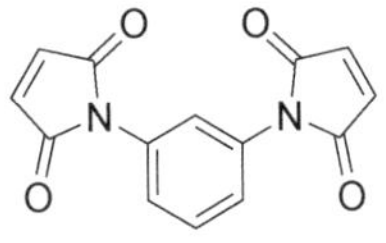

CAS 注册号：[3006-93-7]

分子式：$C_{14}H_8N_2O_4$

分子量：268.23

主要特性：可溶于四氢呋喃和热丙酮中，不溶于石油醚、氯仿、苯和水中。

技术指标：执行企业标准

项目		指标
外观		黄色或棕色粉末
熔点/℃	≥	195
加热减量/%	≤	0.5
灰分/%	≤	0.5

用途：本品是多功能橡胶助剂，既可以用作硫化剂、助硫化剂，也可以用作防焦剂和增黏剂等；既适用于通用橡胶，也适用于特种橡胶和橡塑并用体系。在天然橡胶等二烯类橡胶中，与硫黄配合，能防止硫化返原，改善耐热性，提高橡胶与帘线黏合力和硫化胶模量。用于载重轮胎肩胶、缓冲层等橡胶中，可解决斜交载重轮胎肩空难题，也可用于天然橡胶的大规格厚制品及各种橡胶杂品。

在氯丁橡胶、氯磺化聚乙烯橡胶、丁苯橡胶、丁腈橡胶、异戊二烯橡胶、丁基橡胶、溴化丁基橡胶、丙烯酸酯橡胶、硅橡胶和橡塑并用胶中，作为辅助硫化剂，能显著改善交联性能，适用于高温硫化体系，降低压缩永久变形十分明显，还能减少过氧化物的用量，防止胶料在加工过程中的焦烧。

可以提高橡胶与聚酰胺织物、橡胶与金属的黏合强度，适用于直接黏合体系。

一般用量为 0.5～5.0 份。

包装及贮运：以木桶或编织袋内衬塑料袋严密包装，10kg/袋(桶)。贮存于阴凉干燥处。贮运时注意防火、防晒、防潮。贮存期一般为 1 年。

国内主要生产厂家：

蔚林新材料科技股份有限公司

武汉径河化工有限公司

1.5.2　硫化剂 BDM

化学名称： *N*,*N*′-4,4′-二苯甲烷双马来酰亚胺

英文名称： *N*,*N*′-4,4′-diphenylmethane-bismaleimide

同类产品： BMI

化学结构式：

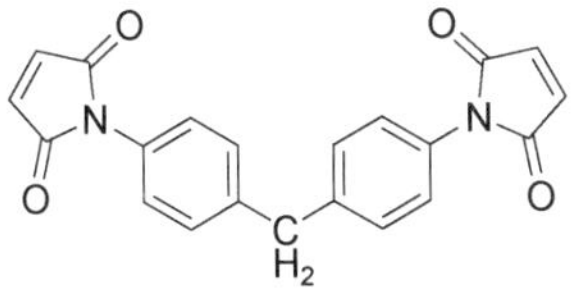

CAS 注册号： [13676-54-5]

分子式： $C_{21}H_{14}N_2O_4$

分子量： 358.37

主要特性： 外观为浅黄色结晶粉末，可溶于二甲基甲酰胺、二甲基乙酰胺、二甲基亚砜等强极性溶剂，部分溶于丙酮、二氯乙烷、甲酚等溶剂；能与许多种亲核试剂如胺类、酚类、硫化氢和硫醇等进行加成共聚反应；也可同时与几种化合物进行共聚、共混改性。

技术指标： 执行企业标准

项目		指标
外观		黄色粉末或结晶
N,*N*′-4,4′-二苯甲烷双马来酰亚胺含量/%	≥	98.0
熔点/℃	≥	155.0
加热减量/%	≤	0.30
灰分/%	≤	0.50

用途： 能在高低温（–200～260℃）下赋予材料突出的力学性能、高

电绝缘性、耐磨性、耐老化及耐化学腐蚀性、耐辐射性、高真空中的难挥发性以及优良的黏结性、耐湿热性和无油自润滑性，是多种高分子材料及新型橡胶的卓越改性剂，还可作为其他高分子化合物的偶联剂和固化剂。与各种填料的相容性好，与各种纤维有良好的浸润性、黏附性和覆盖性。在特种高分子材料中，易加工成型。可以模压、层压、注塑、浸胶，尤其在厚大无孔隙的绝缘制件方面。

多年来，双马来酰亚胺（BMI）作为制造耐热结构材料、H 级或 F 级电气绝缘材料的一种比较理想的树脂基体，广泛地应用于航空、航天、电力、电子、计算机、通信、机车铁路、建筑等工业领域。

包装及贮运：以纸板桶或编织袋内衬塑料袋严密包装，25kg/袋（桶）。贮存于阴凉干燥处。贮运时注意防火、防晒、防潮。贮存期一般为 1 年。

国内主要生产厂家：

蔚林新材料科技股份有限公司

南京曙光化工集团有限公司

1.5.3 硫化剂 TCY

化学名称：三聚硫氰酸；三嗪三硫醇；1,3,5-三嗪-2,4,6-三硫醇

英文名称：trithiocyanuric acid; 1,3,5-triazine-2,4,6-trithiol

化学结构式：

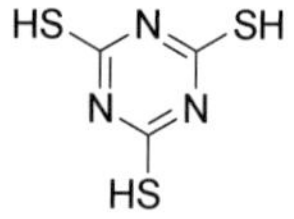

CAS 注册号：[638-16-4]

分子式：$C_3H_3N_3S_3$

分子量： 177.3

技术指标： 执行企业标准

项目		指标
外观		黄色粉末
灰分/%	≤	0.5
分解温度/℃		330±10

用途： 适用于丙烯酸酯橡胶（ACM）、氯醚橡胶（CO、ECO）和氯丁橡胶（CR），也可用于橡塑共混材料。本品硫化速度快，焦烧安全，可缩短硫化时间，硫化胶力学性能好。

包装及贮运： 5kg、10kg、25kg，桶装。

生产厂家：

蔚林新材料科技股份有限公司

1.5.4　硫化剂 TAIC

化学名称： 三烯丙基异氰脲酸酯

英文名称： triallyl isocyanurate

化学结构式：

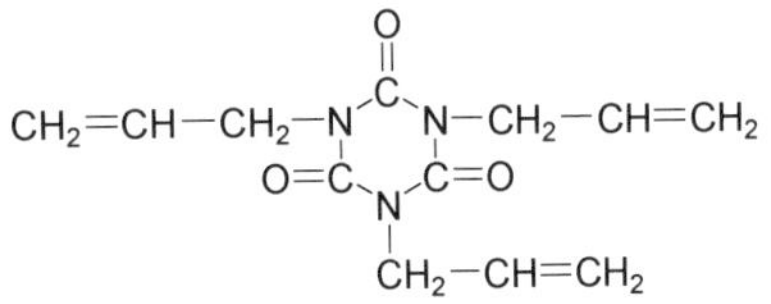

CAS 注册号： [1025-15-6]

分子式： $C_{12}H_{15}N_3O_3$

分子量： 249.27

技术指标： 执行企业标准

项目	指标
外观	微黄色油状液体或晶体
三烯丙基异氰脲酸酯含量/%	≥95

用途：本品为三官能团化合物，可用作橡胶和塑料的助交联剂和辐照助交联剂，对提高交联度、降低辐照剂量，卓有成效。例如，对乙丙橡胶、氯化聚乙烯、聚烯烃等的过氧化物交联体系，TAIC 是良好的助交联剂。

包装及贮运：镀锌铁桶装，250kg/桶或 20kg/桶，适合于避光、避热贮存，贮运以 25℃以下为宜，保存期一年（25℃以下），非危险品可按一般化学品贮运。

国内主要生产厂家：

浙江黄岩浙东橡胶助剂有限公司

1.5.5 硫化剂甲基丙烯酸锌

化学名称：甲基丙烯酸锌

英文名称：zinc dimethacrylate（ZDMA）

同类产品：SR708；SR634

结构式：CH_2= (CH_3)CCOOZn OOCC(CH_3)= CH_2

CAS 注册号：[13189-00-9]

技术指标：

项目	指标
外观	白色至黄色粉末
灰分/%	33.0～37.0

用途：可作为橡胶的补强剂、交联活性剂，提高交联密度。特别有利于提高硫化胶的拉伸强度、硬度、定伸应力和撕裂强度；提高与金属

的黏结性能和耐疲劳性能，制品有显著的耐温、耐油、耐高压性能。

国内主要生产厂家：

丰城市友好化学有限公司

1.5.6 硫化剂丙烯酸锌

化学名称： 丙烯酸锌

英文名称： zinc diacrylate（ZDA）

同类产品： SR416；SR633

结构式： CH_2=CHCOOZn OOC CH= CH_2

CAS 注册号： [14643-87-9]

技术指标：

项目	指标
外观	白色至黄色粉末
灰分/%	30.0～42.0

用途： 可作为橡胶补强剂、交联活性剂，提高交联密度。特别有利于提高硫化胶的拉伸强度、硬度、定伸应力和撕裂强度；提高与金属的黏结性能和耐疲劳性能。制品有显著的耐温、耐油、耐高压性能。

国内主要生产厂家：

丰城市友好化学有限公司

1.5.7 硫化剂丙烯酸镁

化学名称： 丙烯酸镁

英文名称：magnesium acrylate（MgDA）

结构式：CH_2= CHCOOMgOOCCH=CH_2

CAS 注册号：[5698-98-6]

技术指标：

项目	指标
外观	白色至黄色粉末
灰分/%	26.0～30.0

用途：可作为橡胶补强剂、交联活性剂，提高交联密度。特别有利于提高硫化胶的拉伸强度、硬度、定伸应力和撕裂强度；提高与金属的黏结性能和耐疲劳性能。制品有显著的耐温、耐油、耐高压性能。

国内主要生产厂家：

丰城市友好化学有限公司

1.5.8 硫化剂甲基丙烯酸镁

化学名称：甲基丙烯酸镁

英文名称：magnesium dimethacrylate（MgDMA）

结构式：CH_2 = (CH_3) CCOOMgOOCC(CH_3) =CH_2

CAS 注册号：[7095-16-1]

技术指标：

项目	指标
外观	白色至黄色粉末
灰分/%	19.5～23.5

用途：可作为橡胶补强剂、交联活性剂，提高交联密度。特别有利于提高硫化胶的拉伸强度、硬度、定伸应力和撕裂强度；提高与金属的

黏结性能和耐疲劳性能。制品有显著的耐温、耐油、耐高压性能。

国内主要生产厂家：

丰城市友好化学有限公司

1.5.9 硫化剂单甲基丙烯酸锌

化学名称： 单甲基丙烯酸锌

英文名称： zinc monomethacrylate（ZMMA）

同类产品： SR709

结构式： CH_2= (CH_3)CCOOZn OH

CAS 注册号： [63451-47-8]

技术指标：

项目	指标
外观	白色至黄色粉末
灰分/%	43.0～53.0

用途： 可作为橡胶补强剂、交联活性剂，提高交联密度。特别有利于提高硫化胶的拉伸强度、硬度、定伸应力和撕裂强度；提高与金属的黏结性能和耐疲劳性能。制品有显著的耐温、耐油、耐高压性能。

国内主要生产厂家：

丰城市友好化学有限公司

1.5.10 硫化剂三羟甲基丙烷三甲基丙烯酸酯

化学名称： 三羟甲基丙烷三甲基丙烯酸酯

英文名称：trimethylopropane trimethacylate

同类产品：SR350

结构式：

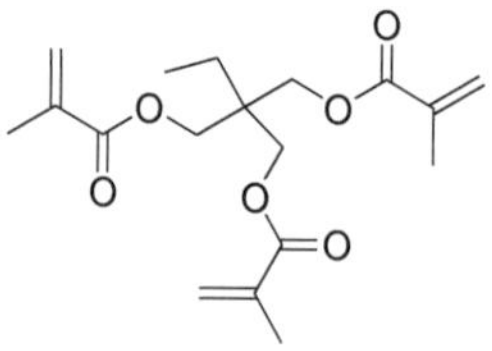

CAS 注册号：[3290-92-4]

技术指标：

项目	指标
外观	无色至淡黄色液体
酯含量/%　　≥	95.0
密度/(kg/m^3)	1060～1070

用途：可作为橡胶补强剂、交联活性剂，提高交联密度。特别有利于提高硫化胶的拉伸强度、硬度、定伸应力和撕裂强度；制品有显著的耐温、耐油、耐高压性能，混炼前期有增塑作用。

国内主要生产厂家：

丰城市友好化学有限公司

第 2 章

橡胶硫化促进剂

2.1 噻唑类促进剂

2.1.1 促进剂 MBT（M）

化学名称： 2-巯基苯并噻唑

英文名称： 2-mercaptobenzothiazole; 2-bezothiazolethiol

化学结构式：

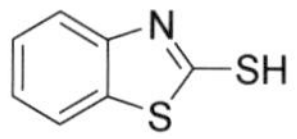

CAS 注册号： [149-30-4]

分子式： $C_7H_5NS_2$

分子量： 167.25

主要特性： 相对密度 1.42，遇明火能燃烧，易溶于乙酸乙酯、丙酮，溶于二氯甲烷、乙醇、氯仿、乙醇等有机溶剂以及碱和碱性碳酸盐溶液。微溶于苯，不溶于水和汽油。呈粉尘状时，爆炸下限为 $21g/m^3$。每公斤体重家鼠的致死量为 500mg，还未发现工业上使用该产品而致病的报道。粒状或粉状产品的贮存稳定期在 2 年以上。

技术指标： 执行标准 GB/T 11407—2013

项目		指标
外观		灰白色至淡黄色粉末或粒状
初熔点/℃	≥	170.0
加热减量/%	≤	0.30
灰分/%	≤	0.30
筛余物（150μm）/%	≤	0.10
纯度/%	≥	97.0

注：筛余物不适用于粒状产品。

用途：通用型促进剂，广泛用于各种橡胶，对天然橡胶和一般硫黄硫化合成橡胶具有快速促进作用，焦烧时间短，硫化平坦性宽。本品在橡胶中易分散，不污染，但与其硫化胶接触的物品易有苦味，不适于制造与食品接触的橡胶制品。主要用于制造轮胎、内胎、胶带、胶鞋和工业制品等。

用法：本品需氧化锌和脂肪酸活化，秋兰姆类、二硫代氨基甲酸盐类、醛胺类、胍类等促进剂及一氧化铅、氧化镁、硫酸镁等都能增进其活性，作第一促进剂时一般用量为 1～2 份，作第二促进剂时用量为 0.2～0.5 份。

包装及贮运：采用木桶或聚丙烯编织袋或牛皮纸袋内衬塑料袋包装；每袋 25kg。贮于干燥通风仓库中，存放期 2 年。

国内主要生产厂家：

山东尚舜化工有限公司

科迈化工股份有限公司

山东阳谷华泰化工股份有限公司

蔚林新材料科技股份有限公司

圣奥化学科技有限公司

河南省开仑化工有限责任公司

鹤壁市恒力橡塑股份有限公司

鹤壁元昊新材料集团有限公司

荣成市化工总厂有限公司

晋城天成科创股份有限公司

山东斯递尔化工科技有限公司

2.1.2 促进剂 MBTS（DM）

化学名称：2,2′-二硫化二苯并噻唑

英文名称：dibenzothiazoledisulfde

化学结构式：

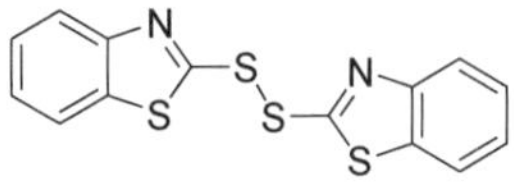

CAS 注册号：[120-78-5]

分子式：$C_{14}H_8N_2S_4$

分子量：332.46

主要特性：灰白色至淡黄色粉末或颗粒，由苯中重结晶的产品为浅黄色针状晶体，相对密度 1.50，室温下微溶于苯、二氯甲烷、四氯化碳、丙酮、乙醇、乙醚等，不溶于水、乙酸乙酯、汽油及碱。

技术指标：执行标准 GB/T 11408—2013

项目		指标
外观		灰白色至淡黄色粉末或颗粒
初熔点/℃	≥	164.0
加热减量/%	≤	0.40
灰分/%	≤	0.50
筛余物(150μm)/%	≤	0.10
纯度/%	≥	95.0

注：筛余物不适用于粒状产品。

用途：天然橡胶、合成橡胶、再生胶的通用型促进剂，在胶料中易分散、不污染。硫化胶耐老化性优良，但与硫化胶接触的物品易有苦味，故不适于制造与食品接触的橡胶制品。可用于制造轮胎、胶管、胶带、胶布、一般工业橡胶制品等。

本品通常与秋兰姆类、二硫代氨基甲酸盐类、胍类促进剂并用以提高活性，需配以氧化锌和硬脂酸。通常用量 1～2 份。

包装及贮运：采用聚丙烯编织袋内衬塑料袋包装，每袋 20～25kg。贮运时防止受潮并远离火源。粒状或粉状产品的贮存稳定期 2 年。

国内主要生产厂家：

山东尚舜化工有限公司
科迈化工股份有限公司
蔚林新材料科技股份有限公司
山东阳谷华泰化工股份有限公司
圣奥化学科技有限公司
鹤壁市恒力橡塑股份有限公司
河南省开仑化工有限责任公司
鹤壁元昊新材料集团有限公司
山东斯递尔化工科技有限公司
荣成市化工总厂有限公司

2.1.3　促进剂 ZMBT（MZ）

化学名称：2-巯基苯并噻唑锌
英文名称：zinc 2-mercaptobenzothiazole
化学结构式：

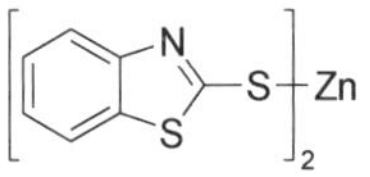

CAS 注册号：[155-04-4]
分子式：$C_{14}H_8N_2S_4Zn$
分子量：397.86

用途： 微有苦味，无毒。相对密度为 1.70，分解温度 300℃。可溶于氯仿、丙酮，部分溶于苯和乙醇、四氯化碳，不溶于汽油、水和乙酸乙酯。贮存稳定，遇强酸或强碱即分解。

技术指标： 执行标准 HG/T 4780—2014

项目		ZMBT-2	ZMBT-15
外观		淡黄色粉末	淡黄色粉末
锌含量/%		16.0～22.0	15.0～18.0
加热减量/%	≤	0.50	0.50
游离 MBT/%	≤	2.0	15.0
筛余物(100 目)/%	≤	0.10	0.10
筛余物(240 目)/%	≤	0.50	0.50

用途： 高速硫化促进剂，不具有橡胶染色性。适用于 NR、IR、BR、SBR、NBR、EPDM 和胶乳。用于干橡胶时具有与 MBT 一样的性能且焦烧性低。用于胶乳体系具有温和的活性且通常与超促进剂并用。硫化临界温度较高（138℃）。不易产生早期硫化，硫化平坦性较宽。适用于胶乳体系，具有调节体系黏度的功能。适用于注塑与发泡橡胶产品。操作安全，易分散，不污染，不变色。与 TP 合用时耐老化。主要用于制造轮胎、胶管、胶鞋、胶布等一般工业品。

包装及贮运： 纸箱内衬塑料袋包装，每袋 25kg。贮于阴凉、干燥、通风处，按一般化学品规定贮运。贮存稳定期 2 年。

国内主要生产厂家：

蔚林新材料科技股份有限公司

鹤壁元昊新材料集团有限公司

河南省开仑化工有限责任公司

2.1.4　促进剂 MBSS（MDB）

化学名称： 2-(4-吗啉基二硫代)苯并噻唑

英文名称： 2-(4-morpholinyl dithio) benzothiazole

化学结构式：

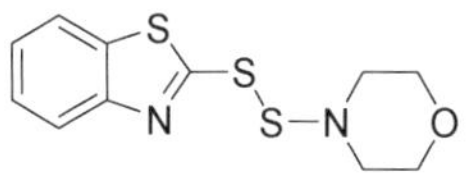

CAS 注册号： [95-32-9]

分子式： $C_{11}H_{12}N_2S_3O$

分子量： 284.35

主要特性： 相对密度 1.51，熔点 123～135℃。溶于氯仿，微溶于二硫化碳、丙酮，不溶于苯、石油醚、乙醇和水。

技术指标： 执行企业标准

项目		指标
外观		淡黄色粉末或颗粒
熔点/℃	≥	125.0
加热减量/%	≤	0.30
灰分/%	≤	0.30
筛余物(100 目)/%	≤	0.10

用途： 橡胶的后效性硫化促进剂，亦可用作硫化剂。作促进剂时，在天然橡胶中性能与促进剂 CZ 相似，但迟延性稍大；在 54-1(W)型氯丁橡胶中应用时，配以促进剂 PZ，能加快硫化速度，焦烧性能亦好，制品物理性能优良；在丁苯橡胶中应用时，焦烧性能较差，可配硬脂酸防止焦烧并提高定伸应力。作硫化剂用时，宜加入少量秋兰姆或二硫代氨基甲酸盐类，提高硫化速度，制品耐老化性能也能得到改进。该品在橡胶中易分散，几乎无污染性。主要用于制造轮胎、胶鞋、海绵、工业橡胶制品等。作硫化剂用时，用量 2.5～5 份，并配入 1 份左

右的促进剂 PZ。作促进剂用时，一般用量为 0.4～1.5 份。

注意事项：应避免与皮肤、眼睛等部位接触。

包装及贮运：塑料编织袋内衬塑料袋包装，每袋 25kg。存放于低温避光处，防潮、远离火源。贮存稳定期 1 年。

国内主要生产厂家：
蔚林新材料科技股份有限公司

2.1.5 促进剂 64#

化学名称：*N*,*N*′-二乙基-二硫代氨基苯并噻唑
英文名称：*N*,*N*′-diethylthiocarbamoyl-2-mercaptobenzothiazole
化学结构式：

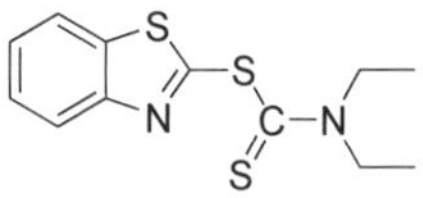

CAS 注册号：[95-30-7]
分子式：$C_{12}H_{14}N_2S_3$
分子量：314.0
主要特性：白色晶型粉末，有苦味，无毒，相对密度 1.25～1.35，熔点 74℃以上。不溶于水，易溶于乙酸乙酯、丙酮等有机溶剂，微溶于汽油、水蒸气，不易溶于苯。
技术指标：执行企业标准

项目		指标
熔点/℃	≥	74.0
加热减量/%	≤	0.40
灰分/%	≤	0.40
筛余物(20 目)/%		全通过

用途：主要用于 IR、NR、SBR、NBR、HR 与 EPDM 体系，作为天然橡胶与合成橡胶用促进剂，具有宽广的硫化范围，可单独使用，或与二硫代氨基甲酸盐类、秋兰姆类、胍类及其他碱性促进剂并用。对天然橡胶和一般硫黄硫化的合成橡胶具有快速促进作用，其硫化临界温度低。在橡胶中易分散、不污染。主要用于制造轮胎、胶带、胶鞋和其他工业橡胶制品。

注意事项：应避免与皮肤、眼睛等部位接触。

包装及贮运：塑料编织袋内衬塑料袋包装，每袋 25kg。应贮存在阴凉、干燥、通风良好的地方；包装好的产品应避免阳光直射，有效期 2 年。

国内主要生产厂家：
蔚林新材料科技股份有限公司

2.1.6　促进剂 BT

化学名称：苯并噻唑
英文名称：benzothiazole
化学结构式：

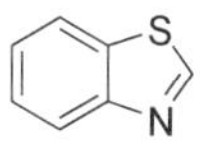

CAS 注册号：[95-16-9]
分子式：C_7H_5NS
分子量：134.19
主要特性：沸点 231℃。溶于乙醇、二硫化碳，微溶于水，能随水蒸气蒸发。具中性反应，似喹啉气味。
技术指标：执行企业标准

项目		指标
外观		淡黄色至琥珀色液体
苯并噻唑含量/%	≥	98.0
相对密度		1.242～1.250
折射率(20℃)		1.638～1.646

用途：用作照相材料、香料、有机合成中间体，也可用作农业植物资源研究的试剂。

包装及贮运：200kg 或 250kg 镀锌桶包装。应贮存在阴凉、干燥、通风良好的地方；包装好的产品应避免阳光直射，有效期 2 年。

国内主要生产厂家：

蔚林新材料科技股份有限公司

科迈化工股份有限公司

鹤壁市恒力橡塑股份有限公司

2.1.7 促进剂 MTT

化学名称：3-甲基-2-噻唑硫酮

英文名称：3-methylthiazolidine-2-thione

化学结构式：

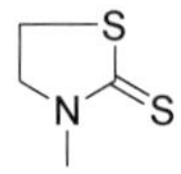

CAS 注册号：[1908-87-8]

分子式：$C_4H_7NS_2$

分子量：133.22

主要特性：溶于甲苯、甲醇，微溶于丙酮，不溶于汽油和水。相对密度（20℃）1.35～1.39。

技术指标：执行标准 HG/T 5463—2018

项目		指标
外观		灰白色粉末
熔点/℃	≥	65.0
加热减量/%	≤	0.50
灰分/%	≤	0.50
筛余物(100 目)/%	≤	0.10
筛余物(240 目)/%	≤	0.50

用途：一种噻唑类杂环化合物，含有活性硫原子，对含卤素的高分子聚合物产生交联作用，适用于氯化丁基橡胶、氯丁橡胶硫化交联，尤其可以作为氯丁橡胶的高效促进剂。与 NA-22 相比，保持了 NA-22 硫化氯丁橡胶所具有的良好物理性能和耐老化性能的同时，还改进了胶料的焦烧性能和操作安全性，并兼有较快的硫化特征。在橡胶中易分散、不污染、不变色，通常用于制造电缆，胶布、胶鞋、轮胎、艳色制品。

包装及贮运：塑料编织袋内衬塑料袋包装，每袋 25kg。应贮存在阴凉、干燥、通风良好的地方；包装好的产品应避免阳光直射，有效期 1 年。

国内主要生产厂家：

蔚林新材料科技股份有限公司

鹤壁元昊新材料集团有限公司

2.1.8 促进剂 DBM（DNBT）

化学名称：2-（2,4-二硝基苯硫代）苯并噻唑

英文名称：2-[(2,4-dinitrophenyl)thio]-benzothiazole

化学结构式：

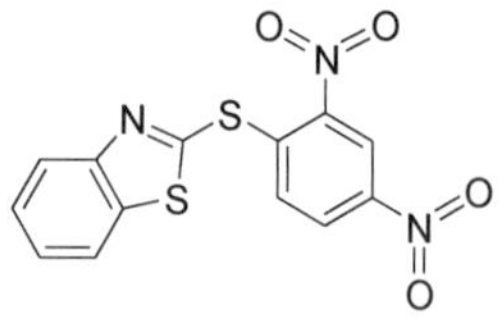

CAS 注册号：［4230-91-5］

分子式：$C_{13}H_7N_3O_4S_2$

分子量：333.35

主要特性：味苦，相对密度 1.61。可溶于苯、氯仿，不溶于乙醇、石油醚和稀酸，微溶于水。

技术指标：执行企业标准

项目		指标
外观		黄色粉末
分解温度/℃	≥	153.0
加热减量/%	≤	0.40
灰分/%	≤	0.40
筛余物(干法 100 目)/%	≤	0.30

用途：用于特殊用途天然橡胶制品（重型橡胶工业制品、厚断面轮胎），可大大提高操作安全性。降低硫化速度，改善老化性能以及橡胶与骨架材料的黏合，并获得较低的定伸应力。最宜制造子午胎用钢丝绳胶料，也可用于胶鞋、胶板、胶辊等工业制品。一般用量为 0.8～1.2 份，硫黄为 2～3 份。

注意事项：无需采取特别的预防措施，与其他橡胶添加剂一样，触及皮肤时，可用大量清水冲洗。

包装及贮运：聚丙烯编织袋，内衬塑料薄膜袋，每袋 25kg。应贮存在阴凉、干燥、通风良好的地方。具有良好的贮存稳定性，但要避免过高的温度和湿度。

2.2　次磺酰胺类促进剂

2.2.1　促进剂 CBS（CZ）

化学名称： *N*-环己基-2-苯并噻唑次磺酰胺

英文名称： *N*-cyclohexyl-2-benzothiazolesulphenamide

化学结构式：

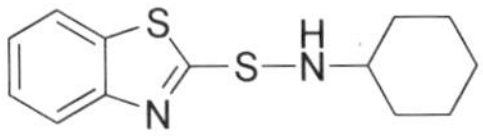

CAS 注册号： [95-33-0]

分子式： $C_{13}H_{16}N_2S_2$

分子量： 264.41

主要特性： 相对密度 1.32。溶于苯、二氯甲烷、四氯化碳 、丙酮，微溶于乙醇和汽油，不溶于水。

技术指标： 执行标准 GB/T 31332—2014

项目		指标		
		粉末	油粉	颗粒
外观		灰白色至淡黄色粉末或颗粒		
初熔点/℃	≥	98.0	97.0	97.0
加热减量/%	≤	0.40	0.50	0.40
灰分/%	≤	0.30	0.30	0.30
筛余物（150μm）/%	≤	0.10	0.10	—
甲醇不溶物/%	≤	0.50	0.50	0.50
纯度/%（滴定法、HPLC 法）	≥	96.5	95.0	96.0

用途：常用后效性促进剂之一，抗焦烧性强，硫化时间短，能提高硫化胶的定伸应力。变色轻微，不喷霜，硫化胶耐老化性优良。主要用于制造轮胎、胶管、胶带、胶鞋、电缆等。

使用时需配以氧化锌和硬脂酸，以促进剂 TMTD、TMTM、PZ、DPG 或其他碱性促进剂作第二促进剂，也能为 MBT 和 DM 所活化。一般用量为 0.5～2 份。

注意事项：低毒，生产设备应密闭，操作人员应穿戴劳动保护用品。

包装及贮运：采用聚丙烯编织袋内衬塑料袋包装，每袋 25kg 或根据客户要求规格包装；应贮存在阴凉、干燥、通风良好的地方，避免阳光直射。避免过高的温度和湿度，贮存时间不超过 1 年。

国内主要生产厂家：

山东尚舜化工有限公司

科迈化工股份有限公司

山东阳谷华泰化工股份有限公司

蔚林新材料科技股份有限公司

圣奥化学科技有限公司

河南省开仑化工有限责任公司

鹤壁市恒力橡塑股份有限公司

荣成市化工总厂有限公司

晋城天成科创股份有限公司

淄博华梅化工有限公司

山东法恩新材料有限公司

山东斯递尔化工科技有限公司

2.2.2　促进剂 MBS(NOBS)

化学名称： *N*-氧联二(1,2-亚乙基)-2-苯并噻唑次磺酰胺

英文名称： *N*-oxydiethylene-2-benzolhiazolesulphenamIde

同类产品： MOR；MOZ

化学结构式：

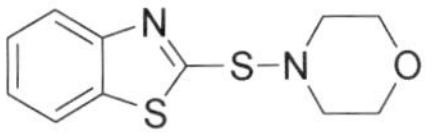

CAS 注册号： [102-77-2]

分子式： $C_{11}H_{12}N_2OS_2$

分子量： 252.35

主要特性： 相对密度为 1.37，易溶于二氯甲烷、丙酮，溶于苯、四氯化碳、乙酸、乙醇、乙酸乙酯、乙醚，微溶于汽油，不溶于水。

技术指标： 执行标准 GB/T 8829—2006

项目		指标
外观		淡黄色或橙黄色晶型颗粒
初熔点/℃	≥	80.0
加热减量/%	≤	0.30
灰分/%	≤	0.30

用途： 后效性快速硫化促进剂。活性较小，迟延性较大，抗焦烧性强，操作安全，易分散，不喷霜，轻微变色。硫化胶物理性能及耐老化性能均佳。主要用于制造轮胎、内胎、胶鞋、胶带、翻修轮胎的胶料等。但硫化过程中会产生亚硝铵类致癌物。

一般用量为 0.5～2.5 份。

注意事项： 毒性较促进剂 MBT 大，极限允许浓度（空气中）1.35mg/m^3。原材料也有毒，生产过程中应严格执行国家颁布的有关安全生产和劳

动保护条例。

包装及贮运： 编织袋内衬塑料袋包装，每袋25kg，低温、通风保存。贮存稳定期半年，超过贮存期则焦烧倾向增强，遇热分解。

国内主要生产厂家

河南省开仑化工有限责任公司

山东法恩新材料科技有限公司

晋城天成科创股份有限公司

2.2.3 促进剂 DCBS（DZ）

化学名称： *N,N*-二环己基-2-苯并噻唑次磺酰胺

英文名称： *N,N*-dicyclohexyl-2-benzothiazolesulphenamide

同类产品： DCS；Dela DC

化学结构式：

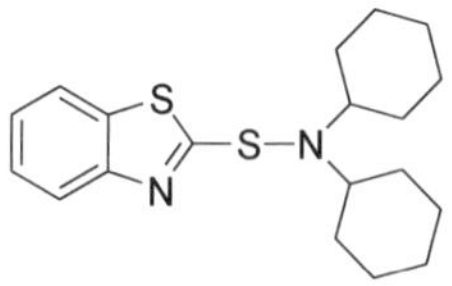

CAS 注册号： [4979-32-2]

分子式： $C_{19}H_{26}N_2S_2$

分子量： 346.58

主要特性： 相对密度 1.2，熔点不低于 90℃。易溶于苯、二氯甲烷、四氯化碳，溶于汽油、乙酸乙酯、乙醇，不溶于水。

技术指标： 执行标准 HG/T 4140—2010

项目		指标
外观		微黄色或微红色粉末
熔点/℃	≥	97.0

续表

项目		指标
灰分/%	≤	0.40
加热减量/%	≤	0.40
环己烷不溶物/%	≤	0.50
筛余物(100 目)/%	≤	0.10
纯度/%		98.0

用途：后效性促进剂，在橡胶中分散性能好，在胶料中烧焦时间长，操作安全性高，适用于厚制品及高活性补强剂量大的胶料；因硫化胶有苦味，不适于制造与食品接触的制品。主要用于制造轮胎、胶带、减震制品和翻修轮胎的挂背胶料等，尤其适用于有黄铜镀层的钢丝黏合胶料。

一般用量为 0.5～2.0 份，也可与其他促进剂并用。

注意事项：本品低毒，小鼠灌胃 LD_{50} 为 2700mg/kg。生产过程中使用的原料二环己胺毒性较大。生产设备应密闭，生产现场应加强通风，操作人员应穿戴劳动防护用品。

包装及贮运：采用木桶内衬塑料袋包装，25kg/袋。贮于阴凉、通风、干燥处，高湿度、高温会引起产品分解，导致焦烧时间减短，贮存期为 6 个月。

国内主要生产厂家：

山东尚舜化工有限公司

科迈化工股份有限公司

蔚林新材料科技股份有限公司

圣奥化学科技有限公司

鹤壁市恒力橡塑股份有限公司

荣成市化工总厂有限公司

海城市泰利橡胶助剂有限公司

山东斯递尔化工科技有限公司

2.2.4 促进剂 TBBS（NS）

化学名称： *N*-叔丁基-2-苯并噻唑次磺酰胺

英文名称： *N*-tertbutyl-2-benzothiazole sulphenamide

同类产品： Vulkacit NZ；Accicure BSB

化学结构式：

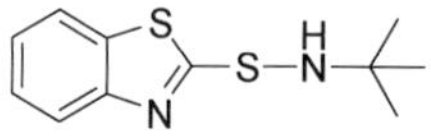

CAS 注册号： [95-31-8]

分子式： $C_{11}H_{14}N_2S_2$

分子量： 238.37

主要特性： 是一类伯氨基通用主促进剂，在硫化过程中不会产生致癌的亚硝铵类有毒物质。相对密度 1.30。易溶于苯、二氯甲烷、四氯化碳、乙酸乙酯、丙酮、乙醇，溶于汽油，不溶于水。贮存稳定期 1 年。

技术指标： 执行标准 GB/T 21840—2008

项目		指标		
		粉末	颗粒	油粉
外观		白色或淡黄色粉末	白色或淡黄色粒状	白色或淡黄色粉末
初熔点/℃	≥	105.0	105.0	104.0
加热减量/%	≤	0.40	0.40	0.40
灰分/%	≤	0.30	0.30	0.30
筛余物(150μm)/%	≤	0.10	—	0.10
甲醇不溶物/%	≤	1.0	1.0	1.0
游离氨/%	≤	0.50	0.50	0.50
纯度/%	≥	97.0	96.0	96.0

用途： 天然橡胶、合成橡胶和再生胶用迟延性促进剂。在操作温度下

安全性很好。尤其适用于碱性油炉法炭黑胶料，它能使胶料变色，有轻微污染。主要用于轮胎、胶管、胶带、胶鞋、电缆、翻胎工业中，也用于橡胶压出制品。

本品需配用氧化锌和硬脂酸，亦可被秋兰姆类、二硫代氨基甲酸盐、醛胺、胍类促进剂和酸性物质活化。用量一般为 0.5～1.5 份，与少量防焦剂 CTP 并用可取代 NOBS。

包装及贮运：塑料编织袋内衬塑料袋包装，每袋 25kg。存放于低温避光处，防潮、远离火源。在规定的贮存条件下贮存期为 6 个月。

国内主要生产厂家：

山东尚舜化工有限公司
科迈化工股份有限公司
山东阳谷华泰化工股份有限公司
蔚林新材料科技股份有限公司
圣奥化学科技有限公司
鹤壁市恒力橡塑股份有限公司
河南省开仑化工有限责任公司
荣成市化工总厂有限公司
晋城天成科创股份有限公司
淄博华梅化工有限公司
山东斯递尔化工科技有限公司

2.2.5 促进剂 OTOS

化学名称：*N*-氧亚乙基硫代氨基甲酰-*N'*-氧二亚乙基次磺酰胺

英文名称：*N*-oxydiethylene Thiocarbamyl-*N'*-oxydiethy sulfonamide

化学结构式：

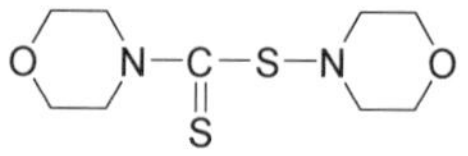

CAS 注册号：[13752-51-7]

分子式：$C_9H_{16}N_2O_2S_2$

分子量：248.4

主要特性：相对密度为 1.35，微溶于水。

技术指标：执行企业标准

项目		指标
外观(目测)		灰白色结晶型粉末
初熔点/℃	≥	130.0
加热减量/%	≤	0.50
灰分/%	≤	0.30
筛余物(20 目)		全通过

用途：OTOS 是天然橡胶、丁苯橡胶、三元乙丙橡胶和其他通用橡胶的主促进剂，迟延作用和加工安全性比促进剂 MBT、MDB 等其他苯并噻唑、次磺酰胺类促进剂好。硫化临界温度为 149℃。使用本品高温硫化天然橡胶时，有很好的抗硫化返原性能，制品的耐热性高。

包装及贮运：编织袋内衬塑料袋包装，每袋 25kg。应贮存在阴凉干燥、通风良好的地方。包装好的产品应避免阳光直射，有效期 1 年。

国内主要生产厂家：

蔚林新材料科技股份有限公司

2.2.6　促进剂 TBSI

化学名称： *N*-叔丁基双-2-苯并噻唑次磺酰胺

英文名称： *t*-buty-bis-(benzothiazylsulphene)amide

化学结构式：

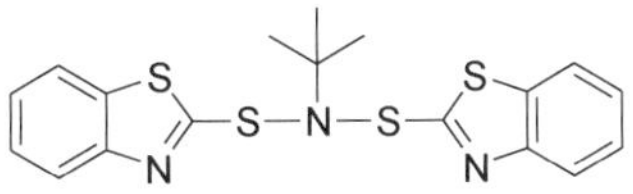

CAS 注册号： [3741-80-8]

分子式： $C_{18}H_{17}N_3S_4$

分子量： 403.61

主要特性： 相对密度 1.3，遇水稳定，易于贮藏。

技术指标： 执行标准 HG/T 5257—2017

项目		指标
外观		白色或淡黄色粉末
初熔点/℃	≥	128.0
加热减量/%	≤	0.50
灰分/%	≤	0.50
纯度/%	≥	90.0
筛余物(100 目)/%	≤	0.10

用途： 伯胺类促进剂，在硫化过程中不会产生亚硝铵类致癌物质，与仲胺类次磺酰胺和 NS 相比，它具有更好的焦烧安全性和较慢的硫化速度，模量高，有好的硫化平坦性，硫化胶的动态性能好，生热低，是一类优良的促进剂。通常与防焦剂 CTP 共用，可完全替代 TBBS；另外，TBSI 遇水稳定、易于贮存，在硫化天然橡胶时可明显提高橡胶的抗硫化返原性，在橡胶与钢丝粘接的化合物中表现出良好的性能。TBSI 可用于天然橡胶、丁苯橡胶、顺丁橡胶、异戊橡胶等，尤其适用

于碱性较强的炉法炭黑混炼胶料及对抗返原要求很高的厚制品，活性大于目前广泛使用的 CBS、NOBS 等促进剂。

包装及贮运： 产品用塑料袋内衬塑料袋包装，每袋 25kg，也可按用户要求包装。本品需贮存在阴凉、干燥、通风处，高温、高湿度会引起产品分解，避免阳光直射；满足贮存期存 1 年。

国内主要生产厂家：

山东阳谷华泰化工股份有限公司

蔚林新材料科技股份有限公司

圣奥化学科技有限公司

2.2.7 促进剂 CBBS

化学名称： *N*-环己基-双(2-巯基苯并噻唑)次磺酰亚胺

英文名称： *N*-cyclohexyl-bis (2-mercaptobenzothiazole) sulfoimine

化学结构式：

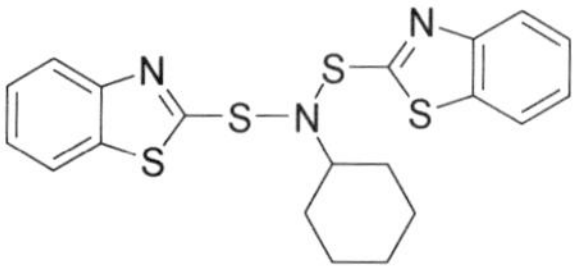

CAS 注册号： [3264-02-6]

分子式： $C_{20}H_{19}N_3S_4$

分子量： 429.64

技术指标： 执行企业标准

项目		指标
外观		灰白色粉末
初熔点/℃	≥	120.0

续表

项目		指标
加热减量/%	≤	0.50
灰分/%	≤	0.50
筛余物(100 目)/%	≤	0.10

用途：本品是不会产生 *N*-亚硝铵类物质的促进剂，促进剂 CBBS 部分替代促进剂 TBBS，能有效提高胶料的抗焦烧性能，降低硫化胶的生热，减少胎面挤出生产的损耗，并改善生产过程中的环境问题，广泛适用于轮胎和其他橡胶制品。

包装及贮运：产品用塑料袋内衬塑料袋包装，每袋 25kg，也可按用户要求包装。需贮存在阴凉、干燥、通风处，避免阳光直射。贮存期 1 年。

国内主要生产厂家：

蔚林新材料科技股份有限公司

山东阳谷华泰化工股份有限公司

2.3　秋兰姆类促进剂

2.3.1　促进剂 TBzTD

化学名称：二硫化四苄基秋兰姆

英文名称：tetrabenzylthiuram disulfide

化学结构式：

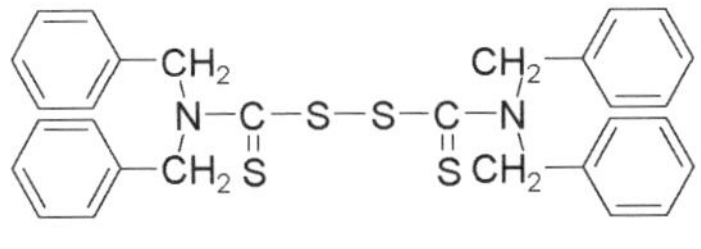

CAS 注册号：[10591-85-2]

分子式：$C_{30}H_{28}N_2S_4$

分子量：544.82

主要特性：20℃时的密度 1400kg/m^3；粉体堆积密度 230～270kg/m^3。

技术指标：执行标准 HG/T 4234—2011

项目		指标
外观		淡黄色粉料
纯度/%	≥	96.0
初熔点/℃	≥	128.0
加热减量/%	≤	0.30
灰分/%	≤	0.30
筛余物（100 目）/%	≤	0.10
筛余物（240 目）/%	≤	0.50

用途：用作快速硫化主促进剂或助促进剂。在氯丁橡胶中用作延迟剂。*N*-亚硝基二苄胺不会致癌，是一种安全的仲氨基促进剂。在 NR、SBR 与 NBR 中，用作快速硫化主或助促进剂。在 EPDM 中，是一种有价值的助促进剂。与 TMTD 相比，有更长的焦烧时间，而且无污染性，不引起变色，抗硫化返原性好，但硫化速度稍慢。适当调整配方可为 TMTD 和 TETD 的良好替代品。

包装及贮运：塑编袋、纸塑复合袋、牛皮纸袋包装，每袋 25kg。应贮存在阴凉、干燥、通风良好的地方。包装好的产品应避免阳光直射，托与托之间不能重叠堆放，重叠堆放或温度超过 35℃会导致产品非正常压缩，贮存有效期 1 年。

国内主要生产厂家：

蔚林新材料科技股份有限公司

鹤壁元昊新材料集团有限公司

河南连连利源新材料有限公司

山东阳谷华泰化工股份有限公司
山东斯递尔化工科技有限公司
武汉径河化工有限公司

2.3.2　促进剂 TIBTD

化学名称：二硫化二异丁基秋兰姆

英文名称：diisobutyl thiuram disulfide

化学结构式：

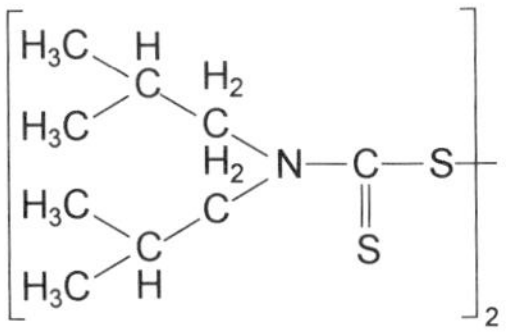

CAS 注册号：[3064-73-1]

分子式：$C_{18}H_{36}N_2S_4$

分子量：408.75

主要特性：无臭、无味。溶于苯、丙酮、二氯乙烷、二硫化碳、甲苯、氯仿，微溶于乙醇和乙醚，不溶于汽油和水。

技术指标：执行标准 HG/T 5260—2017

项目		指标
外观(目测)		淡黄色结晶型料(颗粒)
初熔点/℃	≥	65.0
加热减量/%	≤	0.30
灰分/%	≤	0.30
筛余物(20 目)		全通过

用途：超速促进剂，不具有橡胶染色性。适用于 NR、IR、BR、SBR、IIIR、NBR 和 EPDM。性能类似于 TMTD、TETD，但发泡性与焦结

性低。硫化性能好但强度低。无硫时也具高硫化作用，并且耐热、无发泡性，产品抗压性强。

包装及贮运：塑编袋、纸塑复合袋、牛皮纸袋包装，每袋 25kg。应贮存在阴凉、干燥、通风良好的地方。包装好的产品应避免阳光直射，托与托之间不能重叠堆放，重叠堆放或温度超过 35℃会导致产品非正常压缩，贮存有效期 1 年。

国内主要生产厂家：

蔚林新材料科技股份有限公司

鹤壁元昊新材料集团有限公司

2.3.3 促进剂 DPTT

化学名称：四硫化双五亚甲基秋兰姆

英文名称：diptentamethylenethiuram tetrasulfide

同类产品：TRA

化学结构式：

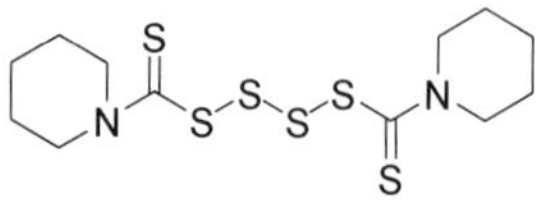

CAS 注册号：[120-54-7]

分子式：$C_{12}H_{20}N_2S_6$

分子量：384.7

主要特性：无味、无毒，相对密度 1.5。溶于氯仿、苯、丙酮、二硫化碳，微溶于汽油与四氯化碳，不溶于水、稀碱。

技术指标：执行企业标准

项目		指标
外观（目测）		淡黄色粉末（颗粒）
初熔点/℃	≥	108
加热减量/%	≤	0.40
灰分/%	≤	0.40
筛余物（100 目）/%	≤	0.10
筛余物（240 目）/%	≤	0.50

用途：用作天然橡胶、合成橡胶及胶乳的辅助促进剂。由于加热时能分解出游离硫，故也可用作硫化剂。用作硫化剂时，在操作温度下比较安全，硫化胶耐热、耐老化性能优良。在氯磺化聚乙烯橡胶、丁苯橡胶、丁基橡胶中可做主促进剂。当与噻唑类促进剂并用时特别适用于丁腈橡胶，硫化胶压缩变形和耐热性能均优。制造胶乳海绵时宜与促进剂 MZ 并用。本品易分散于干橡胶中，也易分散于水中。一般用于制造耐热制品、电缆等。DPTT 无污染，特别适用于浅色胶料。在助促进剂系统中 DPTT 的用量是 0.5～1.5 份。

包装及贮运：塑编袋、纸塑复合袋、牛皮纸袋包装，每袋 25kg。应贮存在阴凉、干燥、通风良好的地方。包装好的产品应避免阳光直射，贮存有效期 2 年。

国内主要生产厂家：

蔚林新材料科技股份有限公司

鹤壁元昊新材料集团有限公司

武汉径河化工有限公司

2.3.4 促进剂 TiBTM

化学名称：一硫化四异丁基秋兰姆

英文名称： diisobutyl thiuram monosulfide

化学结构式：

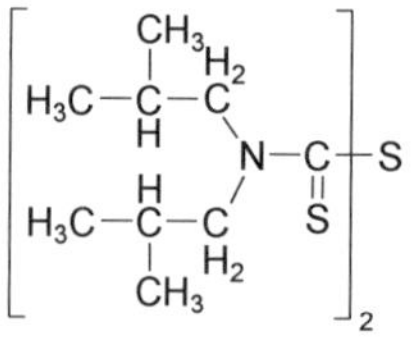

CAS 注册号： [204376-00-1]

分子式： $C_{18}H_{36}N_2S_3$

分子量： 376

主要特性： 无臭、无味。溶于苯、丙酮、二氯乙烷、二硫化碳、甲苯，微溶于乙醇和乙醚，不溶于汽油和水。

技术指标： 执行企业标准

项目		指标
外观		黄色结晶型粉末
初熔点/℃	≥	62.0
加热减量/%	≤	0.30
灰分/%	≤	0.30
筛余物（20 目）		全通过

用途： 一硫化四异丁基秋兰姆是一种绿色环保型橡胶硫化促进剂，是 TMTM 的替代品，不产生致癌的亚硝铵。本产品是既具有磺酰胺类促进剂的助促进剂作用，又具有防焦剂性能的多功能促进剂，广泛用于天然橡胶、异戊橡胶、丁苯橡胶、顺丁橡胶、三元乙丙橡胶和丁腈橡胶等的硫化加工中。

包装及贮运： 塑编袋、纸塑复合袋、牛皮纸袋包装，每袋 25kg。应贮存在阴凉、干燥、通风良好的地方。包装好的产品应避免阳光直射，托与托之间不能重叠堆放，重叠堆放或温度超过 35℃会导致产品非正常压缩。贮存有效期 1 年。

国内主要生产厂家：

蔚林新材料科技股份有限公司

鹤壁元昊新材料集团有限公司

2.3.5　促进剂 TOT

化学名称：四（2-乙基己基）二硫化秋兰姆

英文名称：tetrakis(2-ethylhexyl) thiuram disulfide

化学结构式：

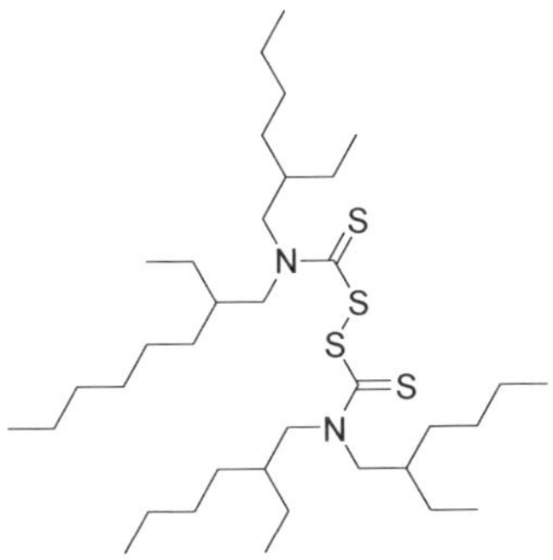

CAS 注册号：[37437-21-1]

分子式：$C_{34}H_{68}N_2S_4$

分子量：633.18

主要特性：纯品为淡黄色黏稠液体，TOT-70 因为加了 30%的载体吸附而变为淡黄色粉末。

技术指标：执行企业标准

项目		TOT	TOT-70
		液体	粉末
外观		淡黄色黏稠液体	淡黄色粉末
含量/%	≥	98.0	68.0～72.0
水分/%	≤	0.5	≤6.0
pH		6.5～7.5	—

用途：四（2-乙基己基）二硫化秋兰姆是一种绿色环保型橡胶硫化促进剂，不产生致癌的亚硝铵。具有次磺酰胺类促进剂的助促进剂作用，与次磺酰胺类促进剂并用可缩短硫化时间。

包装及贮运：塑编袋、纸塑复合袋、牛皮纸袋包装，净重 25kg。应贮存在阴凉、干燥、通风良好的地方。包装好的产品应避免阳光直射，托与托之间不能重叠堆放，重叠堆放或温度超过 35℃会导致产品非正常压缩。有效期 1 年。

国内主要生产厂家：

蔚林新材料科技股份有限公司

鹤壁元昊新材料集团有限公司

2.3.6 促进剂 MPTD

化学名称：*N,N*,-二甲基- *N,N*,-二苯基秋兰姆二硫化物

英文名称：*N,N*,-dimethyl-*N*, *N*,-diphenylthiuram disulfide

同类产品：DDTS

化学结构式：

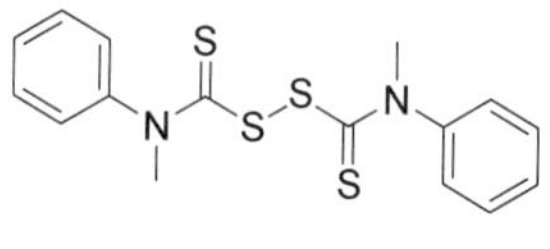

CAS 注册号：[10591-84-1]

分子式：$C_{16}H_{16}N_2S_4$

分子量：364.63

技术指标：执行标准 HG/T5833—2021

项目		指标
外观		白色至灰白色粉末
初熔点/℃	≥	178.0
加热减量/%	≤	0.40
灰分/%	≤	0.30
筛余物(100 目)/%	≤	0.10
筛余物(240 目)/%	≤	0.50

用途：适用于天然橡胶、丁苯橡胶、异戊橡胶、顺丁橡胶和丁腈橡胶。主要作为第二促进剂与促进剂 TMTD、TMTM 或二硫代氨基甲酸锌并用，改进胶料的加工安全性。不污染，不变色，在胶料中易分散，适用于浅色和彩色制品、短时快速硫化模塑品、浸渍制品及织物挂胶等。

包装及贮运：产品用塑料袋内衬塑料袋包装，净重 25kg，也可按用户要求包装。本品需贮存在阴凉、干燥、通风处，避免阳光直射；在规定条件下贮存有效期 2 年。

国内主要生产厂家：

蔚林新材料科技股份有限公司

鹤壁元昊新材料集团有限公司

山东阳谷华泰化工股份有限公司

2.3.7 促进剂 TE

化学名称：二硫化二乙基二苯基秋兰姆

英文名称：diethyldiphenyl thiuram disulfide

同类产品：EPTD

化学结构式：

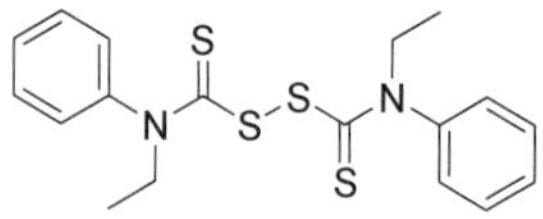

CAS 注册号：[41365-24-6]

分子式：$C_{18}H_{20}N_2S_2$

分子量：392.61

主要特性：相对密度为 1.33，溶于苯、氯仿、三氯甲烷，有限溶于乙醇，不溶于水。本品无味，无毒，不吸湿，贮藏稳定。

技术指标：执行企业标准

项目		指标
外观		白色至浅黄色粉末
初熔点/℃	≥	135.0
灰分/%	≤	0.50
加热减量/%	≤	0.50
筛余物(100 目)/%	≤	0.10
筛余物(240 目)/%	≤	0.50

用途：用于天然橡胶和二烯类合成橡胶，硫化速度快，抗硫化返原，不喷霜，抗焦烧，与硫黄、次磺酰胺、过氧化物并用，综合性能好，可提高硫化胶扯断强度和扯断伸长率，改善硫化胶的热撕裂和半成品加工工艺，防止制品加工时的抽边，解决了 TMTD 难以解决的胶料焦烧问题，所得制品使用寿命长、力学性能良好，有良好的热老化稳定性。具有较好的抗焦烧和抗硫化返原性，适用于大型厚制品，如轮胎、减震器、支撑座等。无毒无味，可用于与卫生食品接触的橡胶制品，是促进剂 TMTM、TETD、TMTD 等的替代品。可单用，也可与次磺酰胺类促进剂并用，作促进剂时一般用量为 0.1～4.0 份。

包装及贮运：编织袋内衬塑料袋包装，每袋 25kg。应贮存在阴凉、干燥、通风良好的地方。包装好的产品应避免阳光直射，有效期 2 年。

国内主要生产厂家：

鹤壁元昊新材料集团有限公司

蔚林新材料科技股份有限公司

2.3.8　促进剂 TMTD

化学名称：二硫化四甲基秋兰姆

英文名称：tetramethylthiuramdisulfide

同类产品：TT；TMT

化学结构式：

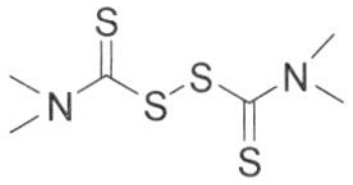

CAS 注册号：[137-26-8]

分子式：$C_{18}H_{36}N_2S_2$

分子量：240.44

主要特性：由氯仿、乙醇混合溶剂重结晶所得产品，熔点 155～156℃，相对密度 1.29。溶于苯、丙酮、氯仿、二硫化碳，微溶于乙醇和乙醚，不溶于水、稀碱、汽油，无味，但对呼吸道、皮肤有刺激作用。避免吸入其粉尘，避免与眼睛、皮肤等接触。贮藏稳定。与水共热生成二甲胺和二硫化碳。

技术指标：执行标准 HG/T 2334—2007

项目		指标
外观		白色至灰白色粉末或颗粒
初熔点/℃	≥	140.0
灰分/%	≤	0.30
加热减量/%	≤	0.30
筛余物(100 目)/%	≤	0.10
筛余物(240 目)/%	≤	0.50

注：筛余物只适于粉状产品。

用途：可作为天然橡胶、合成橡胶及胶乳的超促进剂，加热至 100℃以上即徐徐分解出游离硫，故也可作硫化剂，有效硫黄含量约 13.3%。作第一促进剂使用需加氧化锌活化，是噻唑类促进剂优良的第二促进剂，亦可与其他促进剂并用作连续硫化胶料的促进剂。可用于丁基橡胶、三元乙丙橡胶和氯磺化聚乙烯胶料。

在胶乳中用量高时有喷霜现象，但不影响胶乳的稳定性。应用本品可以减少二硫代氨基甲酸盐类促进剂在胶乳中早期硫化的倾向。

主要用于制造轮胎、内胎、胶鞋、医疗用品、电缆、工业制品等。还可在农业上用作杀菌剂和杀虫剂（商品名福美双），也可用作润滑油添加剂。

作硫化剂时用量 2～4 份，无焦烧危险，硫化胶老化性能及耐热性能均佳。作促进剂时一般用量为 0.2～0.3 份。或根据所制订配方使用。

包装及贮运：编织袋内衬塑料袋包装，净重 25kg。应贮存在阴凉、干燥、通风良好的地方。包装好的产品应避免阳光直射，有效期 2 年。

国内主要生产厂家：

山东斯递尔化工科技有限公司

山东尚舜化工有限公司

蔚林新材料科技股份有限公司

荣成市化工总厂有限公司

鹤壁元昊新材料集团有限公司

晋城天成科创股份有限公司

2.3.9 促进剂 TETD

化学名称：二硫化四乙基秋兰姆

英文名称： tetramethyl thiuramdisulfide

同类产品： TET

化学结构式：

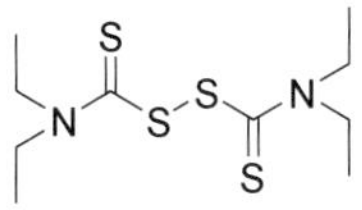

CAS 注册号： [97-77-8]

分子式： $C_{10}H_{20}N_2S_2$

分子量： 296.54

主要特性： 相对密度 1.17～1.30，熔点 65℃。溶于苯、丙酮、甲苯、二硫化碳和氯仿，微溶于乙醇和汽油，不溶于水、稀碱和稀酸，无味，对皮肤和黏膜有刺激作用。

技术指标： 执行标准 HG/T 2344—2012

项目		指标		
		晶型	粉末	颗粒
外观		淡黄色结晶	淡黄色或灰白色粉末	淡黄色或灰白色颗粒
熔点/℃	≥	65.0	65.0	65.0
加热减量/%	≤	0.30	0.30	0.30
灰分/%	≤	0.30	0.30	0.30
筛余物(20 目)		全通过	—	—
筛余物(60 目)/%	≤	—	0.10	—

用途： 天然橡胶、丁苯橡胶、丁腈橡胶、顺丁橡胶及胶乳用超促进剂，亦可作硫化剂，有效硫含量为 11%。作促进剂时性能与促进剂 TMTD 相似，但其活性稍低，不易焦烧，操作安全，喷霜倾向较小。本品是噻唑类促进剂优良的第二促进剂，对醛胺类及胍类促进剂亦有活化作用。用本品作第一促进剂时需配以氧化锌，但氧化铅对其有抑制作用。

在胶料中易分散，不污染、不变色。通常用于制造电缆、医疗用品、胶布、胶鞋、内胎、艳色制品等。还可用作农业杀菌剂和杀虫剂。

作第一促进剂时一般用量为0.5～2份；作噻唑类促进剂的第二促进剂时用量为0.05～0.5份，作硫化剂时用量为3～5份。

包装及贮运：编织袋内衬塑料袋包装，每袋25kg；应贮存在阴凉、干燥、通风良好的地方。包装好的产品应避免阳光直射，有效期1年。

国内主要生产厂家：

蔚林新材料科技股份有限公司

鹤壁元昊新材料集团有限公司

2.3.10 促进剂 TMTM

化学名称：一硫化四甲基秋兰姆

英文名称：tetramethyl thiuram monosulfide

同类产品：Vulkatit Thiuram MS；Accel TS

化学结构式：

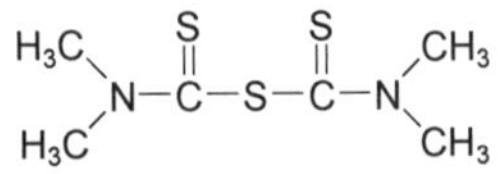

CAS 注册号：[97-74-8]

分子式：$C_6H_{12}N_2S_2$

分子量：208.38

主要特性：相对密度1.38，熔点104℃。溶于苯、丙酮、二氯乙烷、二硫化碳、甲苯、氯仿，微溶于乙醇和乙醚，不溶于汽油和水。无臭、无味、无毒。

技术指标：执行标准 HG/T4890—2016

项目		指标
初熔点/℃	≥	105.0
加热减量/%	≤	0.30
灰分/%	≤	0.30
筛余物(100 目)/%	≤	0.10
筛余物(240 目)/%	≤	0.50

用途：用于天然橡胶与合成橡胶不变色、不污染超促进剂。活性较促进剂 TMTD 低 10%左右，硫化胶定伸应力亦略低。后效性较二硫化秋兰姆类和二硫代氨基甲酸盐类促进剂都大，抗焦烧性能优良。本品可单用，也能与噻唑类、醛胺类、胍类等促进剂并用。本品需配氧化锌作活性剂。用于丁基橡胶时，宜与噻唑类、醛胺类、胍类促进剂并用，一般不会出现早期硫化现象。

54-1 型（即 W 型）氯丁橡胶的弱促进剂，在通用型（GN-A 型）氯丁橡胶中有迟延硫化的效应。在胶乳中与二硫代氨基甲酸盐并用时，能减少胶料早期硫化的倾向。本品不能分解出活性硫，故不能用于无硫配合。

在胶料中易分散，能使混炼胶稍变黄色，但此种现象在硫化过程中即消失。主要用于制造电缆、轮胎胶管、胶带、艳色制品和透明制品、鞋类、耐热制品等。

一般用量 0.3～1.0 份。

包装及贮运：编织袋内衬塑料袋包装，每袋 25kg。应贮存在阴凉、干燥、通风良好的地方。包装好的产品应避免阳光直射，托与托之间不能重叠堆放，重叠堆放或温度超过 35℃会导致产品非正常压缩，有效期 1 年。

国内主要生产厂家：

蔚林新材料科技股份有限公司

鹤壁元昊新材料集团有限公司

2.3.11 促进剂 TBTD

化学名称：二硫化四丁基秋兰姆

英文名称：tetrabutyl thiuram disulfide

化学结构式：

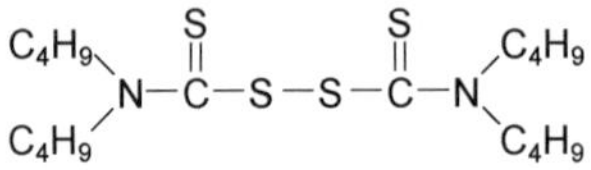

CAS 注册号：[1634-02-2]

分子式：$C_{16}H_{36}N_2S_4$

分子量：408.0

主要特性：20.0℃以下为固体。相对密度 1.05～1.10，溶于多数有机溶剂，不溶于水。因易凝固和易熔化不利于包装和运输，故常用白炭黑作载体进行吸附，有效成分含量一般为 60%～70%。贮藏稳定。

技术指标：执行企业标准

项目		液体	固体
外观(目测)		暗褐色油状液体	淡黄色粉末
凝固点/℃	≥	20.0	—
加热减量/%	≤	—	5.0
灰分/%	≤	3.0	30.0～40.0

用途：天然橡胶和合成橡胶用超促进剂，亦可用作硫化剂，有效硫含量为 7.5%。本品在胶料中不喷霜、不污染，可用于制造内胎、胶鞋、胶布、工业制品等。在天然橡胶和合成橡胶中作促进剂时一般用量为 0.3～1.5 份，作硫化剂时为 3.0～8.0 份。

包装及贮运：塑编袋、牛皮纸袋等内衬聚乙烯膜包装，每袋 25kg。贮存于阴凉、通风、干燥处。包装好的产品应避免阳光直射，有效期 1 年。

国内主要生产厂家：

蔚林新材料科技股份有限公司

鹤壁元昊新材料集团有限公司

2.4　二硫代氨基甲酸盐类促进剂

2.4.1　促进剂 ZBEC

化学名称： 二苄基二硫代氨基甲酸锌

英文名称： zinc dibenzyl dithiocarbamate

同类产品： ZTC；ZBDC

化学结构式：

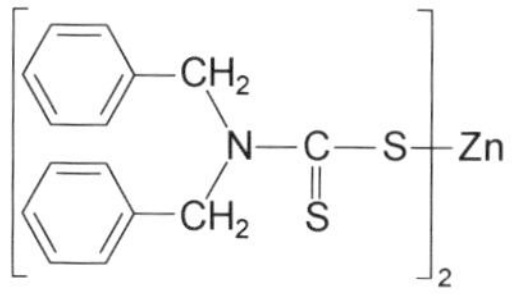

CAS 注册号： [14726-36-4]

分子式： $C_{30}H_{28}N_2S_4Zn$

分子量： 610.22

主要特性： 相对密度为 1.42。

技术指标： 执行标准 HG/T4891—2016

项目		指标
外观		白色粉末或颗粒
锌含量/%		10.0～12.0
初熔点/℃	≥	180.0

续表

项目		指标
加热减量/%	≤	0.50
筛余物(100 目)/%	≤	0.10
筛余物(240 目)/%	≤	0.50

用途：一种速度非常快的主或助（超）促进剂，也是一种安全的仲氨基二硫代氨基甲酸盐类促进剂，适用于天然橡胶与合成橡胶。在所有的二硫代氨基甲酸锌盐类促进剂中，其具有最长的抗焦烧性能，在胶乳中具有极好的抗早期硫化作用。与次磺酰胺类促进剂或促进剂 TBzTD 并用，用量 0.5～1.5 份。在胶乳中用量原则上与 EZ（二乙基二硫氨基甲酸锌）的用量相同，但要在较高温度下硫化。在丁基内胎中应用，推荐 0.5～1.0 份本品、1.0～1.5 份 TBzTD 及 1.0 份 NS 并用作，替代 1.0 份 TMTD 与 0.5 份的 DM 的并用体系。

包装及贮运：塑编袋、纸塑复合袋、牛皮纸袋等内衬聚乙烯膜包装，每袋 25kg。应贮存在阴凉、干燥、通风良好的地方。包装好的产品应避免阳光直射，有效期 2 年。

国内主要生产厂家：

蔚林新材料科技股份有限公司

鹤壁元昊新材料集团有限公司

河南连连利源新材料有限公司

武汉径河化工有限公司

2.4.2 促进剂 ZDIBC（IBZ）

化学名称：二异丁基二硫代氨基甲酸锌

英文名称：zinc diisobutyldithiocarbamate

化学结构式：

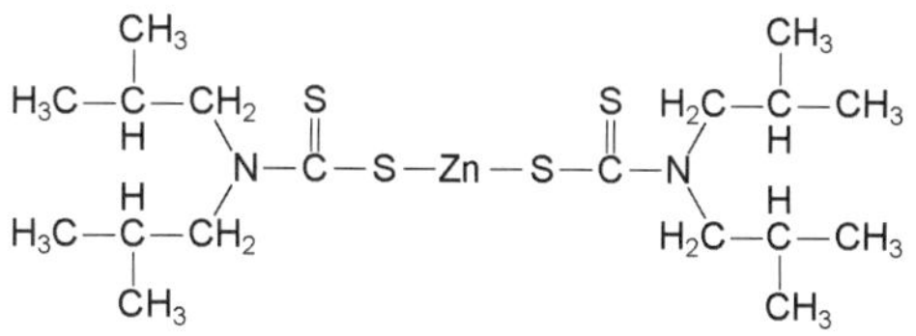

CAS 注册号：[36190-62-2]

分子式：$C_{18}H_{36}N_2Zn$

分子量：474.1

主要特性：相对密度为 1.24，溶于二硫化碳、苯、氯仿，不溶于水和稀碱。

技术指标：执行企业标准

项目		指标
外观		白色粉末
熔点/℃	≥	113.0
加热减量/%	≤	0.50
锌含量/%	≤	13.0～15.0
筛余物(100 目)/%	≤	0.10
筛余物(240 目)/%	≤	0.50

用途：是天然橡胶、合成橡胶及胶乳用超促进剂，可用于 NR 胶乳中，代替 ZDEC 和 ZDBC 使用；在胶乳中硫化活性及交联密度较 ZDEC 高，对温度的敏感性高于 ZDEC。

包装及贮运：塑编袋、纸塑复合袋、牛皮纸袋等内衬聚乙烯膜或集装塑编袋每袋 25kg。应贮存在阴凉、干燥、通风良好的地方。包装好的产品应避免阳光直射，有效期 2 年。

国内主要生产厂家：

蔚林新材料科技股份有限公司

鹤壁元昊新材料集团有限公司

2.4.3 促进剂 ZDEC（EZ）

化学名称：二乙基二硫代氨基甲酸锌

英文名称：zincdibutyldithiocarbamate

同类产品：ZDC；Vulkacit LDA；Ethazate

化学结构式：

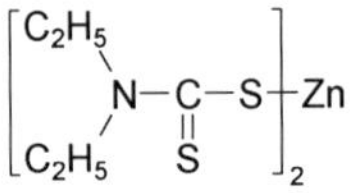

CAS 注册号：[14324-55-1]

分子式：$(C_5H_{10}NS_2)_2Zn$

分子量：361.91

主要特性：相对密度 1.49。熔点 175℃。溶于 1% 氢氧化钠、二硫化碳、苯、氯仿，不溶于汽油。

技术指标：执行标准 HG/T 4782—2014

项目		指标
外观(目视)		白色粉末或颗粒
熔点/℃	≥	174.0
锌含量/%		17.0～19.0
加热减量/%	≤	0.50
筛余物(100 目)/%	≤	0.10
筛余物(240 目)/%	≤	0.50

用途：天然橡胶与合成橡胶用超促进剂，也可作为胶乳通用促进剂，是二硫代氨基甲酸盐的典型代表。虽然硫化临界温度低，易焦烧，但单用时活性不及促进剂 PZ。与二硫代氨基甲酸铵相比活性更差，但操

作安全性有所改善。胶料在 120～135℃时硫化速度很快，硫化温度升高，硫化平坦性变窄，易产生过硫，故硫化温度一般不宜超过 125℃。含本品的胶料加入少量促进剂 TMTD、DM、防焦剂或防老剂 MB，能改善胶料的贮藏性能，及迟延硫化起步。若与二硫代氨基甲酸铵或胺类促进剂并用，硫化速度可大大提高。本品需用氧化锌活化，但加入少量脂肪酸能改善硫化胶的力学性能。本品是噻唑类和次磺酰胺类促进剂的良好活性剂。对含促进剂 MBT、TMTD 或 M 和 TMTD 并用的丁基橡胶料有很强的活化作用，可大大缩短其硫化时间，也可用于三元乙丙橡胶，但活化作用不及对丁基橡胶强。本品亦用作胶乳的非水溶性促进剂，对胶乳的稳定性影响很小。一般与水溶性促进剂（如二硫代氨基甲酸的铵盐或钠盐）或与另外不溶于水的促进剂（如其他二硫代氨基甲酸锌盐）并用以提高硫化速度。在胶乳中作噻唑类促进剂的第二促进剂时，所得制品老化性能良好，本品适于白色或艳色制品、透明制品。主要用于制造胶乳制品，也可用于制造医疗制品、胶布和自硫制品等。在干胶胶料中一般用量为 0.1～1 份，在胶乳料中为 0.5～1 份。

包装及贮运：塑编袋、纸塑复合袋、牛皮纸袋等内衬聚乙烯膜包装，每袋 25kg。应贮存在阴凉、干燥、通风良好的地方。包装好的产品应避免阳光直射，有效期 2 年。

国内主要生产厂家：

蔚林新材料科技股份有限公司

鹤壁元昊新材料集团有限公司

武汉径河化工有限公司

2.4.4 促进剂 ZDBC（BZ）

化学名称：二丁基二硫代氨基甲酸锌

英文名称：zinc dibutyldithiocarbamate

同类产品：Vulkacit LDB；Butazate

化学结构式：

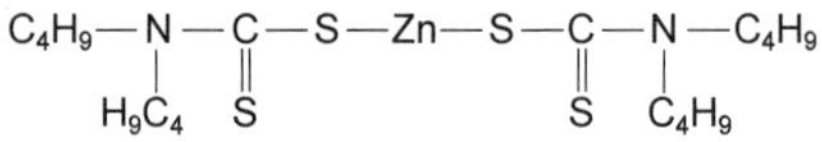

CAS 注册号：[136-23-2]

分子式：$C_{18}H_{36}N_2S_4Zn$

分子量：474.14

主要特性：纯度在 98%以上的工业品为白色粉末，相对密度 1.24，熔点 104℃以上。溶于二硫化碳、苯、氯仿，不溶于水。

技术指标：执行标准 HG/T 4781—2014

项目		指标
外观(目视)		白色粉末或颗粒
熔点/℃	≥	104.0
锌含量/%		13.0～15.0
加热减量/%	≤	0.50
筛余物(100 目)/%	≤	0.10
筛余物(240 目)/%	≤	0.50

用途：天然橡胶、合成橡胶及胶乳用超促进剂。在干胶和胶乳中的性能与促进剂 ZDC 相似，但活性更大。在 100℃以下硫化平坦性中等，高于 120℃时硫化平坦性窄，最宜硫化温度为 95～110℃。由于本品在有机溶剂中溶解度较大，常用于低温硫化胶浆。含有本品的胶乳可以使用一周而不致有早期硫化现象。氧化锌和硫黄配用量一般，脂肪酸可用可不用。但是无论在干胶和胶乳中，欲制造高透明制品，应不用氧化锌作活化剂。用于干胶时通常只作第二促进剂，是噻唑类促进剂良好活性剂。在混炼中有防老化剂的作用，也能改善硫化胶的耐老化性能。本品不变色、不污染，分散容易。

根据硫化胶定伸应力、透明度和其他性能的要求，其用量为 0.5～2 份。

包装及贮运：塑编袋、纸塑复合袋、牛皮纸袋等内衬聚乙烯膜或集装塑编袋包装，净重 25kg。应贮存在阴凉、干燥、通风良好的地方。包装好的产品应避免阳光直射，有效期 2 年。

国内主要生产厂家：

蔚林新材料科技股份有限公司

鹤壁元昊新材料集团有限公司

武汉径河化工有限公司

2.4.5 促进剂 ZEPC（PX）

化学名称：*N*-乙基-*N*-苯基二硫代氨基甲酸锌

英文名称：zinc *N*-ethyl-*N*-phenyldhhiocarbamate

同类产品：Vulkact Pextra N；ZnEPDC

化学结构式：

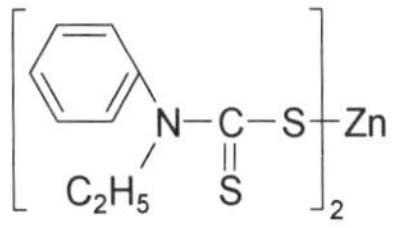

CAS 注册号：[14634-93-6]

分子式：$C_{18}H_{20}N_2S_4Zn$

分子量：458.02

主要特性：相对密度 1.50。熔点 205℃以上。溶于热苯、热氯仿，不溶于丙酮、四氯化碳、乙醇和水，微溶于汽油、苯、热乙醇，在橡胶中溶解度约为 0.25%，无臭、无味、无毒。

技术指标：执行企业标准

项目		指标
外观		白色或黄色粉末
熔点/℃	≥	195.0
加热减量/%	≤	0.50
锌含量/%	≤	13.0～18.0
筛余物(100 目)/%	≤	0.10
筛余物(240 目)/%	≤	0.50

用途：超促进剂，性能与促进剂 PZ、ZDC 和 BZ 相似，但抗焦烧性能稍差，与促进剂 DM 并用时抗焦烧性能增加。一般来说，本品的硫化临界温度仍比较低，活性较秋兰姆促进剂高，在 85～125℃的温度范围内可供天然橡胶、丁苯橡胶、丁腈橡胶等各种类型的橡胶硫化使用。用于室温硫化时必须加入氧化锌和硬脂酸。与碱性促进剂如环己基乙基胺并用时，特别适用于自硫胶料和黏合胶浆。这一促进剂体系能被促进剂 MBT 进一步活化，这时硫化速度甚至比特别快的二硫代氨基甲酸铵还快，是目前有机促进剂配合中速度最快的一种。这种胶料加工时必须把硫黄和促进剂分别制成母炼胶和溶液，临用时按比例混合，否则易焦烧，不能贮存。

特别适用于胶乳硫化，在贮存过程中对胶乳的黏度影响不大。在胶乳中的性能与促进剂 ZDC 基本相似。因其不污染、不变色、无臭、无味、无毒，可用于制造与食物接触的浸渍胶乳制品以及透明和艳色制品、医疗用品、胶乳模型制品、胶乳海绵、胶布、自硫胶浆等。

一般用量在干胶中为 0.2～1.5 份，在胶乳中为 0.5～2.0 份。

包装及贮运：塑编袋、纸塑复合袋、牛皮纸袋等内衬聚乙烯膜或集装塑编袋包装，每袋 25kg。应贮存在阴凉、干燥、通风良好的地方。包装好的产品应避免阳光直射，有效期 2 年。

国内主要生产厂家：

蔚林新材料科技股份有限公司

宁波艾克姆新材料股份有限公司
鹤壁元昊新材料集团有限公司

2.4.6 促进剂 ZDMC（PZ）

化学名称：二甲基二硫代氨基甲酸锌
英文名称：zincdibutyldhhocarbamate
同类产品：Vulkacit L
化学结构式：

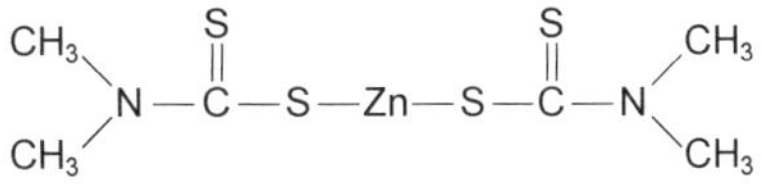

CAS 注册号：[137-30-4]
分子式：$C_6H_{12}N_2S_4Zn$
分子量：305.82
主要特性：相对密度 1.66。几乎不溶于水，25℃时微溶于乙醇和四氯化碳。
技术指标：执行标准 HG/T4391—2012

项目		指标
外观		白色粉末或颗粒
熔点/℃	≥	240.0
锌含量/%		20.0～23.0
加热减量/%	≤	0.50
筛余物(100 目)/%	≤	0.10
筛余物(240 目)/%	≤	0.50

用途：天然橡胶、合成橡胶用超促进剂及胶乳用一般促进剂。特别适用于要求压缩变形小的丁基橡胶和要求耐老化性能良好的丁腈橡胶，

也适用于三元乙丙橡胶。硫化温度甚低（约 100℃），活性与 TMTD 相似，但低温时活性较强，焦烧倾向大，混炼时易引起早期硫化。本品对噻唑类、次磺酰胺类促进剂有活化作用，可作第二促进剂。与促进剂 DM 并用时，随 DM 用量的增加抗焦烧性能亦增加，使用时需加氧化锌作活性剂，一般也需加少量硬脂酸。本品在胶乳中单用时硫化速度较慢，通常与其他促进剂并用。与噻唑类促进剂并用能提高制品的定伸应力和回弹性。本品在橡胶中易分散，适用于浅色和艳色制品。主要用于胶乳制品，也可用于自硫胶浆、胶布、冷硫制品以及非食品用橡胶制品。

在胶乳中一般用量为 0.3～1 份。

包装及贮运：塑编袋、纸塑复合袋、牛皮纸袋等内衬聚乙烯膜包装，净重 25kg。应贮存在阴凉、干燥、通风良好的地方。包装好的产品应避免阳光直射，有效期 2 年。

国内主要生产厂家：

蔚林新材料科技股份有限公司

鹤壁元昊新材料集团有限公司

武汉径河化工有限公司

2.4.7 促进剂 TeDEC（TDEC）

化学名称：二乙基硫代氨基甲酸碲

英文名称：tellurium diethyl dithiocarbamate

化学结构式：

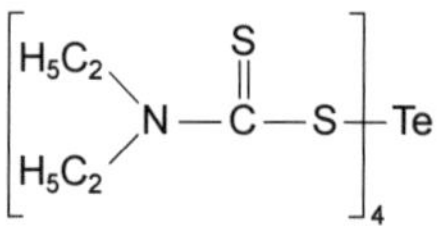

CAS 注册号：[20941-65-5]

分子式：$C_{20}H_{40}N_4S_8Te$

分子量：721.0

主要特性：相对密度为 1.48，溶于氯仿、苯和二硫化碳，微溶于乙醇和汽油，不溶于水。

技术指标：执行标准 HG/T4614—2014

项目		指标
外观		黄色粉末
熔点/℃	≥	100.0
加热减量/%	≤	0.50
碲含量/%	≤	16.5～19.0
筛余物(100 目)/%	≤	0.10
筛余物(240 目)/%	≤	0.50

用途：用作天然橡胶和合成橡胶的超速硫化促进剂，一般与噻唑类、次磺酰胺类促进剂并用，主要用于制造内胎、电缆绝缘层、软管等。在 IIR 胶中硫化速度极快。TeDEC 无污染性并且不褪色。TeDEC 用作助促进剂用量为 0.1～0.3 份，在所有的二硫代氨基甲酸盐类促进剂中，TeDEC 的抗焦烧时间最长。

包装及贮运：纸塑复合袋、牛皮纸袋等内衬聚乙烯膜包装，每袋 25kg。贮于阴凉、干燥、通风处，按一般化学品规定贮运。贮存稳定期 1 年。

国内主要生产厂家：

蔚林新材料科技股份有限公司

浙江黄岩浙东橡胶助剂有限公司

宁波艾克姆新材料股份有限公司

鹤壁元昊新材料集团有限公司

珠海科茂威新材料有限公司

2.4.8 促进剂 SbDEC（SDEC）

化学名称：二乙基二硫代氨基甲酸锑

英文名称：antimony diethyl dithiocarbamate

化学结构式：

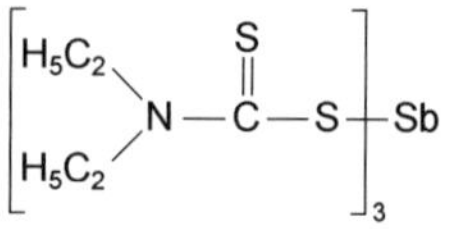

分子式：$C_{15}H_{30}N_3S_6Sb$

分子量：566.0

主要特性：溶于水、乙醇，微溶于苯、氯仿。

技术指标：执行企业标准

项目		指标
外观		白色粉末
熔点/℃	≥	130.0
锑含量/%		20.0～13.0
加热减量/%	≤	0.50
筛余物(100 目)/%≤		0.30

用途：用作天然橡胶和合成橡胶的超速硫化促进剂，一般与噻唑类、次磺酰胺类促进剂并用，主要用于制造内胎、电缆绝缘层、软管等。

包装及贮运：塑编袋、纸塑复合袋、牛皮纸袋等内衬聚乙烯膜包装，每袋 25kg。应贮存在阴凉、干燥、通风良好的地方。包装好的产品应避免阳光直射，有效期 1 年。

国内主要生产厂家：

蔚林新材料科技股份有限公司

2.4.9　促进剂 TTFe

化学名称： 二甲基二硫代氨基甲酸铁

英文名称： iron(Ⅲ) dimethyl dithiocarbamate

同类产品： FeMDC

化学结构式：

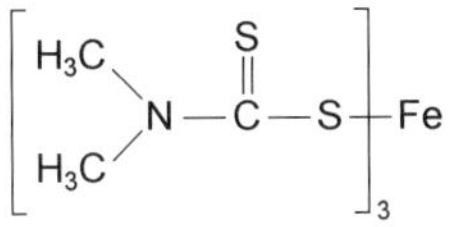

CAS 注册号： [14484-64-1]

分子式： $C_9H_{18}N_3S_6Fe$

分子量： 416.5

主要特性： 相对密度约 1.64，微溶于水，溶于氯仿、吡啶、乙腈。

技术指标： 执行企业标准

项目		指标
外观		黑褐色粉末
分解温度/℃	≥	240.0
加热减量/%	≤	0.50
灰分/%	≤	22.0
筛余物(100 目)/%	≤	0.10
筛余物(240 目)/%	≤	0.50

用途： 超速促进剂，主要用于 NR、IR、BR、SBR、NBR 和 EPDM。

包装及贮运： 纸塑复合袋、纯纸袋等内衬聚乙烯膜包装，每袋 20～25kg。贮于阴凉、干燥、通风处，按一般化学品规定贮运。贮存稳定期 1 年以上。

国内主要生产厂家：

蔚林新材料科技股份有限公司

2.4.10 促进剂 TTCu（CDD）

化学名称： 二甲基二硫代氨基甲酸铜

英文名称： copper dimethyl dithiocarbamate

同类产品： CDD；CDMC

化学结构式：

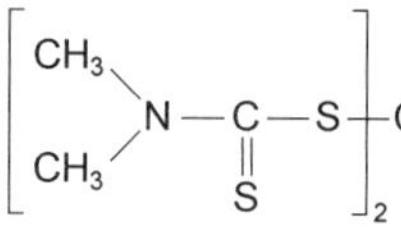

CAS 注册号： [137-29-1]

分子式： $C_6H_{12}N_2S_4Cu$

分子量： 303.97

主要特性： 相对密度 1.64。

技术指标： 执行企业标准

项目		指标
外观		褐色粉末
分解温度/℃	≥	300
加热减量/%	≤	0.50
灰分/%	≤	28.5
筛余物(100 目)/%	≤	0.10
筛余物(240 目)/%	≤	0.50

用途： 快速硫化剂，具有轻微的橡胶染色性，适用于 NR、SBR、NBR、IIR 与 EPDM 体系，尤其适用于 SBR、IIR 和 EPDM 体系。促进硫化效率比 TT、PX 好。噻唑类促进剂体系中，CDD 无论单独使用还是作

为辅促进剂，其用量都是最小的。

包装及贮运： 纸塑复合袋、纯纸袋等内衬聚乙烯膜包装，每袋 20～25kg。贮于阴凉、干燥、通风处，按一般化学品规定贮运。贮存稳定期 1 年以上。

国内主要生产厂家：

蔚林新材料科技股份有限公司

鹤壁元昊新材料集团有限公司

2.4.11　促进剂 SDMC（SDD）

化学名称： 二甲基二硫代氨基甲酸钠

英文名称： sodium-diisobutyldithiocarbamate

同类产品： 促进剂 S

化学结构式：

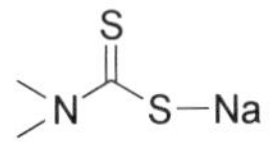

CAS 注册号： [128-04-1]

分子式： $C_3H_6NS_2Na$

分子量： 143.0

主要特性： 相对密度 1.16～1.19。

技术指标： 执行企业标准

项目	指标
外观	淡黄色液体
二甲基二硫代氨基甲酸钠含量/%	40.0～45.0
pH 值	9.5～10.5
相对密度(20℃)	1.16～1.19

用途：在 NR 和 SBR 胶乳硫化过程中，可用作促进剂，在 SBR 聚合过程中也可用作自由基抑制剂；应注意的是 SDD 与二甲胺反应会生成一种分解产物 *N*-亚硝基二甲胺，该产物含亚硝基化物质（氮氧化合物）。用作乳聚丁苯橡胶、丁苯胶乳的终止剂、工业杀菌剂、橡胶制品的硫化促进剂及农业杀虫剂，工业循环冷却水塔中细菌、真菌和黏泥的控制，还可在石油和造纸工业中用作杀菌灭藻剂。福美钠是制农药福美双、福美锌的中间体，也用作橡胶促进剂、农药杀菌剂和涂料防霉剂，还可作消毒杀菌剂制成其含量占 1%的药皂。

在 NR 胶乳中 1.0 份 SDC 与 2.5 份硫黄一起并用。在 SBR 胶乳发泡过程中，1.5 份 SDD、1.0 份 ZMBT 和 2.5 份硫黄并用最佳。

用作 SBR 终止剂时典型用量 0.2%（以 SBR 重量计），SDD 有效成分是 100%。

包装及贮运：240kg 桶装或吨桶包装。贮于阴凉、干燥、通风处，按一般化学品规定贮运。

国内主要生产厂家：

蔚林新材料科技股份有限公司

鹤壁元昊新材料集团有限公司

2.4.12 促进剂 SDEC（SDC）

化学名称：二乙基二硫代氨基甲酸钠

英文名称：sodium diethyl dithiocarbamate

化学结构式：

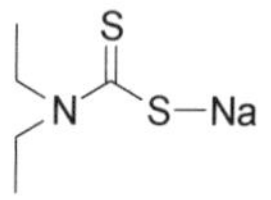

CAS 注册号：[148-18-5]

分子式：$C_5H_{10}NS_2Na$

分子量：171.0

主要特性：溶于水、乙醇，微溶于苯、氯仿。

技术指标：执行企业标准

项目		指标
外观		白色结晶
纯度/%	⩾	96.0
水不溶物/%	⩽	0.10

用途：用作天然橡胶、丁苯橡胶、丁腈橡胶、氯丁橡胶的硫化促进剂。

包装及贮运：240kg 桶装或吨桶包装。贮于阴凉、干燥、通风处，按一般化学品规定贮运。

国内主要生产厂家：

蔚林新材料科技股份有限公司

鹤壁元昊新材料集团有限公司

2.4.13　促进剂 SDBzC（SBDC）

化学名称：二苄基二硫代氨基甲酸钠

英文名称：sodium dibenzyl dithiocarbamate

化学结构式：

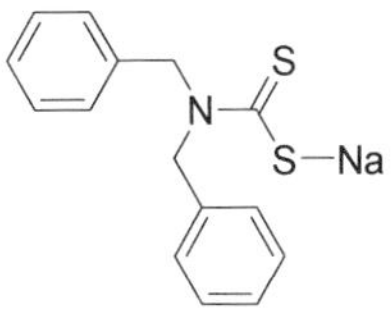

CAS 注册号：[55310-46-8]

分子式： $C_{15}H_{14}NS_2Na$

分子量： 295.4

主要特性： 相对密度 1.02～1.06。

技术指标： 执行企业标准

项目	指标
外观	淡黄绿色至淡棕色液体
纯度/%	15.0～18.0
pH 值	9.5～12.0
相对密度(20℃)	1.02～1.06

用途： SBDC 被开发作为一种安全的仲氨基二硫代氨基甲酸盐类促进剂。

包装及贮运： 240kg 桶装或槽车运输。贮于阴凉、干燥、通风处，按一般化学品规定贮运。

国内主要生产厂家：

蔚林新材料科技股份有限公司

鹤壁元昊新材料集团有限公司

2.4.14 促进剂 SDBC（TP）

化学名称： 二丁基二硫代氨基甲酸钠

英文名称： sodium dibutyl dithiocarbamate

化学结构式：

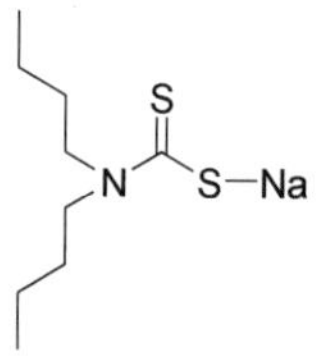

CAS 注册号：[136-30-1]

分子式：$C_9H_{18}NS_2Na$

分子量：227.37

主要特性：能与水混溶，无毒，不宜与铁制品接触。

技术指标：执行企业标准

项目	指标
外观	浅黄绿色到黄棕色液体
二丁基二硫代氨基甲酸钠含量/%	40.0～43.0
相对密度（20℃）	1.070～1.090
pH 值	9.0～12.0

用途：天然橡胶、丁苯橡胶、氯丁橡胶及胶乳用超促进剂。在天然橡胶和氯丁胶乳硫化过程中，做促进剂与秋兰姆、噻唑类及胍类并用。SDBC 水溶液适用于天然和氯丁胶乳，起始硫化温度为 90～100℃。用本品制得的硫化胶不污染、不变色、无味。

包装及贮运：25kg、240kg 桶装或吨桶包装。贮于阴凉、干燥、通风处，按一般化学品规定贮运。

国内主要生产厂家：

蔚林新材料科技股份有限公司

鹤壁元昊新材料集团有限公司

武汉径河化工有限公司

2.4.15　促进剂 SMBT（M-Na）

化学名称：2-巯基苯并噻唑钠

英文名称：sodium 2-mercaptobenzothiazole

化学结构式：

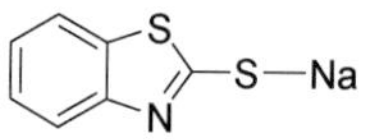

CAS 注册号：[2492-26-4]

分子式：$C_7H_4NS_2Na$

分子量：189.26

技术指标：执行企业标准

项目	指标
外观	淡黄色至红棕色液体
2-巯基苯并噻唑钠含量/%	49.0～51.0
相对密度(25℃)	1.240～1.280

用途：胶乳助促进剂。在天然橡胶和丁苯胶乳中作二硫代氨基甲酸盐的助促进剂。在橡胶中易分散、不污染，适用于自然硫化胶浆和热水硫化制品。本品用水、醇类调成的溶液，可作钢铁、铜、铝制品的缓蚀剂。

包装及贮运：240kg 桶装或吨桶包装。贮于阴凉、干燥、通风处，按一般化学品规定贮运。

国内主要生产厂家：

蔚林新材料科技股份有限公司

2.5 胍类促进剂

2.5.1 促进剂 DPG（D）

化学名称：二苯胍

英文名称：diphenylguanidine

化学结构式：

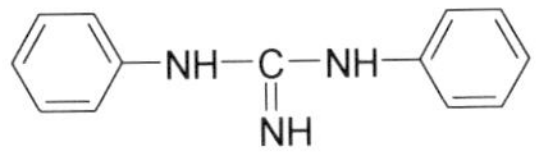

CAS 注册号：[102-06-7]

分子式：$C_{13}H_{13}N_3$

分子量：211.27

主要特性：无毒，但与皮肤接触时有刺激性。相对密度 1.13～1.19。熔点不低于 144℃。溶于苯、甲苯、氯仿、乙醇、丙酮、乙酸乙酯，不溶于汽油和水。贮藏稳定。

技术指标：执行标准 HG/T 2342—2010

项目		指标
外观		灰白色粉末
熔点/℃	≥	144.0
加热减量/%	≤	0.30
灰分/%	≤	0.30
筛余物(100 目)/%	≤	0.10
筛余物(240 目)/%	≤	0.50

用途：主要用作天然橡胶和合成橡胶的中性促进剂。常用作噻唑类、秋兰姆类及次磺酰胺类促进剂的活性剂。与促进剂 TMTD、DM 并用时，可用于连续硫化。在氯丁橡胶中有增塑剂和塑解剂的作用。主要用于制造轮胎、胶板、鞋底，不适合白色和浅色制品。

作第一促进剂使用时，用量为 1～1.5 份。用作噻唑类的助促进剂时，用量一般为 0.1～0.5 份。

包装及贮运：塑编袋、纸塑复合袋、牛皮纸袋包装，每袋 25kg。应贮存在阴凉、干燥、通风良好的地方。包装好的产品应避免阳光直射，有效期 1 年。

国内主要生产厂家：

山东尚舜化工有限公司

科迈化工股份有限公司

蔚林新材料科技股份有限公司

鹤壁元昊新材料集团有限公司

山东斯递尔化工科技有限公司

2.5.2 促进剂 DOTG（DT）

化学名称：二邻甲苯胍

英文名称：diotolylguanidine

化学结构式：

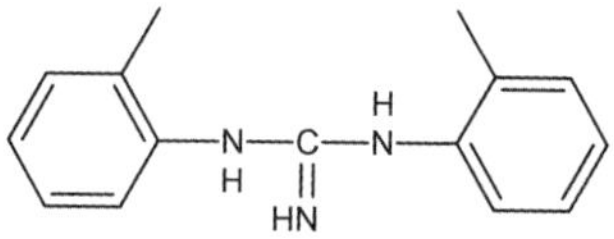

CAS 注册号：[97-39-2]

分子式：$C_{15}H_{17}N_3$

分子量：239.32

主要特性：味微苦，无臭。相对密度 1.01～1.02。溶于氯仿、丙酮、乙醇，微溶于苯，不溶于汽油和水。

技术指标：执行企业标准

项目		指标
外观(目视)		白色或灰白色粉末
熔点/℃	≥	170.0
加热减量/%	≤	0.30
灰分/%	≤	0.30
筛余物(100 目)/%	≤	0.10
筛余物(240 目)/%	≤	0.50

用途：可用于 NR、SNR、IIR、IR、SBR、NBR 和 CR。活性与促进剂 D（二苯胍）极为相似。在操作温度下活性很小，操作十分安全。硫化临界温度为 141℃，在硫化温度下特别是高于临界温度时十分活泼，且硫化平坦性较好。本品是酸性促进剂，是噻唑类，次磺酰胺类促进剂的重要活性剂，与促进剂 MBT 并用有超促进剂的效果。主要用于厚壁制品、胎面胶、缓冲层，胶辊覆盖胶等。作第一促进剂时用量一般为 0.8～1.5 份，作噻唑类促进剂的第二促进剂时用量为 0.1～0.5 份。

包装及贮运：塑编袋、纸塑复合袋、牛皮纸袋包装，每袋 25kg；应贮存在阴凉、干燥、通风良好的地方。包装好的产品应避免阳光直射。有效期 1 年。

国内主要生产厂家：

蔚林新材料科技股份有限公司

鹤壁元昊新材料集团有限公司

2.6 硫脲类促进剂

2.6.1 促进剂 ETU（NA-22）

化学名称：1,2-亚乙基硫脲/乙撑硫脲

英文名称：ethylene thiourea（2-imidazolidinethione）

化学结构式：

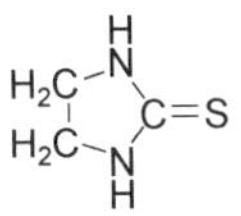

CAS 注册号：[96-45-7]

分子式：$C_3H_6N_2S$

分子量：102.17

主要特性：味苦。相对密度 2.00。溶于乙醇，微溶于水。对制品不污染，贮存稳定。

技术指标：执行标准 HG/T2343—2012

项目		指标
外观		白色粉末
熔点/℃	≥	195.0
加热减量/%	≤	0.30
灰分/%	≤	0.30
筛余物(100 目)/%	≤	0.10
筛余物(240 目)/%	≤	0.50

用途：氯丁橡胶、氯磺化聚乙烯橡胶、氯醇橡胶、聚丙烯酸酯橡胶用促进剂，并适用于作金属氧化物硫化剂。用本品所得到的硫化胶定伸应力高，压缩变形小，但弹性和耐热性能差。本品特别适用于 W 型及通用 GN 型氯丁橡胶，在胶料中易分散、不污染、不变色。

在一般制品中用量为 0.25～1.5 份。在氯丁橡胶耐水制品中为 0.2～0.5 份，配以 10～20 份氧化铅。

包装及贮运：聚乙烯编织袋内衬塑料袋包装，贮于低温、干燥处，避免高温和潮湿。运输中防火、防潮、防晒。有效期 2 年。

国内主要生产厂家：

蔚林新材料科技股份有限公司

鹤壁元昊新材料集团有限公司

2.6.2 促进剂 DETU

化学名称： 二乙基硫脲

英文名称： *N*,*N*′-diethylthiourea

化学结构式：

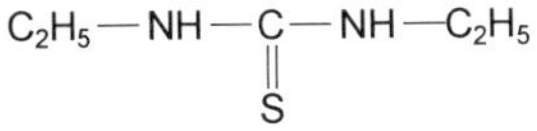

CAS 注册号： [105-55-5]

分子式： $C_5H_{17}N_2S$

分子量： 132.23

主要特性： 相对密度 1.10。易溶于丙酮、乙醇、溶于水，难溶于汽油。有吸湿性。

技术指标： 执行企业标准

项目		指标
外观(目测)		白色结晶料
熔点/℃	≥	74.0
加热减量/%	≤	0.30
灰分/%	≤	0.30
筛余物(20 目)/%		全通过

用途： 这类促进剂的促进效力低且抗烧焦性能差，故对二烯类橡胶已很少使用，但在特殊情况下，如用秋兰姆硫化物等硫黄给予体硫化时，具有活性剂的作用。硫脲类促进剂对氯丁橡胶的硫化有独特的效能，可制得拉伸强度、硬度、压缩永久变形等性能良好的氯丁硫化胶。本品与 NA-22 相比，焦烧及硫化均快，但硫化平坦性较好。易分散、不喷霜。用量较大时，可进行高温高速硫化，特别适用于压出制品的连续硫化，本品也是丁基橡胶用促进剂，三元乙丙胶的硫化活性剂。对

于天然橡胶、氯丁橡胶、丁腈橡胶和丁苯橡胶有抗氧化作用。一般用于制造工业制品，特种电线、海绵制品等。

包装及贮运：塑编袋、纸塑复合袋、牛皮纸袋等内衬聚乙烯膜包装，每袋25kg，应贮存在阴凉、干燥、通风良好的地方。包装好的产品应避免阳光直射。有效期1年。

国内主要生产厂家：

蔚林新材料科技股份有限公司

鹤壁元昊新材料集团有限公司

2.6.3 促进剂DPTU（CA）

化学名称：*N*,*N*′-二苯基硫脲

英文名称：*N*,*N*′-diphenylthiourea

化学结构式：

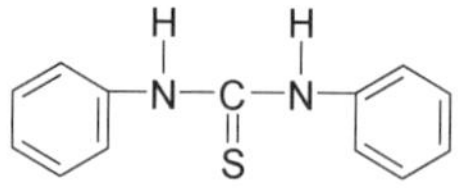

CAS注册号：[102-08-9]

分子式：$C_{13}H_{12}N_2S$

分子量：228.31

主要特性：相对密度1.32。味苦、易燃，毒性极高。易溶于乙醚、丙酮、环己酮、四氢（呋喃）等，微溶于PVC用的各种塑解剂，不溶于水和二硫化碳。在碱性溶液中溶解，在酸性溶液中析出。

技术指标：执行企业标准

项目	指标
外观(目视)	白色晶型粉末

续表

项目		指标
熔点/℃	≥	148
加热减量/%	≤	0.40
灰分/%	≤	0.40
筛余物(20 目)/%		全通过

用途：用作快速硫化促进剂，硫化临界温度 80℃，混炼时需注意避免早期硫化。温度在 100℃以上时活性较高。所得制品坚韧，拉伸强度和抗屈挠疲劳性优良，但制品会受光变色，主要用于天然胶乳与氯丁胶乳制品。本品也用作乳液聚合法聚氯乙烯的热稳定剂，特别适用于软质制品，不能与铅、镉等稳定剂并用，否则会导致制品变色。

需配以氧化锌，硬脂酸不是特别需要。本品在胶料中一般用量为 3.5～4.0 份，硫黄为 2.0～3.5 份。

包装及贮运：塑编袋、纸塑复合袋、牛皮纸袋等内衬聚乙烯膜包装，净重 25kg。应贮存在阴凉、干燥、通风良好的地方。包装好的产品应避免阳光直射。有效期 1 年。

国内主要生产厂家：

蔚林新材料科技股份有限公司

鹤壁元昊新材料集团有限公司

科迈化工股份有限公司

2.6.4　促进剂 DBTU

化学名称：*N*,*N*′-二正丁基硫脲

英文名称：*N*,*N*-dibutylthiourea

化学结构式：

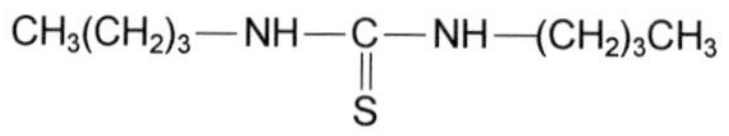

CAS 注册号：[109-46-6]

分子式：$C_9H_{20}N_2S$

分子量：188.3

主要特性：相对密度 1.06。溶于乙醇，难溶于乙醚，不溶于水，微溶于二乙醚。

技术指标：执行企业标准

项目		指标
外观(目视)		白色结晶型粉末
熔点/℃	≥	60.0
加热减量/%	≤	0.40
灰分/%	≤	0.40
筛余物(20 目)/%		全通过

用途：氯丁橡胶用快速硫化促进剂，性能与 ETU 和 DETU 相近，适用于硫化温度较低的胶料，制品物理性能较好。对天然橡胶、丁苯橡胶、丁基橡胶、三元乙丙橡胶的硫化也有促进作用。也是天然橡胶、氯丁橡胶、丁腈橡胶和丁苯橡胶的抗臭氧剂。不污染、不变色。主要用于电线、工业制品和海绵制品等。一般用量为 0.25～1.0 份。

注意事项：与皮肤接触有刺激性。热分解或燃烧会产生有毒气体，生产过程中应加强个人防护，操作人员应穿戴防护用品。

包装及贮运：塑编袋、纸塑复合袋、牛皮纸袋等内衬聚乙烯膜包装，每袋 25kg。应贮存在阴凉、干燥、通风良好的地方。包装好的产品应避免阳光直射。有效期 1 年。

国内主要生产厂家：

蔚林新材料科技股份有限公司

鹤壁元昊新材料集团有限公司

2.6.5 促进剂 PUR

化学名称： 3,4,5,6-四氢-2-嘧啶硫醇

英文名称： 3,4,5,6-tetrahydropyrimidine-2-thiol

化学结构式：

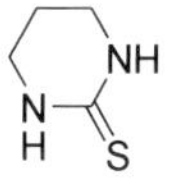

CAS 注册号： [2055-46-1]

分子式： $C_4H_8N_2S_4$

分子量： 116.18

主要特性： 相对密度为 1.3，新型硫脲类促进剂。

技术指标： 执行企业标准

项目		指标
外观(目视)		白色粉末
熔点/℃	≥	208.0
加热减量/%	≤	0.50
灰分/%	≤	0.50
筛余物(100 目)/%	≤	0.10

用途： 本品性能和促进剂 ETU 相似，在卤化聚合物中作为硫化助剂使用。使用本品可以在较短时间内获得高性能硫化橡胶，并且焦烧稳定性好。应用于 CR，具有和 ETU 相同的特性，橡胶的硫化性能及耐老化性好。此外，它对于二烯橡胶，包括 EPDM 是有效的第二促进剂，具有无污染、不着色、不喷霜的特性。可替代促进剂 ETU 用于 CR 和 CPE。

包装及贮运： 塑编袋、纸塑复合袋、牛皮纸袋等内衬聚乙烯膜包装，

每袋 25kg。应贮存在阴凉、干燥、通风良好的地方。包装好的产品应避免阳光直射。有效期 1 年。

国内主要生产厂家：

蔚林新材料科技股份有限公司

鹤壁元昊新材料集团有限公司

2.7 黄原酸盐（酯）类促进剂

2.7.1 二异丙基黄原四硫醚

化学名称： 二异丙基黄原四硫醚

英文名称： diisopropylxanthogen tetrasulfide

同类产品： WL-101；UH-100

化学结构式：

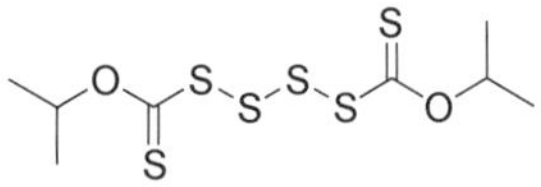

CAS 注册号： [69303-50-0]

分子式： $C_8H_{14}O_2S_6$

分子量： 334.56

主要特性： 不溶于水，易溶于乙醇、丙酮、苯、汽油、氯仿和石油醚等有机溶剂。

技术指标： 执行企业标准

项目		指标
外观		浅黄色至琥珀色液体
硫含量/%	≥	55.0

续表

项目	指标
相对密度(20℃)	1.220～1.280
pH 值	6.0～7.5

用途： 天然橡胶及胶乳、丁苯橡胶及胶乳、丁腈橡胶和再生胶用超促进剂。主要用于制造胶布、医疗和手术用橡胶制品、胶鞋、防水布、自流胶浆及胶乳制品等，还可用于橡胶聚合时的分子量调节剂、橡胶加工用促进剂。

包装及贮运： 25kg、40kg、200kg 塑料桶或内衬防材铁皮桶包装。贮存运输时，严禁与过氧化物接触，有效期 1 年。

国内主要生产厂家：

蔚林新材料科技股份有限公司

鹤壁元昊新材料集团有限公司

2.7.2　促进剂 DIP

化学名称： 二硫化二异丙基黄原酸酯

英文名称： isopropylxanthic disulfide

化学结构式：

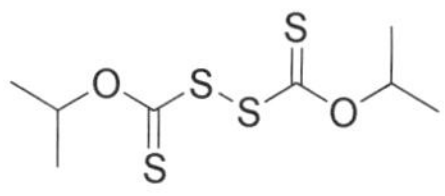

CAS 注册号： [105-65-7]

分子式： $C_8H_{14}O_2S_4$

分子量： 270.46

主要特性： 不溶于水，溶于乙醇、丙酮、苯、汽油等有机溶剂。

技术指标： 执行企业标准

项目		指标
外观		浅黄色至黄绿色结晶粉末
二硫化二异丙基黄原酸酯含量/%	≥	98.0
熔点/℃	≥	52.0
加热减量/%	≤	0.50
苯不溶物/%	≤	2.0

用途：天然橡胶及胶乳、丁苯橡胶及胶乳、丁腈橡胶和再生胶用超促进剂。主要用于制造胶布、医疗和手术用橡胶制品、胶鞋、防水布、自硫胶浆及胶乳制品等，还可用作合成橡胶的分子量润滑油调节剂、矿石浮选剂、杀菌剂和除草剂等。

包装及贮运：25kg/袋；内衬塑料袋的纸塑复合包装，干燥阴凉处贮存期为1年。远离火种、热源。应与氧化剂、酸类分开存放，切忌混储。

国内主要生产厂家：

蔚林新材料科技股份有限公司

鹤壁元昊新材料集团有限公司

2.7.3 促进剂 CPB

化学名称：二硫化二正丁基黄原酸酯

英文名称：dibutyl xanthogen disulfid

化学结构式：

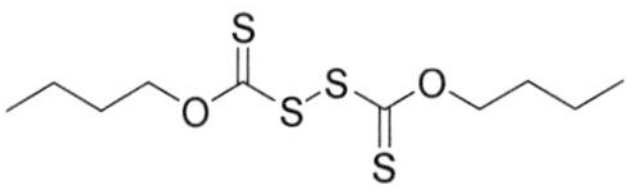

CAS 注册号：[105-77-1]

分子式：$C_{10}H_{18}O_2S_4$

分子量： 298.51

主要特性： 相对密度 1.14～1.15。能溶于汽油、苯、丙酮、氯乙烷，不溶于水。

技术指标： 执行企业标准

项目		指标
外观		琥珀色液体
含量/%	≥	98.0
加热减量/%	≤	0.50

用途： 用作天然橡胶及丁苯胶乳、天然橡胶及其再生胶、丁腈橡胶、丁苯橡胶的超促进剂。不适用于高温硫化，常用二苄基胺、二苄基胺和一苄基胺的混合物活化，活化后即得低温超速促进体系。胶料在室温下 12h 左右即能硫化，在 100℃下正硫化时间为 20～30min。槽法炭黑、陶土及酸性配合剂对其有抑制作用，而醛胺类、秋兰姆类、噻唑类及二硫代氨基甲酸盐类促进剂与二苄基胺和一苄基胺的混合物并用能进一步增加其活性。配合时需加入氧化锌和硫黄，但不能加脂肪酸。因其促进作用太快，混炼时活性剂二苄基胺和一苄基胺的混合物不能与其同时混炼，应在最后混合时加入。全部胶料必须在规定的时间内处理完毕，放置时间过长即成废品。本品不变色、不污染。主要用于制造胶布、医疗和外科手术用橡胶制品、胶鞋、防水布、自硫化胶浆及胶乳制品等。一般用量为 2 份左右，并配以 2 份左右的二苄基胺和一苄基胺的混合物。

包装及贮运： 25kg/袋，纸塑复合、牛皮纸等内衬聚乙烯膜包装，干燥、阴凉处贮存期为 1 年。远离火种、热源。

国内主要生产厂家：

蔚林新材料科技股份有限公司

2.7.4 促进剂 SIX（SIP）

化学名称： 异丙基黄原酸钠

英文名称： sodium isopropyl xanthate

化学结构式：

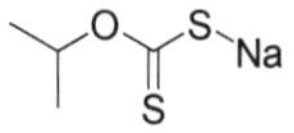

CAS 注册号： [140-93-2]

分子式： $C_4H_7OS_2Na$

分子量： 158.22

主要特性： 溶于水和二硫化碳，微溶于乙醇或丙酮，难溶于四氯化碳、氯仿、汽油、苯、甲苯。

技术指标： 执行企业标准

项目		指标
外观		白色或浅黄色结晶粉末
熔点/℃	≥	126.0
加热减量/%	≤	0.50
灰分/%	≤	30.0

用途： 可用作超促进剂。供天然橡胶、丁苯橡胶及胶乳常温硫化使用。硫化活性较促进剂 ZIP 高，若加入氧化锌，活性会进一步提高。适用于制备薄壁浸渍制品。

包装及贮运： 内衬塑料袋的纸塑复合包装，每袋 25kg；干燥、阴凉处贮存期为 1 年。远离火种、热源。

国内主要生产厂家：

蔚林新材料科技股份有限公司

鹤壁元昊新材料集团有限公司

2.7.5 促进剂 ZBX

化学名称：丁基黄原酸锌

英文名称：zinc n-butyl xanthate

化学结构式：

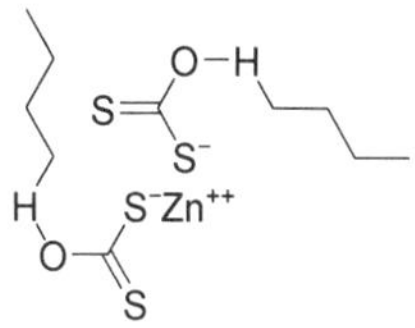

CAS 注册号：[150-88-9]

分子式：$C_8H_{18}O_2S_4Zn$

分子量：363.88

主要特性：有特殊气味。溶于稀碱、苯和氨水，不溶于水和汽油。遇水或热即分解。

技术指标：执行企业标准

项目		指标
外观		白色至浅黄色粉末
熔点/℃	≥	106.0
加热减量/%	≤	0.50
灰分/%	≤	25.0

用途：超促进剂，用作丁腈橡胶、天然橡胶、氯丁橡胶、再生胶、丁苯橡胶及胶乳等的超促进剂。与二苄基胺和一苄基胺的混合物一起可用作低温超促进剂。除活性稍高外，使用方法及应用与促进剂二硫化二丁基黄原酸钠基本相同，尤其适用于氯丁橡胶胶黏剂。本品不污染。

包装及贮运：25kg/袋；内衬塑料袋的纸塑复合包装。远离火种、热源。需贮藏于阴凉干燥处（最好在10℃以下）。

国内主要生产厂家：

蔚林新材料科技股份有限公司

鹤壁元昊新材料集团有限公司

2.7.6 促进剂ZIP

化学名称：异丙基黄原酸锌

英文名称：zine isopropyl xanthate

化学结构式：

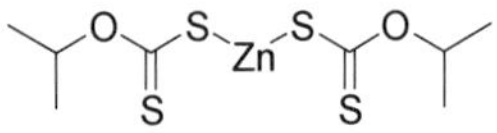

CAS注册号：[1000-90-4]

分子式：$C_8H_{14}O_2S_4Zn$

分子量：335.8

主要特性：溶于二硫化碳，微溶于苯、甲苯、乙醇、二氯乙烷、氯仿、四氯化碳，不溶于水。

技术指标：执行企业标准

项目		指标
外观		白色至浅黄色粉末
熔点/℃	≥	145.0
加热减量/%	≤	0.50
灰分/%	≤	30.0

用途：本品是作用较强的超促进剂，可用于室温硫化胶乳制品和胶浆。硫化临界温度100℃，硫化温度不宜超过110℃，否则有分解倾向。

本品能降低胶乳的稳定性，在胶乳中使用时应加入稳定剂。在自硫化胶浆中宜与二乙基二硫代氨基甲酸二乙胺配合使用。可用于制造胶乳浸渍制品、模型制品、胶浆、胶丝及防水织物等。一般用量为 1～2.5 份。

包装及贮运：25kg/袋；内衬塑料袋的纸塑复合包装；干燥、阴凉处贮存期为 1 年。远离火种、热源。

国内主要生产厂家：

蔚林新材料科技股份有限公司

鹤壁元昊新材料集团有限公司

2.8　有机胺类促进剂 HMT（HMTA）

化学名称：六亚甲基四胺

英文名称：hexamethylenetetramine

化学结构式：

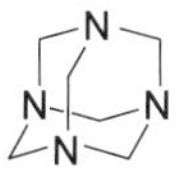

CAS 注册号：[100-97-0]

分子式：$C_6H_{12}N_4$

分子量：140.18

主要特性：几乎无毒，溶于水、乙醇和氯仿，不溶于乙醚。加热至 200℃即升华并分解，常温时能用明火点燃，难溶于乙醚、芳香烃等。

技术指标：执行企业标准

项目		指标
外观(目测)		白色结晶粉末
六亚甲基四胺含量/%	≥	90.0

续表

项目	指标
灰分/%	2.0～3.0
加热减量/% ≤	0.50
油含量/%	2.0～3.0

用途： 加热至200℃即升华分解，常温时能用明火点燃，难溶于乙醚、芳香烃等。主要用于子午线轮胎中，作为补强树脂的固化剂，能提高橡胶制品的硬度；与间苯二酚等助剂构成黏合体系，对橡胶与纤维的黏合起重要作用。与补强树脂配套使用，用量：促进剂1份，补强树脂8～10份。

注意事项： 对皮肤有刺激作用，应避免与皮肤、眼部等部位接触。

包装及贮运： 25kg/袋；内衬塑料袋的纸塑复合包装，干燥、阴凉处贮存期为一年。远离火种、热源。应与氧化剂、酸类分开存放，切忌混储。

国内主要生产厂家：

蔚林新材料科技股份有限公司

海城市泰利橡胶助剂有限公司

2.9 其他促进剂

2.9.1 促进剂 ZBS（BM）

化学名称： 苯亚磺酸锌

英文名称： zinc benzenesulfonate

化学结构式：

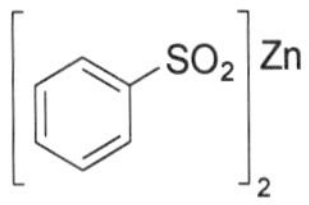

CAS 注册号：[24308-84-7]

分子式：$C_{12}H_{10}S_2O_4Zn$

分子量：347.73

主要特性：难溶于水，无毒，相对密度为 1.52，易溶于硝酸，微溶于氯仿、丙酮、苯和四氯化碳；不溶于汽油和乙酸乙酯，遇强酸或强碱分解。

技术指标：执行企业标准

项目		指标
外观		白色粉末
熔点/℃	⩾	215.0
加热减量/%	⩽	0.50
灰分/%		20.0～28.0
筛余物(100 目)/%	⩽	0.10
筛余物(240 目)/%	⩽	0.50

用途：适用于发泡剂 ADC 原粉加工活化，可降低 AC 发泡剂分解温度，改进 AC 的活性，降低 AC 发泡剂使用量，活化促进 AC 发泡，改进发气量。用于橡塑发泡加工保温材料中。

包装及贮运：塑编袋、纸塑复合袋、牛皮纸袋或集装塑编袋包装，每袋 25kg。应贮存在阴凉、干燥、通风良好的地方。包装好的产品应避免阳光直射，有效期 2 年。

国内主要生产厂家：

蔚林新材料科技股份有限公司

鹤壁元昊新材料集团有限公司

2.9.2 促进剂 ZEHBP（ZDTP）

化学名称：乙基己基-丁基二硫代磷酸锌

英文名称：zineethylhexy-butyl dithiophosphate

化学结构式：

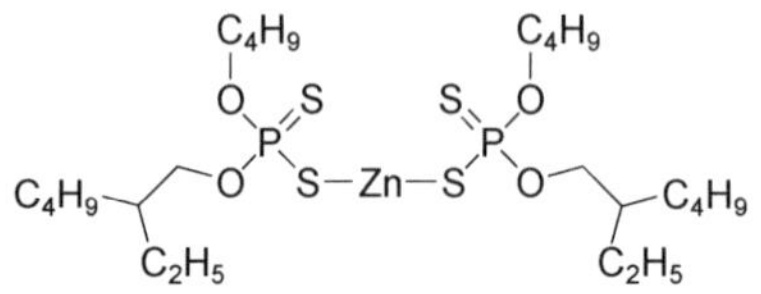

CAS 注册号：[26566-95-0]

分子式：$C_{24}H_{52}O_4P_2S_4Zn$

分子量：660.25

主要特性：琥珀色透明液体或加入 30%载体后的浅白色粉末。

技术指标：执行标准 HG/T 5835—2021

项目	指标
外观	琥珀色透明液体
硫含量/%	14.0～18.0
锌含量/%	8.0～10.0
pH	5.5～7.5

用途：用作天然橡胶和三元乙丙橡胶的快速硫化促进剂。硫化交联程度高，耐热性好；改进抗硫化返原性时，应注意用量，以在焦烧安全性与抗硫化返原性之间取得良好平衡。不喷霜、不引起褪色，能用于半透明、快速硫化的天然橡胶鞋底配方中。一般用量为 1～1.5 份。

包装及贮运：20kg、240kg 桶装。贮于阴凉、干燥、通风处，按一般化学品规定贮运。

国内主要生产厂家：

蔚林新材料科技股份有限公司

鹤壁元昊新材料集团有限公司
丰城市友好化学有限公司

2.9.3 促进剂 ZDBP

化学名称： 二丁基二硫代磷酸锌
英文名称： zine dibutyl dithiophosphate
化学结构式：

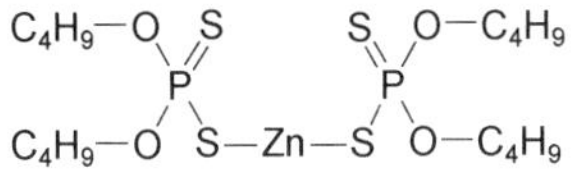

CAS 注册号： [6990-43-8]
分子式： $C_{16}H_{36}O_4P_2S_4Zn$
分子量： 548.07
主要特性： 琥珀色透明液体或加入 30%载体后的灰白色粉末。
技术指标： 执行标准 HG/T 5834—2021

项目	指标
外观	琥珀色透明液体
硫含量/%	22.0～24.0
锌含量/%	11.0～13.0
pH　≥	4.0
相对密度(20℃)	1.20～1.30

用途： NR 和 EPDM 快速辅助促进剂，NR 中有抗硫化返原作用。具有不喷霜、硫化速度快以及成本较低的特征；无氨基结构，可以用于无亚硝铵产生的硫化系统中。一般用量 1～4 份。

包装及贮运： 240kg 桶装。贮于阴凉、干燥、通风处，按一般化学品规定贮运。

国内主要生产厂家：

蔚林新材料科技股份有限公司

鹤壁元昊新材料集团有限公司

丰城市友好化学有限公司

2.9.4 促进剂 BPDS

化学名称：二烷基二硫代磷酸二硫化物

英文名称：dialkylphosphorodithioate disulphide

结构式：$R_1O\ (R_2O)\ PSSSS\ P(R_1O)R_2O$

技术指标：

项目	指标
外观	黄色粉末
含量/% ≥	70.0

用途：促进剂 BPDS 是天然橡胶（NR）和三元乙丙橡胶（EPDM）的快速辅助促进剂，在 NR 和 EPDM 应用可以加入 1～4 份，对制品不染色、不变色、不喷霜；在天然橡胶中，促进剂 BPDS 对噻唑类、次磺酰胺类促进剂有活化作用，有显著的抗硫化返原效果。由于促进剂 BPDS 分子中不含氮，在应用中不产生致癌物（亚硝铵）。

在 NR 中为了提高橡胶制品的抗硫化返原性，选择合适用量以在焦烧和抗硫化还原之间取得更好的平衡，制品有很好的抗老化性。

促进剂 BPDS 用于制造与食品接触的物品时，需参照 BgVV XXI 中 4 类规定，在 FDA 中没有规定。由于它的不喷霜、不变色，可用于透明的 NR 橡胶鞋底中。

国内主要生产厂家：

丰城市友好化学有限公司

第 3 章

橡胶防老剂

3.1 胺类防老剂

3.1.1 防老剂 TMQ

化学名称： 2,2,4-三甲基-1,2-二氢化喹啉聚合物

英文名称： polymerized 2,2,4-trimethyle-1,2-dihydroquinoline

同类产品： RD；Tlectol TMQ；Vulkanox HS；Accinox TQ

化学结构式：

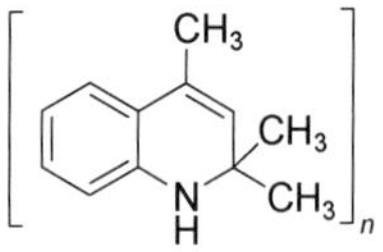

$n = 2\sim4$

CAS 注册号： [26780-96-1]

分子式： $(C_{12}H_{15}N)_n$

分子量： $(173.26)_n$

主要特性： 无毒。相对密度 1.05。能溶于苯、氯仿、二硫化碳及丙酮，微溶于石油烃，不溶于水，可燃。

技术指标： 执行标准 GB/T8826—2019

项目		指标	
		普通型	高含量型
外观		琥珀色至浅棕色片状或粒状	
软化点/℃		80～100	80～100
加热减量/%	≤	0.30	0.30
灰分/%	≤	0.30	0.30
乙醇不溶物/%	≤	0.20	0.20
异丙基二苯胺/%	≤	1.0	0.5
二聚体+三聚体+四聚体/%	≥	40	70
伯胺含量/%	≤	—	1.0

用途：主要用作橡胶防老剂。对热、氧引起的老化有极佳的防护效能，但对屈挠老化和臭氧老化的效果较差。对金属的催化氧化有较强抑制作用。适用于天然、丁苯、丁腈等胶种。由于防老剂 TMQ 分子量较高，扩散损失少，防护性能保持性较长，宜用于高温受热设备和热带地区使用的橡胶制品。适用于制造各种轮胎、胶鞋、工业橡胶制品和电缆。高含量 TMQ 可明显延长橡胶加工过程焦烧时间，同时提高橡胶与骨架材料的黏合效果。

在橡胶中相容性好，当用量高达 5 份时仍不喷出，故可提高防老剂用量以改善胶料的老化性能。但最好和其他耐疲劳和耐臭氧的防老剂并用。在轮胎胶料中，与 4010NA、4020 并用是最佳的防护体系。一般用量为 0.5～3 份。

注意事项：污染性较低，在少量使用情况下仍可用于浅色橡胶制品，但浅色橡胶制品在日光下曝晒会变成棕色。

包装及贮运：用内衬塑料袋的编织袋或纸塑复合袋包装，每袋净含量 25kg。贮存于阴凉、干燥处。贮存时注意防火、防晒、防潮。在规定的运输、贮存条件下，自生产之日起贮存期为 24 个月。

国内主要生产厂家：

科迈化工股份有限公司

中国石化集团南京化学工业有限公司

山东斯递尔化工科技有限公司

山东尚舜化工有限公司

圣奥化学科技有限公司

河南省开仑化工有限责任公司

运城晋腾化学科技有限公司

3.1.2 防老剂 IPPD（4010NA）

化学名称： *N*-异丙基-*N'*-苯基对苯二胺

英文名称： *N*-isopropyl-*N'*-phenyl-*p*-phenylenediamine

同类产品： Santoflex IPPD；Flexzone 3C

化学结构式：

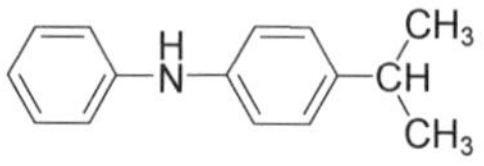

CAS 注册号： [101-72-4]

分子式： $C_{15}H_{18}N_2$

分子量： 226.31

主要特性： 相对密度 1.14，溶于油类、丙酮、四氯化碳、二硫化碳和乙醇，难溶于汽油，不溶于水。暴露于空气及阳光照射下会变色。

技术指标： 执行标准 GB/T 8828—2003

项目		指标
外观		灰紫色至紫褐色粒状固体
含量/%	≥	95.0
熔点/℃	≥	70.0
加热减量/%	≤	0.50
灰分/%	≤	0.30

用途： 污染型抗氧剂，是胺类防老剂中性能优良的通用型防老剂之一，具有优良的抗氧、抗臭氧、抗屈挠龟裂、抗日晒龟裂和抑制锰铜等有害金属离子的作用。主要用于天然橡胶和合成橡胶，分散性好，对硫化无影响。用量在 2 份以下时不喷霜，单独使用已具有良好防护效果，还可以与 TMQ、BLE、AW 及微晶蜡并用。可用于轮胎等各类橡胶制品，也可作为聚乙烯、聚丙烯、丙烯酸树脂的热氧稳定剂。

包装及贮运：贮存稳定性好，以塑料编织袋内衬塑料包装，净重25kg/袋，贮存于阴凉、干燥处，贮运时防火、防晒。

注意事项：本品具有污染性，不宜用于浅色制品。对皮肤有刺激，易引起过敏、易迁移，以致影响制品外观，耐水和溶剂的抽提效果较4020差。

国内主要生产厂家：
圣奥化学科技有限公司
山东尚舜化工有限公司
中国石化集团南京化学工业有限公司

3.1.3 防老剂6PPD（4020）

化学名称：*N*-(1,3-二甲基丁基)-*N'*-苯基对苯二胺
英文名称：*N*-(1,3-dimethylbutyl)-*N'*-phenyl-*p*-phenylenediamine
同类产品：Flexzone 7F；Accinox ZC
化学结构式：

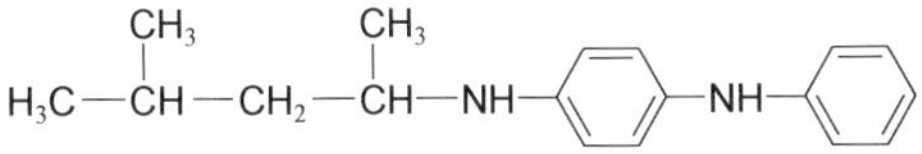

CAS注册号：［793-24-8］
分子式：$C_{16}H_{24}N_2$
分子量：268.40
主要特性：熔点不低于45℃。溶于苯、丙酮、乙酸乙酯、二氯乙烷及甲苯，不溶于水。贮藏稳定，但温度超过35～40℃时会慢慢结块，有毒。
技术指标：执行标准GB/T 21841—2019

项目		合格品
外观		灰褐色至黑褐色颗粒
含量/%	≥	97.0
熔点/℃	≥	45.0
加热减量/%	≤	0.50
灰分/%	≤	0.10
结晶点/℃	≥	45.5

用途：6PPD 是一种强效抗氧化剂和抗臭氧剂，适用于天然橡胶和合成橡胶的配方，同时也可用作合成聚合物稳定剂。6PPD 能阻止在静态和动态操作条件下的疲劳降解，是 SBR 的优秀稳定剂，污染性低，挥发性小。通常用量 0.5～1.5 份，最高 3 份。

注意事项：本品污染性严重，不适用于浅色制品。对皮肤稍有刺激。

包装及贮运：6PPD 不能重叠堆放，应单独贮存在阴凉、干燥、通风良好的地方。包装好的产品应避免日光直射。重叠堆放或温度超过 35℃会导致产品非正常压缩，并会结成大块，影响使用。应当贮存在 50～60℃的有盖容器中。当贮存期超过 30 天或温度高于 60℃时，容器中应有氮气保护以防止产品氧化，否则会降低产品作为抗臭氧剂的功效。贮存温度在 75℃以上时，贮存期不能超过 90 天。散装时，液态 6PPD 的连续循环有助于贮罐中温度均一，减少加热原件生垢，最大限度保持产品稳定性。在推荐的贮存条件下 6PPD 的保质期为 12 个月。

国内主要生产厂家：

圣奥化学科技有限公司

中国石化集团南京化学工业有限公司

山东尚舜化工有限公司

科迈化工股份有限公司

运城晋腾化学科技有限公司
伊士曼化学有限公司

3.1.4 防老剂 8PPD

化学组成： *N*-仲辛基-*N'*-苯基对苯二胺与 2,2,4-三甲基-1,2-二氢喹啉聚合物的复配物

英文名称： compound of *N*-sec-octyl phenol-*N'*-phenylenediamineand polymer of 2,2,4-trimethyl-1,2-dihydroquinoline

化学结构式：

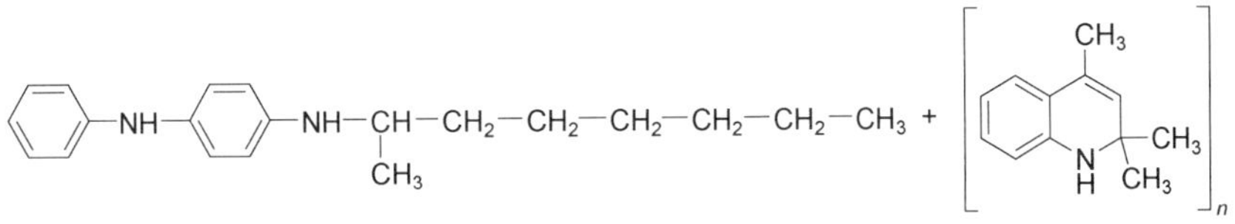

技术指标：

项目		指标
外观		暗褐色黏稠状液体
相对密度（25℃）		1.00～1.03
加热减量/%	≤	0.50
灰分/%	≤	0.10
黏度（25℃）/mPa·s		1700～2200
4-氨基二苯胺含量/%	≤	0.80

用途： 本品为多组分复合型产品，其主体是防老剂 OPPD（也称 688），适用于各类深色橡胶加工的配方，如轮胎及各种深色工业橡胶制品。在天然橡胶、合成橡胶中用作抗臭氧剂，效能优于防老剂 TMQ 和防老剂 D，接近和超过防老剂 IPPD 和 6PPD，而价格更低；对屈挠龟裂有良好的防护作用；其耐热、抗氧性能与 IPPD 相似；与橡胶的相容性能良好，挥发性低，稍具污染性，毒性小，可替代毒性大的传

统防老剂 D。用量通常为 1.5～2.5 份。

注意事项：可能引起皮肤过敏反应。对水生生物毒性大并且有长期持续影响。本品稍具污染性。

包装及贮运：使用镀锌铁桶贮存在阴凉、干燥、通风良好的地方。包装好的产品应避免日光直射。在推荐的贮存条件下 8PPD 的保质期为 12 个月。

国内主要生产厂家：

圣奥化学科技有限公司

3.1.5 防老剂 DTPD（3100）

化学名称：*N*,*N*'-二甲苯基对苯二胺 DTPD（3100）

英文名称：*N*,*N*'-bis(methylphenyl)-1,4-benzenediamine（mixture）

同类产品：Ncrac630；Vulkanox3100

化学结构式：

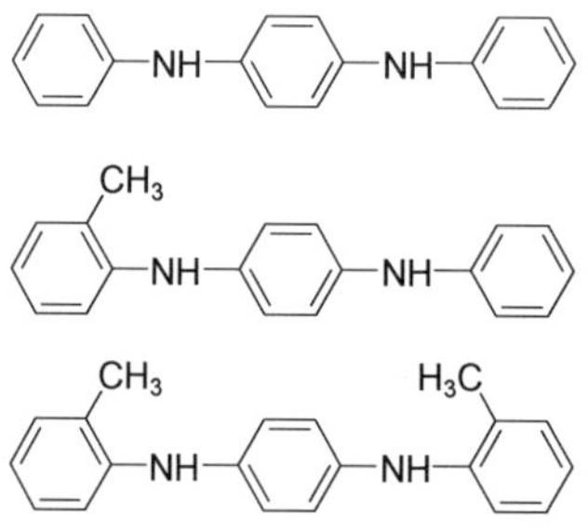

主要特性：可溶于丙酮、苯、甲苯、乙醚和乙酸乙酯，及温热的四氯化碳、乙醇和庚丙烷中。微溶于汽油，不溶于汽油和水。

技术指标：

外观		棕灰色粉末或颗粒
初熔点/℃		92～98
加热减量(65℃)/%	≤	0.30
灰分(750℃)/%	≤	0.30
N,*N'*-二苯基对苯二胺含量/%	≥	90.0

用途： 典型的后效型对苯二胺类橡胶防老剂，可以有效地弥补对苯二胺类防老剂 6PPD 和 IPPD 早期抗老化效果好而后期略差的缺点，适用于天然橡胶、顺丁橡胶、丁苯橡胶、丁腈橡胶、氯丁橡胶等合成橡胶。属于抗臭氧防护助剂之一，对氯丁橡胶臭氧防护效果极佳，是轮胎用高效防老剂的品种。一般用量为 1.0～3.0 份。

包装及贮运： 三合一纸塑复合袋，20kg/袋。置于通风干燥处，避免受热、受潮、贮存期半年。

国内主要生产厂家：

圣奥化学科技有限公司

宜兴聚金信化工有限公司

3.1.6　防老剂 77PD

化学名称： *N*,*N'*-双(1,4-二甲基戊基)对苯二胺

英文名称： *N*,*N'*-bis(1,4-dimethylpentyl)-*p*-phenylenediamine

同类产品： 4030；Santoflex 77PD

化学结构式：

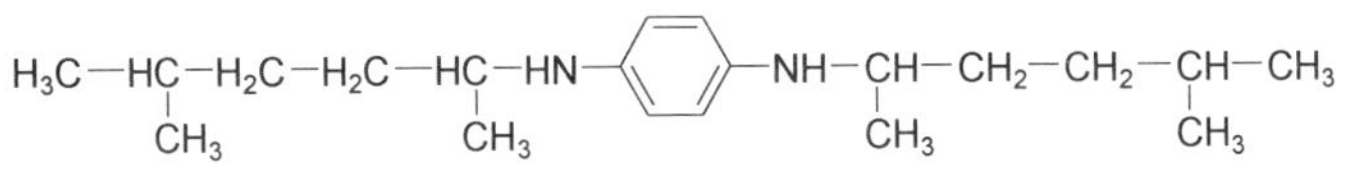

CAS 注册号： [3081-14-9]

分子式： $C_{20}H_{36}N_2$

分子量：304.52

技术指标：

项目		指标
外观		棕红色油状液体
纯度(GC)/%	≥	94.00
加热减量(65～70℃)/%	≤	0.50
灰分/%	≤	0.10
黏度(25℃)/mPa·s		56.0～85.0

用途：本品静态抗氧老化效果、抗化学腐蚀性极佳。适用于天然橡胶和合成橡胶制品，主要用于丁苯橡胶的稳定剂。适用于长期处于静态条件下的电线电缆、胶管和胶带等室外使用的橡胶制品；可单独用于抗静态臭氧老化性能要求苛刻的某些橡胶制品；也可用于特殊胶乳SBR的聚合稳定剂（载量为0.05%～0.5%）；用于天然橡胶或丁苯橡胶制品时，抗屈挠龟裂性能差，通常与防老剂4010NA、4020并用，以改善屈挠性能。

包装及贮运：可贮存在圆桶内或散装贮罐中。桶装时贮存温度应低于35℃，避免日光直射。若加热散装贮罐温度超过35℃，应采用氮气保护，防止产品氧化降低抗臭氧功效。贮存在加热贮罐中的产品应不断搅拌，有助于温度均一，并减少生垢。在推荐的贮存条件下77PD的保质期为12个月。

国内主要生产厂家：

圣奥化学科技有限公司

伊士曼化学有限公司

3.1.7　防老剂 7PPD

化学名称： *N*-(1,4-二甲基戊基)-*N'*-苯基对苯二胺

英文名称： *N*-(1,4-dimethylpentyl)*N'*-phenyl-*p*-phenylenediamine

同类产品： 4050；Santoflex 11L；Vulkanox 4050

化学结构式：

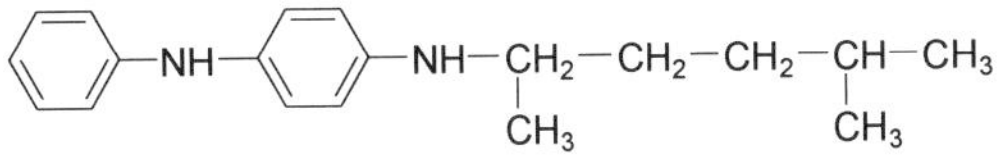

CAS 注册号： [3081-01-4]

分子式： $C_{19}H_{26}N_2$

分子量： 282.43

主要特性： 有刺激性气味。水溶性为 0.67mg/L(pH=7，25℃)。

技术指标：

项目		指标
外观		暗红色液体
纯度(GC)/%	≥	95.00
4-ADPA 含量/%	≤	1.00
加热减量(105℃±5℃)/%	≤	0.50
灰分/%	≤	0.10
密度(38℃)/(g/cm^3)		0.990～1.005

用途： 具有优异的抗热老化和臭氧老化性能，对天候老化和疲劳老化有良好防护性能。适用于天然橡胶和合成橡胶制品，主要用作丁苯橡胶的稳定剂。7PPD 可与 6PPD 以一定比例混合（7PPD：6PPD 为 2：1 或 1：1），两种组分活性类似，因此复配物在橡胶中的作用类似于 6PPD。

包装及贮运： 使用镀锌铁桶包装，每桶净重 200kg。贮存在阴凉、干

燥、通风良好的地方。包装好的产品应避免日光直射。在推荐的贮存条件下 7PPD 的保质期为 12 个月。

国内主要生产厂家：

圣奥化学科技有限公司

3.1.8 防老剂 EPPD

化学组成： *N*-(1,3-二甲基丁基)-*N′*-苯基对苯二胺和 *N*-(1,4-二甲基戊基)-*N′*-苯基对苯二胺的混合物

英文名称： blend of *N*-(1,3-dimethylbutyl)-*N′*-phenyl-*p*-phenylenediamine and *N*-(1,4-dimethylpentyl)-*N′*-phenyl-*p*- phenylenediamine

化学结构式：

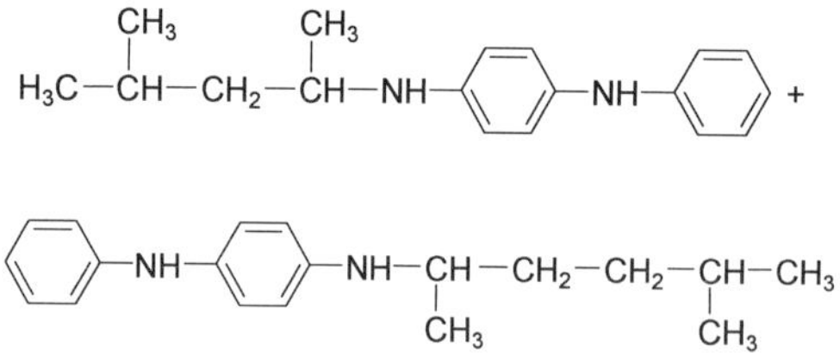

CAS 注册号：［793-24-8]/[3081-01-4]

分子量： 268/282

主要特性： 黑色油状液体。能溶于脂肪、苯、石脑油和乙醇，但不溶于水。低毒。

技术指标：

项目	指标
外观	黑色自由流动液体
纯度(GC)/% ≥	96.0
6PPD：7PPD(质量比)	(40.00±2.00)：(60.00±2.00)

续表

项目	指标
黏度(25℃)/mPa·s	70.0～85.0
密度(45℃)/(g/cm^3)	0.993～1.010
加热减量(70℃×3h)/%　　≤	0.50

用途：本品能为广泛的允许变色的溶液和乳液聚合的弹性体提供高效的稳定性。EPPD 具有完美的耐臭氧和耐氧性能，因此它在橡胶的热老化试验和弯曲性能测试中有良好的性能表现，也能提供对铜和其他重金属催化降解的化学防护。最高使用到 2 份时，对纺织品和钢线的复合附着力没有负面影响。高于这个浓度，可能引起喷霜，影响橡胶和橡胶或橡胶和胎体帘布层之间的黏合强度。可以被用作润滑油稳定剂和炼油添加剂。

本品会使化合物变色，会导致接触和迁移污染。

包装及贮运：可贮存在圆桶内或散装贮罐中。桶装时贮存温度应低于35℃，避免日光直射。若加热散装贮罐温度超过 35℃，应采用氮气保护，防止产品氧化降低抗臭氧功效。贮存在加热贮罐中的产品应不断搅拌，有助于温度均一，并减少生垢。

国内主要生产厂家：

圣奥化学科技有限公司

3.1.9　防老剂 6PPD-L

化学名称：*N*-(1,3-二甲基丁基)-*N'*-苯基对苯二胺

英文名称：*N*-(1,3-dimethylbutyl)-*N'*-phenyl-*p*-phenylenediamine

化学结构式：

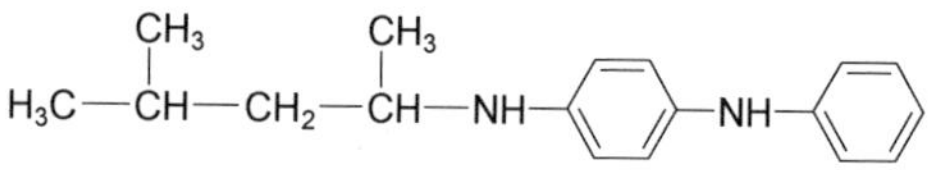

CAS 注册号：［793-24-8］

分子式：$C_{16}H_{24}N_2$

分子量：268.40

主要特性：熔点不低于 45℃，溶于苯、丙酮、乙酸乙酯、二氯乙烷及甲苯，不溶于水。与普通 6PPD 相比，气味明显降低。

技术指标：执行标准

项目		指标
外观		灰褐色至黑褐色颗粒
含量/%	≥	97.0
熔点/℃	≥	45.0
加热减量/%	≤	0.50
灰分/%	≤	0.10
结晶点/℃	≥	45.5

用途：6PPD-L 是一种改善后的低气味、低 VOC 的强效抗氧化剂和抗臭氧剂，适用于天然胶和合成胶的橡胶制品，尤其是抗动态溴氧老化效果优异。同时也可用作聚合物合成的稳定剂。6PPD-L 能阻止橡胶制品在静态和动态操作条件下的疲劳降解，是聚苯乙烯丁二烯共聚物的优秀稳定剂，污染性低，挥发性小。配方常用量 0.5～2.5 份，最高 3.5 份。

注意事项：本品污染性严重，不适用于浅色制品。对皮肤稍有刺激。

包装及贮运：6PPD-L 不能重叠堆放，应单托贮存在阴凉、干燥、通风良好的地方。包装好的产品应避免日光直射。重叠堆放或温度超过 35℃会导致产品非正常压缩。应当贮存在 50～60℃的有盖容器中。当贮存期超过 30 天或温度高于 60℃时，容器中应有氮气保护以防止产品氧化，否则会降低产品作为抗臭氧剂的功效。贮存温度在 75℃以上时，贮存期不能超过 90 天。散装时，液态 6PPD-L 的连续循环有助于贮罐中温度均一，减少加热原件生垢，最大限度保持产品稳定性。在推荐的贮存条件下 6PPD-L 的保质期为 12 个月。

国内主要生产厂家：
圣奥化学科技有限公司

3.1.10　防老剂 OPPD

化学名称： *N*-仲辛基-*N'*-苯基对苯二胺
英文名称： *N*-sec-octyl-*N'*-phenyl-*p*-phenylenediamine
化学结构式：

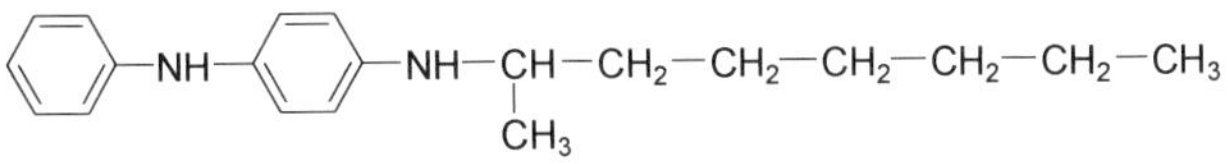

CAS 注册号： [15233-47-3]
分子式： $C_{20}H_{28}N_2$
分子量： 296.46
技术指标： 执行标准 HG/T 4896—2016

项目		指标
外观		暗褐色黏稠液体
纯度/%	≥	96.0
4-氨基二苯胺含量/%	≤	0.6
加热减量/%	≤	0.50
灰分/%	≤	0.10

用途： OPPD 是天然橡胶、合成橡胶通用型胺类防老剂品种之一，对臭氧老化龟裂和屈挠龟裂有良好的防护作用。适用于动态、静态承受

应力的橡胶制品及承受天候老化的橡胶制品，如轮胎、汽车门窗密封胶条、电线电缆、胶管和胶带等工业橡胶制品；可以与防老剂 TMQ 按一定比例混合制成防老剂 8PPD。

注意事项：本品黏度较大，在实际使用会受到一定限制。

包装及贮运：使用镀锌铁桶贮存在阴凉、干燥、通风良好的地方。包装好的产品应避免日光直射。在推荐的贮存条件下 OPPD 的保质期为 12 个月。

国内主要生产厂家：
圣奥化学科技有限公司

3.1.11 防老剂 A7750

化学名称：*N*,*N'*-双(1,4-二甲基戊基)对苯二胺与炭黑 N330 的复配物
英文名称：blend of *N*,*N'*-bis(1,4-dimethylpentyl)-*p*-phenylenediamine and black carbon N 330
主要特性：有刺激性气味，堆积密度约 0.8g/cm^3，几乎不溶于水。
技术标准：

项目		指标
外观		黑色颗粒
加热减量/%	≤	2.0
灰分/%	≤	1.0

用途：性能与 77PD 类似，静态抗氧老化效果、抗化学腐蚀性极佳。适用于天然橡胶和合成橡胶制品，主要用作丁苯橡胶的稳定剂。

本品适用于长期处于静态条件下的电线电缆、胶管和胶带等室外使用的橡胶制品；可单独用于抗静态臭氧老化性能要求苛刻的某些橡

胶制品；用于天然橡胶或丁苯橡胶制品时，抗屈挠龟裂性能差，通常与防老剂 IPPD、6PPD 并用，以改善屈挠性能。

包装及贮运：使用纸塑包装袋包装，每袋净重 25kg。包装好的产品应存放在阴凉、干燥、通风良好的地方。应避免日光直射。在推荐的贮存条件下 A7750 的保质期为 12 个月。

国内主要生产厂家：
圣奥化学科技有限公司

3.1.12 防老剂 44PD

化学名称：*N,N'*-二仲丁基对苯二胺
英文名称：*N,N'*-di-sec-butyl-*p*-phenylenediamine
化学结构式：

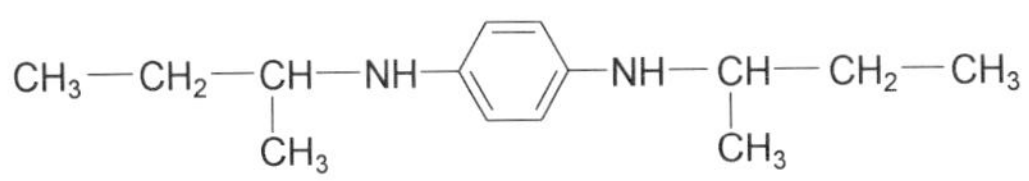

CAS 注册号：[101-96-2]
分子式：$C_{14}H_{24}N_2$
分子量：220.36
技术指标：

项目		指标
外观		深褐色液体
纯度(GC)/%	≥	96.00
加热减量(70℃)/%	≤	0.50
灰分/%	≤	0.10

用途：天然橡胶、合成橡胶的通用型抗氧化剂；可作为高效的汽油抗氧剂，其效果优于抗氧剂 T-501；也可作为汽油脱硫醇剂和植物油特

效抗氧剂。

包装及贮运：可用镀锌铁桶包装，每桶净重200kg。于凉爽（约25℃）、干燥条件下贮存，避免直接接触光源和热源。使用完毕后密闭容器。在推荐的贮存条件下44PD的保质期为12个月。

国内主要生产厂家：
圣奥化学科技有限公司

3.1.13 防老剂TMPPD

化学名称：2,4,6-三-(*N*-1,4-二甲基戊基-对苯二胺)-1,3,5-三嗪
英文名称：2,4,6-tris-(*N*-1,4-dimethylpentyl-*p*-phenylenediamine)-1,3,5-triazine
化学结构式：

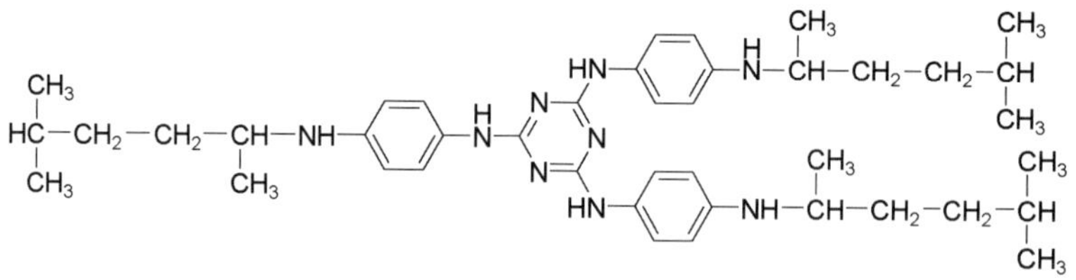

CAS注册号：[121246-28-4]
分子式：$C_{42}H_{63}N_9$
分子量：694.03
主要特性：相对密度约1.05，不溶于水，但能溶于大部分有机溶剂。
技术指标：执行标准HG/T 5083—2016

项目		指标
外观		灰褐色至黑褐色颗粒
含量/%	≥	90.0
熔点/℃		63.0～73.0

续表

项目		指标
加热减量/%	⩽	0.70
灰分/%	⩽	0.70

用途：TMPPD 是一种无污染的、较大分子量的抗氧剂和抗臭氧剂，在静态情况下为橡胶制品提供优异的抗臭氧化防护，同样在动态的条件下也能为橡胶制品提供长期的抗臭氧氧化作用，并且不会在橡胶中产生扩散和迁移，在橡胶表面形成色斑等，所以 TMPPD 是一种优异的橡胶防老剂产品。

包装及贮运：TMPPD 使用纸塑包装袋或纸箱包装，每袋净重 25kg。包装好的产品应避免日光直射或热源。使用完毕后密闭容器。在推荐贮存条件下的保质期为 24 个月。

国内主要生产厂家：
圣奥化学科技有限公司

3.1.14 防老剂 ODA

化学名称：辛基化二苯胺
英文名称：octylateddiphenylamine
同类产品：Permanax ODPA；nonox OD；Nocrac AD
化学结构式：

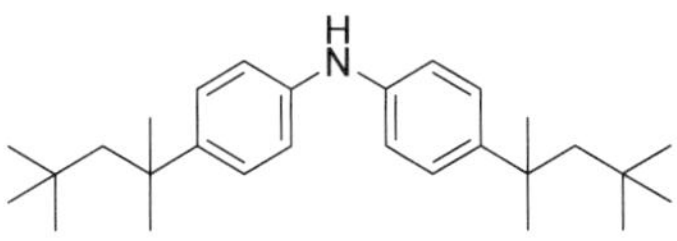

CAS 注册号：[101-67-7]
分子式：$C_{28}H_{43}N$

分子量： 393

主要特性： 相对密度 0.98～1.12，熔点 85～90℃，溶于苯、二氯乙烷、二硫化碳、乙醇、丙酮和汽油，不溶于水。

技术指标：

项目		指标
外观		浅棕色或灰色颗粒
熔点/℃	≥	75
加热减量/%	≤	1.3
灼热余量/%	≤	0.5

用途： 本品为二苯胺类的通用型防老剂，可与其他防老剂并用。主要作为弱污染性防老剂，具有抗热氧和抗屈挠特性，其迁移性能小，特别适合氯丁橡胶。在氯丁橡胶中有明显的抗热脆性作用，并增强抗臭氧氧化作用。通常用于制造电缆、胶板等制品，并可与其他防老剂并用。一般用量为 1～2 份，用量 2 份时不喷霜。

注意事项： 在轮胎等高档制品中不作主防老剂用。

包装及贮运： 纸桶，内衬塑料外套编织袋，每袋净重 30kg。

国内主要生产厂家：

浙江黄岩浙东橡胶助剂有限公司

3.1.15　防老剂 BLE

化学组成： 丙酮与二苯胺高温缩合物

英文名称： hight temperature condensation products of diphenylamine and acetone

同类产品： KA2002；Accinox BLN；Nocrac B

化学结构式：

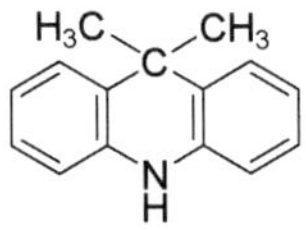

CAS 注册号：[6267-02-3]

分子式：$C_{15}H_{15}N$

分子量：209.3

主要特性：无毒，相对密度 1.09。易溶于丙酮、苯、氯仿、二硫化碳、乙醇，微溶于汽油，不溶于水。

技术指标：

项目	指标
外观	深褐色黏稠状液体
密度/(g/cm³)	1.08～1.12
水分/%	≤0.3
挥发分/%	≤0.4
黏度(30℃)/Pa·s	5

用途：本品是一种通用的橡胶防老剂。对热、氧和屈挠疲劳老化有防护效能，也能防护天候和臭氧老化。对硫化无影响。在胶料中易分散，对胶料流动性有好处。可用作合成橡胶的稳定剂。为使用方便也可与白炭黑或碳酸钙等填料制成固体产品。用量一般为 1～2 份，当用量达 4 份时也不喷霜。通常与其他防老剂并用。

注意事项：本品有污染性，在光照下的制品不宜使用。

包装及贮运：贮存时以铁桶包装。贮运时注意防火。

国内主要生产厂家：

江苏飞亚化学工业有限责任公司

河南省开仑化工有限责任公司

浙江黄岩浙东橡胶助剂有限公司

山东瑞祺化工有限公司

3.1.16 防老剂甲

化学名称：*N*-苯基-1-萘胺

英文名称：*N*-Phenyl-1-naphthylamine

同类产品：Ncrac PA；Неозон Д；*N*-苯基-α萘胺;苯基甲萘胺

化学结构式：

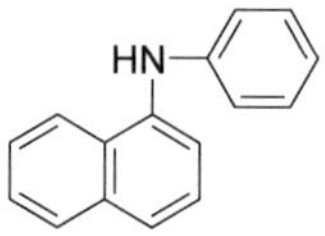

CAS 注册号：[90-30-2]

分子式：$C_{16}H_{13}N$

分子量：219.283

主要特性：熔点 62℃，闪点 188℃，相对密度 1.16～1.17，微溶于水，易溶于丙酮、乙酸乙酯、苯、四氯化碳、乙醇、汽油中。

技术指标：

指标名称		指标
外观		黄色或紫色片状
凝固点/℃	≥	53.0
游离氨含量(以苯胺计)/%	≤	0.20

用途：可广泛应用于天然及合成橡胶中，用于制造轮胎、胶带、胶鞋及其他工业用黑色橡胶制品。

包装： 内衬塑料塑编袋包装，25kg/袋。

国内主要生产厂家：
河南省开仑化工有限责任公司
常州市五洲化工有限公司
浙江黄岩浙东橡胶助剂有限公司

3.1.17 防老剂 KY-405

化学名称： 4.4′-双(*α*,*α*-二甲基苄基)二苯胺
英文名称： 4,4′-bis(*α*,*α*-Dimethylbenzyl)diphenylamine
化学结构式：

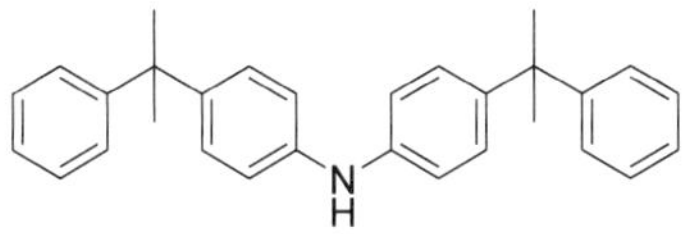

分子式： $C_{30}H_{31}N$
分子量： 405.58
CAS 注册号： [10081-67-1]
主要特性： 相对密度 1.14；纯品熔点 101℃。易溶于橡胶和各种有机溶剂，微溶于水和乙醇；热分解温度 280℃；具有高分子量和低挥发性。
技术指标：

指标名称		KY-405	
等级		一级品	二级品
外观		白色晶体	白色晶体
熔点/℃	≥	98.5	95.0
灰分/%	≤	0.15	0.2
加热减量/%	≤	0.25	0.3

续表

指标名称	KY-405	
等级	一级品	二级品
筛余物(60 目)/% ≤	75.0	75.0
筛余物(10 目)/%	0	0

用途：本产品是一种高效、无味、无毒的通用防老剂。对热、光、臭氧、屈挠和龟裂老化有较好的防护效能。KY-405 是胺类抗氧剂中为数不多的几种无毒、无味、色浅的抗氧剂品种之一，是防老剂 A、D、TMQ、246、SP 的理想替代产品，推荐用量为 0.5%～2%。

注意事项：KY-405 虽为非污染型抗氧剂，但在日光曝晒和长期暴露于空气的条件下会发生轻微变色，但不发生迁移。保存时应遮光、密封、防潮、防晒、防雨淋。

包装：纸塑复合袋或纸板桶，内衬黑色塑料袋包装，每袋 25kg。

国内主要生产厂家

江苏飞亚化学工业有限责任公司

蔚林新材料科技股份有限公司

常州市五洲化工有限公司

山东瑞祺化工有限公司

3.1.18 防老剂 DNPD

化学名称：N,N'-二(β-萘基)对苯二胺

英文名称：N,N'-di-(β-naphyl)-p-phenylenediamine

同类产品：NcracWhite

化学结构式：

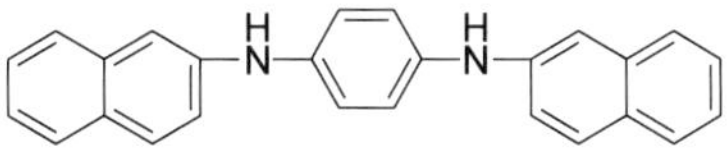

CAS 注册号：[93-46-9]

分子式：$C_{26}H_{20}N_5$

分子量：360.46

主要特性：浅色亮片结晶。易溶于热苯胺、硝基苯；溶于热乙酸；微溶于丙酮、氯苯、苯、乙醇、乙醚；不溶于汽油、四氯化碳、水。长时间露光可逐渐变成暗灰色。

技术指标：

项目		指标
初熔点/℃	≥	225
灰分/%	≤	0.50
β-萘基含量/%	≤	0.30
干燥失重/%	≤	0.50
160 目过筛量/%	≥	99.50

用途：防老剂 DNP 既是链断裂抑制剂，又是金属络合剂。有优良的耐热老化、耐天候老化和抗铜、锰等有害金属的作用。在丁苯橡胶中有防紫外光的功能。用于制造轮胎帘子线、电缆、弹性胶带及其他工业橡胶制品、胶乳制品（如医疗用品、橡皮膏）等。该品在胺类防老剂中是污染性最小的品种之一，但仍有遇光或遇氧化剂变红的缺点。

用量：用量为 0.2～1 份，超过 2 份会引起喷霜。该品可单独使用，也可与其他防老剂，如防老剂 MB、防老剂 DOD 并用。与防老剂 AW 和防老剂 TMQ 并用，耐热效果明显提高。对噻唑类促进剂 MBT 或 MBTS 有明显活化作用，如在该类促进剂组成的硫化体系中应用，可适当减少促进剂使用量。该品是胺类防老剂中毒性较小的品种。

包装与贮存：10kg/箱或者 25kg/袋；避光、密闭、干燥、阴凉处贮存。

国内主要生产厂家：

浙江黄岩浙东橡胶助剂有限公司

3.2 酚类防老剂

3.2.1 防老剂 616（L）

化学组成：对甲酚和双环戊二烯丁基化反应产物

英文名称：butylated reaction product of *p*-cresol and dicyclopentatiene

同类产品：616；Wingsay L；Lowinox CPL

化学结构式：

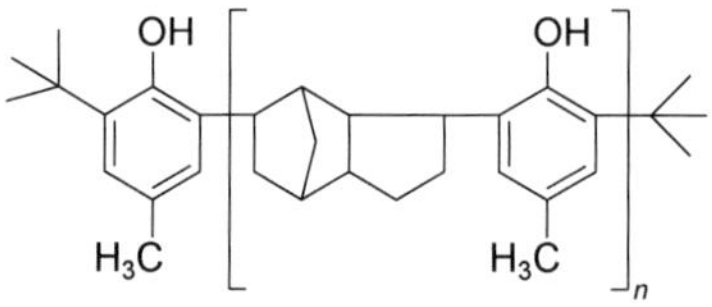

主要特性：平均分子量 650，熔点 115℃，溶于芳香烃酮类和醇类溶剂，不溶于水和脂肪烃。

技术指标：

项目		指标
外观		自由流动的灰白色粉末
软化点/℃	≥	105
加热减量(70℃×3h)/%	≤	0.50
灰分(800℃×3h)/%	≤	2.5
筛余物(75μm)/%	≥	1.0

用途：本品为高效酚类防老剂，对高聚物的热氧、天候和光等老化具有良好防护作用。适用于天然橡胶及顺丁橡胶、丁苯橡胶等合成橡

胶；不变色、不污染，因此特别适用于各种浅色、艳色透明橡胶制品及胶乳制品；根据美国食品药品安全法规 175.105（黏合剂）和 177.2600（橡胶条款），本品允许用于食品接触品。

贮藏：于凉爽，干燥，避免任何直接接触的光源和热源的条件下贮存，在原包装中产品保质期超过 3 年。超过 3 年后每年对产品重新认证一次。使用完毕后密闭容器。

包装：三合一纸塑复合袋，25kg/袋。

国内主要生产厂家：

圣奥化学科技有限公司

3.2.2　防老剂 SP

化学名称：苯乙烯化苯酚

英文名称：styrenatedpheno1s

同类产品：Montaclere SPH

化学结构式：

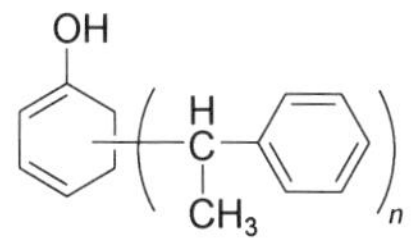

CAS 注册号：[61788-44-1]

分子量：322

主要特性：相对密度 1.07～1.09，沸点高于 250℃，折射率(n_d^{25}) 1.5785～1.6020，闪点 182℃。溶于苯、乙醇、丙酮、三氯乙烷，不溶于水。

技术指标：

项目	指标
外观	浅黄色至琥珀色黏稠液体
相对密度（d_4^{20}）	1.08
折射率（n_d^{25}）	1.5985～1.6020

用途：中等活性的抗氧剂，可用作丁苯、氯丁、乙丙等合成橡胶和天然橡胶的稳定剂，在橡胶和胶乳制品中均有优良的抗老化作用，能提高制品的耐热抗氧老化性能。价格低廉。本品为非污染型产品，可用于浅色制品。添加量为 0.5～3.0 份，一般为 1～2 份。在塑料工业中为聚烯烃、聚甲醛的抗氧剂，添加量为 0.01～0.5 份。

注意事项：成品中苯乙烯残留量不得过高，以免引起气味。

包装及贮运：铁皮桶装，200kg/桶。

国内主要生产厂家：

蔚林新材料科技股份有限公司

浙江黄岩浙东橡胶助剂有限公司

常州市五洲化工有限公司

3.2.3 防老剂 264

化学名称：2,6-二叔丁基-4-甲基苯酚

英文名称：2,6-di-tert-butyl-4-methylphenol

同类产品：Antage BHI；Valkawox KB；Nocrac 200

化学结构式：

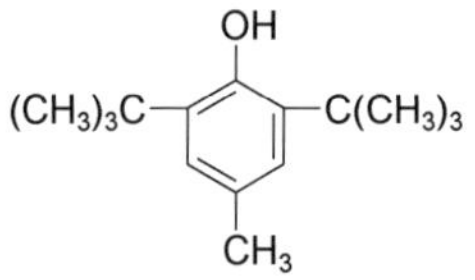

CAS 注册号：[128-37-0]

分子式：$C_{15}H_{24}O$

分子量：220.36

主要特性：相对密度 1.048，熔点 68～70℃，沸点 257～265℃，闪点 126.6℃。溶于苯、甲苯、丙醇、酮、四氯化碳、乙酸乙酯和汽油，不溶于水及稀烧碱溶液。在光照情况下贮存会渐渐变质，影响使用效果。

技术指标：据 SY-1706 食品级 GB 1900—80

项目	指标		
	一级品	二级品	食品级
外观	白色晶体		
初熔点/℃	≥69	≥68.5	69～70
游离酚/%	≤0.02	≤0.04	≤0.02
灰分/%	≤0.01	≤0.03	≤0.01
水分/%	≤0.06	≤1.0	≤0.1
砷(As)/%	≤0.0001		
重金属(以 Pb 计)/%	≤0.0004		

用途：本品是非污染型防老剂的主要品种，可用作合成橡胶的稳定剂及防老剂。还可用作各种石油产品的优良抗氧剂。其油溶性良好，加入后不影响油品色泽，广泛用于变压器油、透平油等。在橡胶中一般用量为 0.5～2 份，可用于制造浅色制品。本品在胶料中溶解度大，当用量增至 5 份时也不会喷霜。与其他防老剂如 MB、TNP 并用可提高防护效果。

注意事项：本品低毒，接触皮肤能引起皮炎，可形成过敏症。溅于衣服、皮肤后立即用水冲洗。光照下易变黄。

包装及贮运：用纸袋或木桶内衬塑料袋包装，受潮或光照都会引起变质。贮运时要避免日光直接照射，放于阴凉、干燥处，不宜长期存放。

国内主要生产厂家：

江苏飞亚化学工业有限责任公司

浙江黄岩浙东橡胶助剂有限公司

常州市五洲化工有限公司

山东瑞祺化工有限公司

3.2.4 防老剂 2246

化学名称： 2,2′-亚甲基双（4-甲基-6-叔丁基苯酚）

英文名称： 2,2′-methylenebis(4-methyl-6-tert-butyl-phen01)

同类产品： Valkanox BKF；Nocrac NS-6；Antage W-400

化学结构式：

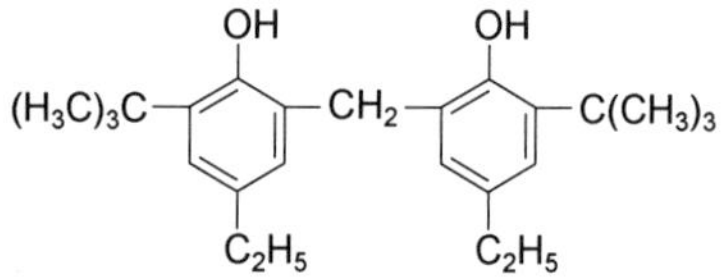

CAS 注册号： [119-47-1]

分子式： $C_{23}H_{32}O$

分子量： 340.51

主要特性： 相对密度 1.04，熔点 125～133℃。易溶于苯、丙酮、四氯化碳、乙醇，不溶于水，长期贮存颜色略呈粉红色，但不影响其效能，在橡胶中溶解度高于 2%（室温）。

技术指标：

项目		指标
外观		白色至乳白色粉末
干品初熔点/℃	≥	120.0
加热减量/%		42.0
灰分/%		≤0.4
细度(通过 1600 孔/cm^2 筛)/%		≥99.5

用途： 本品是高性能无污染型橡胶防老剂，因此适用于浅色或艳色橡胶制品以及胶乳的浸渍制品、纤维浸渍制品、医疗卫生制品。在水中易分散，使用方便。在天然橡胶中能减少过硫时的不良影响，还可作为顺丁橡胶和乙丙橡胶的稳定剂，其效果超过常用的防老剂264和防老剂丁。防老剂 2246 还可作为多种工程塑料的抗氧剂。本品在橡胶中通常用量为0.5～1.5份。用至2份时，在强烈曝晒下会变色，无喷霜现象。

注意事项： 正常情况下无毒，但应避免吸入其粉尘。

包装及贮运： 贮存性能良好。长期贮存颜色略呈粉红色，但不影响其效能。用木桶内衬塑料袋包装。贮存于阴凉通风处，贮运时注意防火、防潮、防晒。

国内主要生产厂家：
常州市五洲化工有限公司
浙江黄岩浙东橡胶助剂有限公司

3.2.5　防老剂616

化学名称： 聚酚（对甲酚和二聚环戊二烯丁基化反应产物）
英文名称： butylated reaction product of *p*-cresol and dicyclopentatiene
同类产品： Wingsay L；Lowinox CPL
化学结构式：

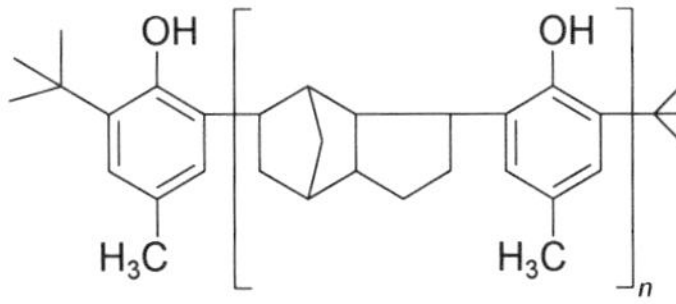

CAS 注册号：[68610-51-5]

分子量：600～700

技术指标：（企业标准）

项目		指标	
		片状	粉状
外观		棕褐色片状	流体状乳白色粉末
初熔点/℃	≥	100℃	100℃
灰分/%	≤	2.5	2.5
含水量/%	≤	0.5	0.5
相对密度		1.10	1.10
200 目筛的过筛率/%	≥		9.0

用途：高活性，低挥发性，多用途和无污染型防老剂（性能比 264、2246 更好），用于天然橡胶、合成橡胶、ABS、聚苯酚等高分子化合物。特别适用于胶乳制品（泡沫橡胶、浸胶制品、胶丝制品）、干胶制品和黏结剂。在橡胶中通常用量为 2～3 份，与亚磷酸类防老剂并用效果更佳。

包装及贮运：片状用板桶内衬塑料袋包装，净重 25kg；粉状用纸袋装，净重 25kg。密闭空气，注意防火、防潮、防晒。

国内主要生产厂家：

南京曙光化工总厂

3.3 杂环类防老剂

3.3.1 防老剂 MB

化学名称：2-巯基苯并咪唑

英文名称：2-mercaptobenzimidazole

同类产品： Accinox MBI

化学结构式：

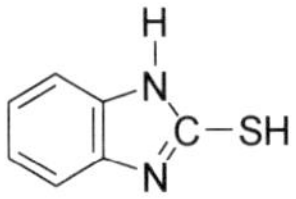

CAS 注册号：[583-39-1]

分子式：$C_7H_6N_2S$

分子量：150.16

主要特性：无毒，有苦味。相对密度 1.40～1.44，熔点不低于 285℃。可溶于乙醚、丙酮和乙酸乙酯，难溶于石油醚、二氯甲烷，不溶于四氯化碳、苯和水。

技术指标：执行标准 HG/T 5262—2017

项目	指标
外观	浅黄或灰白色粉末
熔点/℃	≥285.0
水分/%	≤0.5
灰分/%	≤0.5
筛余物（通过 1600 孔/cm^2 筛）/%	≤0.5

用途：防老剂 MB 主要用作橡胶防老剂。对氧、大气老化及静态老化有中等防护效能，也能较有效地防护铜害和克服制品硫化时过硫引起的不良作用。在水中易分散。对天然橡胶除有防老化作用外，也有热敏化作用，可做泡沫胶乳胶料的辅助热敏化剂。本品是不变色防老剂，略有污染性，适用于制造透明橡胶制品、浅色及艳色制品、泡沫胶乳制品，尤适用于含超促进剂的胶料。也常用于制造电缆。本品单独使用时效能较弱，与其他防老剂配合使用，可增加其效能，如常与防老剂 DNP 或防老剂 AP 配合使用。单独使用时，一般用量为 1～1.5 份，

当用量超过 2 份时会产生喷霜，在胶乳制品中用量为 0.8～1 份，在透明橡胶制品中，用量为 0.5 份。

注意事项：本品无毒，但其味极苦，不宜用于与食品接触的橡胶制品中，且粉末易飞扬，操作时应注意劳保。

包装及贮运：包装必须严密。通常内衬塑料袋、外套塑料袋或纸板桶，每袋（或每桶）净重 20kg。贮存于阴凉通风处，贮运时注意防火、防晒、防潮。

国内主要生产厂家：

蔚林新材料科技股份有限公司

鹤壁元昊新材料集团有限公司

常州市五洲化工有限公司

浙江黄岩浙东橡胶助剂有限公司

3.3.2 防老剂 MBZ

化学名称：2-巯基苯并咪唑锌盐

英文名称：zincsaltof 2-mercaptobenzimidazole

化学结构式：

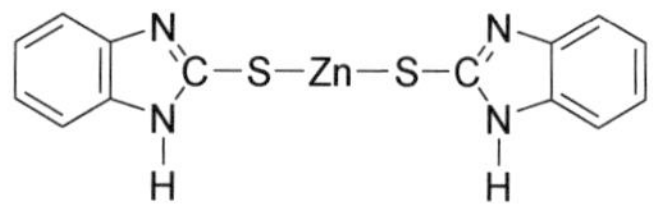

CAS 注册号：[3030-82-6]

分子式：$(C_7H_5N_2S)Zn$

分子量：363.8

主要特性：无毒、无臭。有苦味，相对密度 1.63～1.64，熔点 300℃

以上（同时分解）。可溶于丙酮、乙醇，不溶于苯、汽油及水。

技术指标： 企业标准

项目	指标
外观	白色粉末
锌含量/%	18～20
水分/%	≤1.5

用途： 其性能与防老剂 MB 相似，但改善了防老剂 MB 的一些缺点，如减少对胶乳的不安定作用，延长并保持其作用时间，与噻唑类促进剂并用有防止铜害的作用等。本品单独使用时效能较弱，与其他防老剂并用时能增加其效能。防老剂 MBZ 在胶乳中是一种很好的辅助热敏剂，也是良好的胶凝剂。用量为 2 份。

包装及贮运： 包装必须严密。通常为内衬塑料袋、外套塑料袋或纸板桶，每袋（或每桶）净重 20kg。贮存于阴凉通风处，贮运时注意防火、防晒、防潮。

国内主要生产厂家：

蔚林新材料科技股份有限公司

鹤壁元昊新材料集团有限公司

浙江黄岩浙东橡胶助剂有限公司

3.3.3 防老剂 MMB（MMBI）

化学名称： 2-巯基-4(或 5)-甲基苯并咪唑

英文名称： 2-mercaptomethylbenzimidazole

化学结构式：

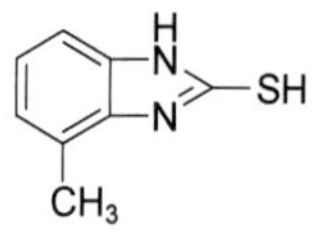

2-巯基-4-甲基苯并咪唑

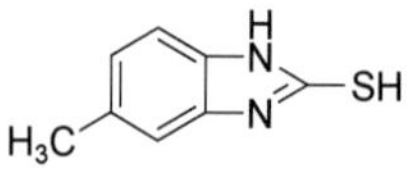

2-巯基-5-甲基苯并咪唑

CAS 注册号：[27231-33-0(4-甲基)]；[27231-33-3(5-甲基)]

分子式：$C_8H_8N_2S$

分子量：164.22

主要特性：相对密度 1.33。无臭，但有苦味。溶于乙醇、丙酮和乙酸乙酯，难溶于石油醚、二氯甲烷，不溶于四氯化碳、苯及水中。贮存稳定性良好，为不污染的第二防老剂。

技术指标：执行标准 HG/T 5261—2017

项目			指标
外观			灰白色粉末
加热减量(100℃±2℃)/%		≤	0.30
灰分(750℃±25℃)/%		≤	0.50
筛余物	(150 目)/%	≤	0.10
	(200 目)/%	≤	0.50
纯度(HPLC 法)/%		≥	97.0

用途：防老剂 MMB 可用于天然及合成橡胶，与其他防老剂并用有协同作用。应用于无硫硫化时，有良好的耐热性，也可用作氯丁橡胶硫化促进剂及胶料的热敏剂。使用防老剂 MMB 的胶料强伸性能好于使用防老剂 MB 的胶料，而两者耐臭氧老化性能相差无几。MMB 为辅助抗氧剂，与其他抗氧剂并用，有良好的协同效应。在橡胶中易分散，但溶解度不大，在日光下不变色，略有污染性。用作天然橡胶、丁苯橡胶、顺丁橡胶、丁腈橡胶及其胶乳的防老剂，可用于白色和浅色制品；也可用于橡胶电线电缆、运输带、胶带、胶鞋等。有苦味，不宜

用于食品接触的橡胶制品。单独使用时用量一般为 1.0～1.5 份，当用量超过 2.0 份时，会产生喷霜现象。在胶乳泡沫中的用量为 0.5 份。

包装及贮运：20kg/袋或 25kg/袋，牛皮纸袋或塑编袋包装，内衬塑料袋，也可根据用户要求采取其他包装方式。应贮存在清洁、干燥、通风良好的库房内，避免阳光直射，离墙的距离应大于 0.5m，不得靠近自来水管、下水道和取暖装置，以防止潮湿和变质，不能靠近火源。在规定的运输、贮存条件下，自生产之日起贮存期 24 个月。

国内主要生产厂家：

蔚林新材料科技股份有限公司

鹤壁元昊新材料集团有限公司

浙江黄岩浙东橡胶助剂有限公司

3.3.4 防老剂 MMBZ

化学名称：2-巯基甲基苯并咪唑锌

英文名称：2-mercaptomethylbenzimidazole

同类产品：ZMTI；ZMMBI

化学结构式：

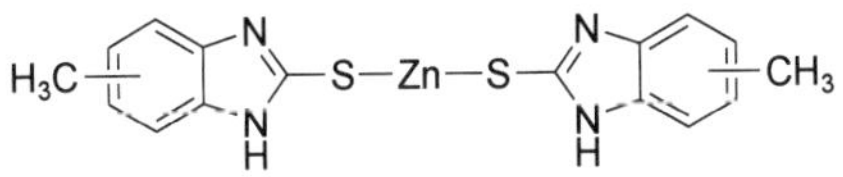

CAS 注册号：[61617-00-3]

分子式：$C_{16}H_{16}N_4S_2Zn$

分子量：391.8

主要特性：无毒、无臭，有苦味。可溶于丙酮、乙醇，不溶于苯、汽油、水。

技术指标：执行企业标准

项目			指标
外观			灰白色粉末
初熔点/℃		≥	270.0
加热减量/%		≤	1.50
锌含量/%		≤	16.0～19.0
筛余物	（150 目）/%	≤	0.10
	（200 目）/%	≤	0.50

用途：本品为非污染型防老剂品种之一，在性能上和防老剂 MBZ 相似，用于天然橡胶、丁苯橡胶、顺丁橡胶、丁腈橡胶等，抗热老化作用较好。与胺类、酚类防老剂并用有协同效应，可改进耐热氧老化性能。混炼胶硫化特性的影响低于防老剂 MB，不需因为使用 MMBZ 而改变硫化体系。与其他防老剂并用，可用于无硫硫化体系，也可作为 CR 的促进剂。

与促进剂 MBT、MBTS 一起使用时，具有抑制有害金属的加速老化作用。常用于透明橡胶制品，浅色和艳色橡胶制品。在天然胶乳发泡制品中可作辅助热敏剂使用，泡沫结构均匀，效果比 MB 好。用量一般为 1.0～2.0 份。

包装及贮运：20kg/袋或 25kg/袋，牛皮纸袋或塑编袋包装，内衬塑料袋，也可根据用户要求采取其他包装方式。应贮存在清洁、干燥、通风良好的库房内，避免阳光直射，离墙的距离应大于 0.5m，不得靠近自来水管、下水道和取暖装置，以防止潮湿和变质，不能靠近火源。在规定的运输、贮存条件下，自生产之日起贮存期 24 个月。

国内主要生产厂家：

蔚林新材料科技股份有限公司

鹤壁元昊新材料集团有限公司

浙江黄岩浙东橡胶助剂有限公司

3.3.5 防老剂 AW

化学名称： 6-乙氧基-2,2,4-三甲基-1,2-二氢化喹啉

英文名称： 6-ethoxyl-2,2,4-trimethyl-1,2-dihydrquinoline

化学结构式：

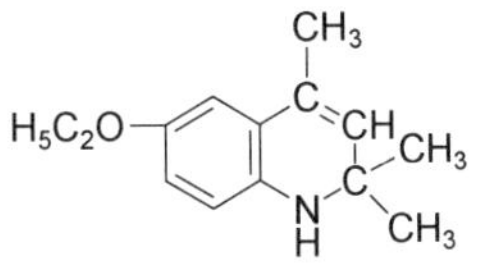

CAS 注册号： [91-53-2]

分子式： $C_{14}H_{19}NO$

分子量： 217.31

主要特性： 无毒，相对密度 1.029～1.031（25℃），沸点 169℃（1.5kPa），折射率 1.569～1.671（25℃）。能溶于苯、丙酮、二氯乙烷、四氯化碳、汽油，不溶于水。

技术指标：

项目		指标
外观		深褐色黏稠状液体
密度/(g/cm³)		1.02～1.03
灰分/%	≤	0.2
挥发分/%	≤	1.5
水分/%	≤	0.1
苯不溶物		痕迹量

此外还可用于油脂、食品及饲料加工中，作抗氧化剂。食品标准为：

项目	指标
外观	淡黄色至褐色黏稠液体
含量/%	≥98

续表

项目	指标
对氨基苯乙醚/%	≤0.5
重金属(Pb)/%	≤0.001
砷(As)/%	≤0.0003

用途：橡胶防老剂，对臭氧引起的龟裂有优良的防护性能，用于丁苯橡胶中比用于天然橡胶中效果更好。特别适用于动态条件下使用的橡胶制品。一般用量为1%～2%，有时可增加到3%～4%，不易喷霜。

包装：铁桶装，每桶净重200kg。

国内主要生产厂家：

常州市五洲化工有限公司

浙江黄岩浙东橡胶助剂有限公司

山东瑞祺化工有限公司

3.4 物理防老剂

3.4.1 中低温型蜡

化学组成：精炼石蜡和微晶蜡的混合物

同类产品：H2830；H2122H；SL-10230；RW590；RW220

技术指标：

项目	指标
外观(目测)	凝固点/℃
白色至浅黄色片状颗粒	58～68

用途：低温防护蜡，可以快速形成蜡膜，能在中低温下有效防止臭氧龟裂，特别适用于冬季轮胎和雪地胎。

国内主要生产厂家：

山东阳谷华泰化工股份有限公司

华奇（中国）化工有限公司

青岛福诺化工科技有限公司

江苏锐巴新材料科技有限公司

3.4.2　中高温型蜡

化学组成：精炼石蜡和微晶蜡的混合物

同类产品：H3236；SL-10136；RW287；RW211

技术指标：

项目	指标
外观(目测)	凝固点/℃
白色至浅黄色片状颗粒	61～67

用途：以中等速率形成蜡膜，最佳成膜温度 30℃，适用温度范围广，可以为轮胎和其他橡胶制品提供中长效防护，适用大部分轮胎。

国内主要生产厂家：

山东阳谷华泰化工股份有限公司

华奇（中国）化工有限公司

青岛福诺化工科技有限公司

江苏锐巴新材料科技有限公司

3.4.3 抗喷霜蜡

化学组成：精炼石蜡和微晶蜡的混合物

同类产品：H7075；RW289

技术指标：

外观（目测）	凝固点/℃	碳峰值
白色至浅黄色片状颗粒	68～75	36 左右

用途：异构烷烃含量高达 46%，以中等速率形成蜡膜，最佳成膜温度 45℃，对高温臭氧防护有优良效果，可以为轮胎和其他橡胶制品提供超长效防护，尤其适用于高温条件下轮胎、寿命较长的轮胎、具有翻新要求的轮胎，相对其他防护蜡可提供更好的轮胎外观。

国内主要生产厂家：

山东阳谷华泰化工股份有限公司

江苏锐巴新材料科技有限公司

3.4.4 抗喷霜蜡 HG 系列

化学组成：精炼石蜡和微晶蜡的混合物

同类产品：RW805；RW230

技术指标：白色至浅黄色片状颗粒

用途：特殊改性过的防护蜡，具有非常致密的分子结构，高低温防护效果非常优良，形成的防护膜非常致密均匀，不易过量喷霜，可大大降低喷霜风险，对轮胎保持靓丽的外观有非常好的作用。

国内主要生产厂家：

山东阳谷华泰化工股份有限公司

江苏锐巴新材料科技有限公司

3.5 其他类防老剂

3.5.1 防老剂 NDBC（NBC）

化学名称：二丁基二硫代氨基甲酸镍

英文名称：nickel dibutyl dithiocarbamate

化学结构式：

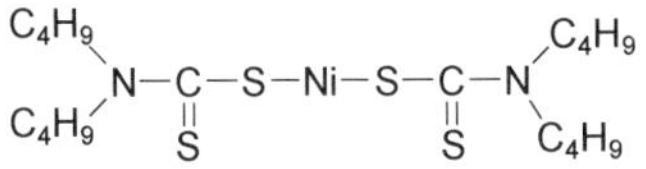

CAS 注册号：[13927-77-0]

分子式：$C_{18}H_{36}N_2S_4Ni$

分子量：467.43

主要特性：溶于氯仿、苯、二硫化碳，微溶于丙酮、乙醇，不溶于水和汽油。

技术指标：

项目		指标
外观		橄榄绿色粉末
初熔点/℃	≥	84.0
加热减量/%	≤	0.50
镍含量/%	≤	11.5～13.5
筛余物(150μm)/%	≤	0.40

用途：橡胶中的优良抗臭氧剂，对日光老化也有较好的防护性能。可使橡胶制品着绿色，但不污染。适用于电线电缆及工业橡胶制品。可

单独使用，也可与其他防老剂如 TMQ、IPPD 并用。在大多数硫黄硫化弹性体中用作助促进剂。在动态应用时提供有效的抗臭氧功能，在通常应用中有良好的抗氧化性能。在 SBR、BR、CR 及 IIR 胶料中，NDBC 是一种有效抗臭氧剂，这些胶料制成的产品在动态应用时，石蜡膜会发生破裂导致无防护作用。NDBC 能为 CR、CSM、CO、ECO 以及 EPDM 提供抗氧化防护。也可用于要求耐热性能低的 EPDM 与 CSM 硫化胶以及着色 CR 制品，以改善抗晒能力。

包装及贮运：25kg/袋，牛皮纸袋或纸板桶装，内衬塑料袋，也可根据用户要求采取其他包装方式。应贮存在清洁、干燥、通风良好的库房内，避免阳光直射，离墙的距离应大于 0.5m，不得靠近自来水管、下水道和取暖装置，以防止潮湿和变质，不能靠近火源。在规定的运输、贮存条件下，自生产之日起贮存期 24 个月。

国内主要生产厂家：

蔚林新材料科技股份有限公司

鹤壁元昊新材料集团有限公司

武汉径河化工有限公司

常州市五洲化工有限公司

3.5.2 防老剂 NDiBC

化学名称：二异丁基二硫代氨基甲酸镍

英文名称：nickel-dibuthyldithiocarbamate

化学结构式：

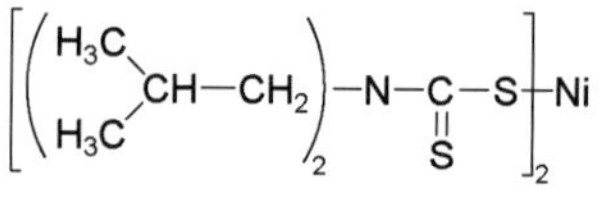

CAS 注册号：[15317-78-9]

分子式：$C_{18}H_{36}N_2S_4Ni$

分子量：467.0

主要特性：相对密度 1.27。

技术指标：

项目		指标
外观		绿色粉末
分解温度/℃	≥	173.0
加热减量/%	≤	0.75
二异丁基二硫代氨基甲酸镍含量/%		11.5～13.5

用途：在表氯醇体系中用作抗氧剂，与 NDMC 并用可以延长橡胶的使用寿命。

注意事项：吸入可能有害，可能引起呼吸道发炎。在干燥环境中有可能引起静电火花点燃。

包装及贮运：纸箱内衬塑料袋包装。应贮存在阴凉干燥、通风良好的地方。包装好的产品应避免阳光直射，托与托之间不能重叠堆放，重叠堆放或温度超高 35℃会导致产品非正常压缩；有效期 1 年。

国内主要生产厂家：

蔚林新材料科技股份有限公司

3.5.3　稳定剂 NDMC

化学名称：二甲基二硫代氨基甲酸镍

英文名称：nickel-dimethyldithiocarbamate

化学结构式：

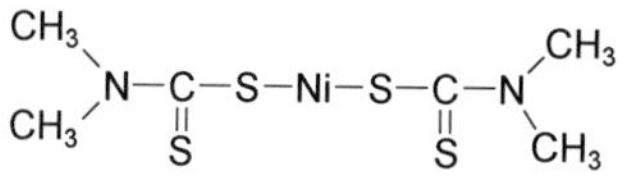

CAS 注册号：[15521-65-0]

分子式：$C_6H_{12}N_2S_4Ni$

分子量：467.0

主要特性：相对密度 1.27。

技术指标：

项目		指标
外观		绿色粉末
分解温度/℃	≥	290.0
加热减量/%	≤	0.50
镍含量/%		18.0～19.5

使用特性：在表氯醇体系中用作抗氧剂，在高挥发与高提取性溶剂中可以改进橡胶的性能，对于过氧硫化弹性体，本品也是一种优良的抗氧剂。

注意事项：吸入粉末或可能是有害的。可能造成轻微的皮肤发炎。在干燥环境中有可能引起静电火花点燃。

包装及贮运：纸箱内衬塑料袋包装。应贮存在阴凉、干燥、通风良好的地方。包装好的产品应避免阳光直射，托与托之间不能重叠堆放，重叠堆放或温度超高 35℃会导致产品非正常压缩，有效期 1 年。

国内主要生产厂家：

蔚林新材料科技股份有限公司

第 4 章

加工型橡胶助剂

橡胶加工助剂是橡胶助剂的一个重要组成部分，是在不显著影响产品的物理性能的前提下，添加很少量就能明显改善加工性能的橡胶助剂的总称。随着橡胶加工的需求越来越精细化，高性能的橡胶加工助剂除了满足基本要求之外，也朝着高效、低能耗、无污染、多功能和定制化方向发展。

国内主要生产厂家有：山东阳谷华泰化工股份有限公司、彤程新材料科技股份有限公司、江苏麒祥高新材料有限公司、汤阴永新化学科技有限公司、武汉径河化工有限公司、青岛福诺化工科技有限公司、江苏卡欧化工股份有限公司、江苏锐巴新材料科技有限公司、杭州中德化学工业有限公司等。

加工型橡胶助剂主要分为以下几个类别：均匀剂、分散剂、增塑剂（化学塑解剂和物理增塑剂）、增粘剂、防焦剂、隔离剂、脱模剂（内喷涂、外喷涂），另外还有内外润滑助剂等。

4.1 均匀剂

由于均匀剂产品的组分特性，会含有较多的多环芳烃（PAHs），需要控制其特别是 REACH 法规限定的 18 项多环芳烃（PAHs）的含量，以适应环保要求。

4.1.1 均匀分散剂

化学组成：深棕色至黑色芳香烃树脂混合物

同类产品：40MSF；HT88；SL-100；SL-400；A78；RA-69；RH200；R50；ZD-40 等

技术指标：

项目	指标
外观	深棕色至黑色片状
灰分/%	≤0.5
软化点/℃	90～100

用途：

① 通过实际的溶解作用改善不同极性及不同黏度橡胶混炼时的均相性和稳定性，降低黏度，使橡胶易加工。改善胶料平滑性、流动性、平整性。缩短混炼时间，减少混炼能量。

② 可提高混炼胶的黏性。

③ 不适合浅色胶料，推荐应用于深色轮胎、丁基内胎、橡胶制品。其他应用，如胶管、胶带、运输带、封装材料、密封材料、绝缘材料等。

④ 参考用量：4～15 份，与生胶一起加入混炼。

国内主要生产厂家：

山东阳谷华泰化工股份有限公司

山东斯递尔化工科技有限公司

青岛海佳助剂有限公司

杭州中德化学工业有限公司

华奇（中国）化工有限公司

嘉兴北化高分子助剂有限公司

郑州金山化工有限公司

江苏锐巴新材料科技有限公司

4.2 分散剂

4.2.1 白炭黑分散剂

组成：多元酯类和脂肪酸锌皂和填料的复合物

同类产品：HST；SL-5056；ZD-6；AT-BT；RF70；RF40 等。

技术指标：

项目	指标
外观	浅棕色颗粒
熔点/℃	85～105
灰分/%	15.5～18.5
密度/(g/cm^3)	约 1.10

用途：

① 具有促进炭黑/二氧化硅二元填料在橡胶胶料中均匀分散的功能，并改善与二氧化硅（白炭黑）的分散有关的其他诸性能。

② 主要用于提高胎面胶中白炭黑的分散性和加工性能。

③ 用于高填充量胶料时，可改善挤出和压延的加工性能，对于胶料的硫化特性无明显影响。

④ 一般在胶料混炼初期填料投放前加入，常规用量为 2～5 份。

国内主要生产厂家：

山东阳谷华泰化工股份有限公司

常州市五洲化工有限公司

山东斯递尔化工科技有限公司

杭州中德化学工业有限公司

江苏卡欧化工股份有限公司

华奇（中国）化工有限公司

青岛福诺化工科技有限公司
江苏锐巴新材料科技有限公司
丰城市友好化学有限公司

4.2.2　复合橡胶分散剂

组成： 内外润滑剂、活性剂、金属皂类复合物

同类产品： AT-B；FS-97；DP600

技术指标：

项目		指标
外观		白色或黄色圆粒
加热减量/%	≤	2.0
灰分/%		16±2
挥发分/%	≤	3.5

用途：

① 在胶料混炼过程中加入，可以加速炭黑、白炭黑及其他填充剂的分散，改善胶料的均匀度，大幅度提高胶料品质。

② 在配方中适当添加，对硫化系统不产生干扰，对焦烧时间、硫化速度、硬度、定伸应力、拉伸强度等物理机械性能、抗老化性能、黏合等均无影响，且可改善胶料的耐磨性能和抗撕裂性能。

③ 能降低胶料的门尼黏度，明显改善胶料的压延、挤出等加工工艺性能，提高胶料的致密性，减少气孔。

④ 一般用量为 1～5 份。

国内主要生产厂家：

山东阳谷华泰化工股份有限公司
江苏卡欧化工股份有限公司
武汉径河化工有限公司

常州五洲化工有限公司
华奇（中国）化工有限公司
青岛福诺化工科技有限公司
江苏锐巴新材料科技有限公司

4.3 化学塑解剂

塑解剂是指通过化学作用增强生胶塑炼效果，缩短塑炼时间的物质，通常可分为物理塑解剂和化学塑解剂。物理塑解剂包括脂肪酸和脂肪酸衍生物，化学塑解剂包括五氯硫酚类、芳基二硫化物类、有机磺酸盐类。

4.3.1 环保化学塑解剂 DBD

化学名称：2.2′-二苯甲酰氨基二苯基二硫化物

同类产品：P-22；SL6010

分子式：$C_{26}H_{20}N_2O_2S_2$

分子量：456.59

CAS 注册号：[135-57-9]

技术指标：执行标准 HG/T 5465—2018

项目		指标
外观		淡黄色或白色粉末
含量/%	≥	96.0
熔点/℃	≥	136.0
加热减量/%	≤	0.50
灰分/%	≤	0.50
筛余物(150 目)/%	≤	0.30

用途：

① 天然橡胶、氯丁橡胶、丁腈橡胶等的高温塑解剂，使用温度宜在 100℃以上，特别适用于高温密炼加工。对胶料的物性和老化性能基本无影响。

② 低毒，无污染，不易喷霜，易溶于氯仿和乙醇，溶于丙酮、苯和其他有机溶剂，不溶于水、汽油。具有很好的贮存稳定性。

③ 在塑炼开始时加入到胶料中。不受炭黑的影响，可用于炭黑胶的塑炼。

④ 在天然橡胶中的用量为 0.125～0.5 份，在合成橡胶中的用量为 0.75～2 份。

国内主要生产厂家：

山东阳谷华泰化工股份有限公司
蔚林新材料科技股份有限公司
科迈化工股份有限公司
山东斯递尔化工科技有限公司
武汉径河化工有限公司
鹤壁市恒力橡塑股份有限公司
华奇（中国）化工有限公司
河南省开仑化工有限责任公司
江苏锐巴新材料科技有限公司

4.3.2　环保化学塑解剂 A86

组成：DBD+活性剂+分散剂

同类产品：Renacit11；HDBD；P-40；SL-6021；RP68；RP66

技术指标：

项目	指标
外观	蓝色圆柱粒或片剂
DBD 含量/%	12～14
灰分/%	16～18
加热减量(105℃×2h)/%	≤1.0

用途：

① 五氯硫酚类产品的环保替代品；用于天然橡胶和不饱和合成橡胶，在开炼机或密炼机塑炼过程中能催化分子链的断裂，同时阻止断裂的分子链重新偶合。从而缩短塑炼的时间，减少能耗，降低生产成本，提高生产能力。

② 在混炼初期加入，适用于高温塑炼和低温塑炼。能显著缩短天然橡胶的塑炼时间，提高生产效率。降低生胶塑炼的能耗，节约生产成本。

③ 为造粒产品，分散性更好，便于自动计量，配合过程中不产生粉尘，不会对环境和操作人员产生危害。

④ 用量一般为 0.1～0.5 份。

国内主要生产厂家：

山东阳谷华泰化工股份有限公司
山东斯递尔化工科技有限公司
武汉径河化工有限公司
鹤壁市恒力橡塑股份有限公司
华奇（中国）化工有限公司
青岛福诺化工科技有限公司
江苏卡欧化工股份有限公司
江苏锐巴新材料科技有限公司

4.3.3　塑解剂 SJ-103

组成：五氯硫酚＋活性剂＋分散剂

技术指标：

项目	指标
外观	具有松节油气味的灰白色粉末
熔点/℃	200～210
密度/(g/cm^3)	2.20
氯含量/%	26～30
硫含量/%	5～6
加热减量（65℃）/%	≤1
灰分/%	43～48
180 目筛余物/%	≤1

用途：

① 塑炼时对橡胶具有塑解作用，用于天然橡胶、丁苯橡胶、丁腈橡胶（中丙烯腈含量）、顺丁橡胶、丁基橡胶的塑炼，提高塑炼效果。

② 在 100～180℃下效果最佳，加入硫黄后化学塑解作用终止。

③ 常规用量为 0.05～0.3 份。

④ 该类芳香族硫酚及衍生物，气味大，有毒，被 REACH 法规定义为高关注度物质，已经被禁用。

国内主要生产厂家：

武汉径河化工有限公司

4.3.4　化学塑解剂 CPA

组成：特种金属络合物

同类产品： PS

技术指标：

项目		指标
外观		灰色或青灰色粉末
分解温度/℃	≥	300
水分/%	≤	2.0
180 目筛余物/%	≤	1.0

用途：

① 橡胶分子链断裂的活化剂，用于天然橡胶、丁苯橡胶、丁腈橡胶（中丙烯腈含量）、顺丁橡胶、丁基橡胶的塑炼，提高塑炼效果，塑炼时间可缩短 1/3～1/2。

② 塑解效果显著，但需要酌情调节用量，过量时对胶料物性有影响。

③ 常规用量为 0.05～2.0 份。

国内主要生产厂家：

杭州中德化学工业有限公司

4.3.5 复合橡胶塑解剂 HTA

组成： 金属络合物和锌皂的复合物

同类产品： ZD-3；ZD-4；AT-S；RP69

技术指标：

项目	指标
外观	浅色或浅褐色颗粒
熔点/℃	95～105
灰分/%	11～15

用途：

① 既有化学塑解作用又有物理增塑效果，在橡胶的塑炼过程中，可提高塑炼效果，减少塑炼时间，降低能量消耗。在达到同样门尼黏度的情况下，减少了分子链的破坏（断链），从而可以使橡胶保持较高的物理性能。

② 兼有增塑和促进分散的功能，在橡胶加工的混炼阶段，可以提高胶料的流动性，改善填料和其他添加剂在胶料中的分散性，改善加工性能，提高混炼效率。

③ 投料方便准确，分散快速均匀，可减少局部过炼和粘辊的问题，特别适合于密炼机快速塑炼。

④ 加入量一般为 0.5～1.5 份。

国内主要生产厂家：

山东阳谷华泰化工股份有限公司

杭州中德化学工业有限公司

江苏卡欧化工股份有限公司

江苏锐巴新材料科技有限公司

4.3.6　五氯硫酚（PCTP）

化学名称： 五氯硫酚；氯苯硫酚

分子式： $C_6HC_{15}S$

分子量： 282.4

CAS 注册号： [133-49-3]

技术指标：

项目	指标
外观	有特殊气味的灰色或灰黄色粉末

续表

项目	指标
熔点/℃	200～210
相对密度/(g/cm^3)	1.83

用途：

① 天然橡胶、氯丁橡胶、丁腈橡胶、丁苯橡胶和丁基橡胶的塑炼促进剂，以及含合成橡胶成分较高的废橡胶的再生剂。适用于高温塑炼和低温塑炼，对胶料的物性和老化性能无影响。硫黄可终止其塑解作用。

② 五氯硫酚同硫酸锌溶液反应，生成五氯硫酚锌盐，可用作天然橡胶的塑炼促进剂，高、低温使用均有显著的塑化促进作用，适用于开炼机和密炼机。五氯硫酚锌对硫化胶的物性、老化性能以及气味等均无影响，可用于浅色制品。

③ 该品也可与矿物性填料（分散剂）以大约 1∶1 的比例复配，并加入少量有机活化物，即组成五氯硫酚复合物。可用作天然橡胶、顺丁橡胶、异戊橡胶、丁苯橡胶、丁腈橡胶、氯丁橡胶、丁基橡胶等含不饱和键的橡胶的塑解剂，低温下也有良好的塑解作用。少量硫黄对其塑解作用有终止效应。

④ 该类芳香族硫酚及衍生物，气味大，有毒，被 REACH 法规定义为高关注度物质，已经被禁用。

环保替代品：DBD（2.2′-二苯甲酰氨基二苯基二硫化物）

4.4 物理增塑剂

4.4.1 增塑剂 A

组成：饱和及不饱和脂肪酸锌盐混合物

同类产品： SL-5055；FS-200；RF50；ZD-1；FC-PP；AT-ZA

分子式： $(RCOO)_2Zn$

技术指标： 执行标准 GB/T24802—2009

项目	指标
外观	浅黄色或棕黄色颗粒
初熔点/℃	98.0～104.0
灰分/%	12.00～14.00
碘值(韦氏法)/(gI_2/100g)	40.0～50.0
锌含量(以氧化锌计)/%	12.00～14.00
无机酸(以硫酸计)/%	≤0.10

用途：

① 多用途橡胶加工助剂，兼有内、外润滑及分散功能。可改善橡胶的加工工艺，提高橡胶制品的合格率和尺寸稳定性。在橡胶的混炼过程可促进填料和其他助剂的分散，缩短混炼周期，降低混炼能耗，降低胶料生热和混合黏度。在橡胶加工中使用，可提高挤出速度和半成品的光滑度。

② 具有对 NR 及 SR 的物理塑解作用，起到降低胶料黏度的效果；用于提高混炼效果。缩短混炼时间；加入硫黄后物理塑解作用不会被终止；改善未硫化胶料的流动特性，提高胶料挤出和压延的速度、尺寸稳定性和表面光滑度。

③ 常规用量为 2～5 份。作为均匀分散剂时，一般宜于胶料混炼的早期加入；作为物理增塑及均匀剂时，一般宜于混炼的后期加入，加入量为 1%～3%。

④ 增塑剂 A 效果优异，目前生产厂家将牌号调整为各自公司专有牌号。

国内主要生产厂家：

山东阳谷华泰化工股份有限公司

山东斯递尔化工科技有限公司
武汉径河化工有限公司
杭州中德化学工业有限公司
江苏卡欧化工股份有限公司
华奇（中国）化工有限公司
青岛福诺化工科技有限公司
江苏锐巴新材料科技有限公司

4.4.2 异辛酸锌

化学名称： 异辛酸锌

英文名称： 2-ethyl-hexanoate zinc salt

同类产品： ZEH；ZEH-DL

结构式： $C_5H_{11}(C_2H_5)COOZn\ OOC\ (C_2H_5)\ C_5H_{11}$

CAS 注册号： [136-53-8，84082-93-9]

技术指标：

项目	指标
外观	无色至淡黄色黏稠液体
锌含量/% ≥	22.0%

用途： 作为天然橡胶、合成橡胶及其并用胶的增塑剂，能提高胶料的分散速度，缩短混炼时间，混炼效率提高 25%。能显著降低胶料的门尼黏度，能耗降低 15%。

改善混炼胶的抗硫化返原性，并可作为炭黑及其他填料的分散剂，提高胶料的分散均一性，提高胶料的流动性，改善延压、挤出工艺性能，提高挤出速度，使制品表面光滑，无气孔，致密性好。能显著降低制品的压缩变形，减震性能好。

国内主要生产厂家：

丰城市友好化学有限公司

4.5　增黏树脂

4.5.1　增黏树脂 203

化学名称： 对-叔-辛基苯酚甲醛树脂

同类产品： SL-1801；GX-203；SP-1068（Schcnetady，美国）

技术指标： 执行企业标准

项目	TXN-203 Ⅰ	TXN-203 Ⅱ	TXN-203 Ⅲ
软化点（环球）/℃	86～90	91～99	100～108
酸值/（mgKOH/g）	55±10	55±10	55±10
羟甲基含量/%	≤1.0	≤1.0	≤1.0
灰分/%	≤0.5	≤0.5	≤0.5
加热减量（65℃）/%	≤0.5	≤0.5	≤0.5

用途： 天然橡胶及合成橡胶的有效增黏剂，增黏效果明显优于石油树脂。因烷基支化度大，与橡胶具有更大的相容性。本品特别能增加胶料的初始黏性，尤其用于子午胎可有效地解决胶料的黏性问题，提高胎坯成型质量。可用于制造轮胎、运输带、胶管、电线电缆等制品。推荐用量 2～5 份。

国内主要生产厂家：

武汉径河化工有限公司

华奇（中国）化工有限公司

彤程化学（中国）有限公司
青岛福诺化工科技有限公司
杭州中德化学工业有限公司

4.5.2 增黏树脂 204

化学名称：叔丁酚醛增黏树脂
同类产品：TKB；Durez26799；SL-1410
技术指标：执行企业标准

项目	TDN204 Ⅰ	TDN204 Ⅱ	TDN204 Ⅲ
外观	黄色至褐色块状或粒状		
软化点/℃	120～129	130～142	143～157
游离酚/%	≤2.0		
加热减量（105℃）/%	≤0.2		
灰分/%	≤1.0		
皂化值/（mgKOH/g）	≤60		

用途：主要用于改善天然橡胶和多种合成橡胶的黏性，广泛用于轮胎、运输带、胶管、胶辊等橡胶制品，用于子午胎可有效解决胶料黏性问题，提高胎坯成型质量及成品性能。推荐用量 2～6 份。

国内主要生产厂家：
武汉径河化工有限公司
华奇（中国）化工有限公司
彤程化学（中国）有限公司
青岛福诺化工科技有限公司
杭州中德化学工业有限公司

4.5.3　改性烷基酚增黏树脂 TKM 系列

组成：不同结构烷基酚与甲醛和改性剂经多步缩合制得的热塑性树脂

技术指标：

项目	TKM-M	TKM-T	TKM-O
外观	棕褐色粒状	棕色粒状	棕色粒状
软化点（环球法）/℃	125～140	110～130	85～110
灰分/%	0.5	0.5	0.5
加热减量/%	0.5	0.5	0.5

用途：一种优异的长效、耐湿增黏剂，适用于天然橡胶和合成橡胶，广泛用于轮胎胶料、翻胎胶料以及输送带、胶管、电线电缆、胶辊及橡胶衬里的制造。用量通常为 2～5 份。具有增塑作用，应当随增塑剂一起加入，以利于粉料助剂的分散。

国内主要生产厂家：

武汉径河化工有限公司

华奇（中国）化工有限公司

彤程化学（中国）有限公司

杭州中德化学工业有限公司

4.5.4　C_9 石油树脂

化学组成：是由包含九个碳原子的“烯烃或环烯烃进行聚合或与醛类、芳烃、萜烯类化合物等共聚而成”的树脂性物质。又名 C_9 芳香烃石油树脂。

技术指标：执行标准 GB/T 24138—2009

项目		指标
外观		黄色至棕褐色颗粒
软化点/℃		90～105
pH 值		5～8
灰分/%	≤	0.5
溴值/(gBr_2/100g)	≤	60

主要特性：C_9石油树脂以 9 个碳组成，经过石油裂解所副产的 C_9 馏分，经反应、聚合、蒸馏等工艺生产的一种树脂，它不是高聚物，而是分子量介于 300～3000 的低聚物。它具有酸值低，混溶性好，耐水和耐化学品等特性，对酸碱具有化学稳定。

国内主要生产厂家：

青岛海佳助剂有限公司

伊士曼化学有限公司

青岛福诺化工科技有限公司

4.5.5 石油系 C_9 复合增黏树脂

组成：以石油裂解制乙烯的副产物 C_9 为主要原料，加入松香树脂、高级脂肪酸锌、叔丁基酚醛树脂等助剂，经过复合反应制得的树脂。

技术指标：

项目	指标
软化点/℃	80～100
灰分(550℃)/%	≤0.2
溴值/(gBr_2/100g)	30～60
pH 值	5～8

用途：在天然橡胶和合成橡胶中相容性良好，有利于填充剂在胶料中的分散，改善胶料物理机械性能，提高增黏性能，增加合成橡胶应用比例。部分替代辛基树脂，是子午线轮胎和斜交载重轮胎理想的软化增黏剂。推荐用量 3～5 份。

国内主要生产厂家：

青岛海佳助剂有限公司

伊士曼化学有限公司

青岛伊森新材料股份有限公司

4.5.6　C_5石油树脂

简称或别名：C_5烃树脂或脂肪烃树脂

英文名称：C_5 petroleum resin

化学结构式：

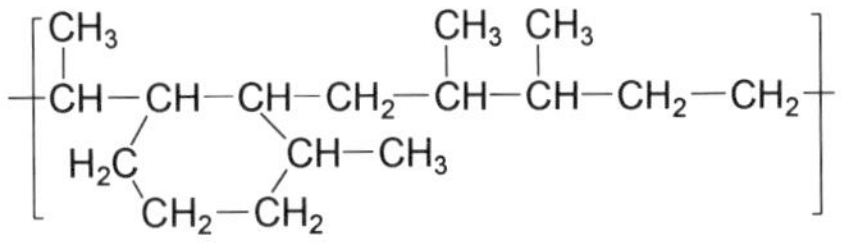

组成：采用石油裂解制乙烯副产 C_5 馏分为主要原料，利用低温催化聚合得到的一种浅色树脂。

技术指标：执行标准 GB/T 24138—2009

项目		指标
外观		浅黄色至棕褐色颗粒
软化点/℃		90～105
pH 值		5～8
灰分/%	≤	0.5
溴值/(gBr_2/100g)	≤	60

用途：具有软化补强性，广泛用于子午胎、斜交胎、浅色橡胶制品等。

国内主要生产厂家：

青岛海佳助剂有限公司

4.5.7 石油树脂 PR_1，PR_2

组成： 石油裂解的 C_9 馏分、C_5 馏分经催化聚合改性蒸馏而制得的树脂状物质。

技术指标：

项目	PR_1-90	PR_2-90
软化点/℃	80～90	80～90
色号（1∶1）	10～12	≥17
pH 值	6.0～8.0	
灰分/%	≤0.1	≤0.5

用途： 本品在橡胶中起软化和增黏的作用。

国内主要生产厂家：

青岛海佳助剂有限公司

4.5.8 古马隆树脂

技术指标： 符合 Q/02ZLH005—1999

项目	指标
软化点/℃	75～95
灰分（550℃）/%	≤0.5
溴值/(gBr_2/100g)	≤60
pH 值	5～8

用途：本品是一种橡胶软化剂，有利于炭黑的分散，改善加工性能，广泛用于一般轮胎、制鞋等行业。

国内主要生产厂家：

青岛海佳助剂有限公司

4.5.9　苯乙烯-茚树脂

技术指标：

项目	90 型	100 型
软化点/℃	90～100	100～105
灰分（550℃）/%	≤0.2	≤0.2
加热减量（65℃）/%	≤0.2	≤0.2
水萃取液 pH 值	5～8	5～8
色号	≤14	≤14
溴值/（gBr_2/100g）	≤50	≤50

用途：一种橡胶增黏剂和软化剂，在橡胶加工过程中，可改善胶料的黏性，提高胶体防老化性能，增加合成橡胶应用比例，是轮胎和其他橡胶制品理想的加工助剂，特别在子午胎中完全符合生产需求。颜色浅，也适用于浅色橡胶制品。

国内主要生产厂家：

青岛海佳助剂有限公司

4.6 防焦剂

4.6.1 防焦剂 CTP

化学名称： *N*-环己基硫代邻苯二甲酰亚胺

分子量： 261

CAS 注册号： [17796-82-6]

同类产品： PVI

技术指标： 执行标准 GB/T24801—2019

项目	指标
外观	白色或淡黄色结晶粉末或颗粒
初熔点/℃	≥89.0
加热减量/%	≤0.50
灰分/%	≤0.10
甲苯不溶物/%	≤0.50
纯度/%	≥97.00

用途：

① 具有延迟起始硫化时间的功能，对硫化特性和硫化胶物性不影响或仅有轻微影响。

② 用于改善未硫化胶料在加工和贮存过程的稳定性，防止早期焦烧。也可用于已经经受高温或有部分已焦烧胶料的性能恢复。

③ 无污染性，但对浅色或白色制品有轻微变色。

④ 与硫黄及促进剂反应生成的副产物邻苯二甲酰胺在橡胶中不易溶解，因而 CTP 用量在 0.6 份以上某些胶料会出现喷霜现象。

⑤ 常规用量为 0.1～0.45 份。

国内主要生产厂家：

山东阳谷华泰化工股份有限公司

汤阴永新化学有限责任公司

科迈化工股份有限公司

4.6.2 防焦剂 V.E

化学名称： *N*-三氯甲基硫代-*N*-苯基-苯磺酰胺

分子量： 382.7

CAS 注册号： [2280-49-1]

简称或别名： vulkalent E

化学结构式：

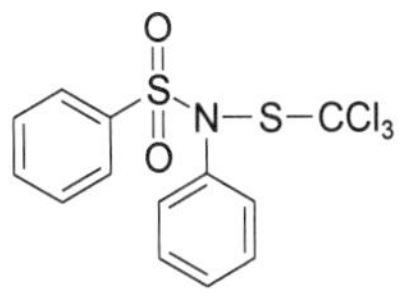

用途：

① 无毒、无味、无污染，适用于各种天然橡胶、合成橡胶（包括 EPDM、ACM、AEM、ECO、NBR、HNBR 等）。

② 与传统的防焦剂相比，有促进硫化的作用，可提高 EPDM 和 NBR 胶料的硫化交联密度，提高定伸应力，减小压缩永久变形。能显著延长焦烧时间，但不影响硫化速度。

③ 不产生亚硝铵，可作为环保促进剂替代 TMTD 用于 EPDM。

④ 不污染，不变色，可用于浅色制品。

国内主要生产厂家：

山东阳谷华泰化工股份有限公司

4.7 隔离剂

4.7.1 胶片隔离剂

4.7.1.1 粉状胶片隔离剂

组成：钙皂、无机材料及多种表面活性剂的复合物

技术指标：

项目	指标
外观	白色或淡黄色粉末
pH 值(3.0%)	7.5～12
灰分/%	20～40
灼烧减量(950℃)/%	37.0～43.0

用途：混炼胶片经浸泡过胶片隔离剂的水分散体，可在表面形成近似于薄膜的隔离层，能有效防止胶片粘连，便于混炼胶片的停放、运输及后续操作工序。胶片隔离剂对各种胶片都能起到很好的隔离效果，对车间工艺条件适应性强，胶片冷却风干快。并且其所有组分对胶料的物性及硫化特性无明显不利影响。

使用方法：本品一般为粉末状，须配制成 1%～3%（或根据胶片以及气候的具体情况调整配比）的水溶液使用。用搅拌器时，可先将搅拌器中的水用蒸汽加热到 60～70℃左右，然后边投入隔离剂边搅拌约 20～30min。无搅拌器时，在铁桶中加入隔离剂重量的 5～6 倍水并加热至 60～70℃左右，然后边搅拌边将本品加入水中，并用人工搅拌成糊状，然后按要求比例稀释，直至本品均匀分散在水中后投入使用。

国内主要生产厂家：

青岛福诺化工科技有限公司

江苏卡欧化工股份有限公司

江阴三良橡塑新材料有限公司

4.7.1.2　膏状胶片隔离剂

组成：复合脂肪酸盐和特细无机填料的水性分散液

同类产品：CRP-100M

技术指标：

项目	指标
外观	白色—淡黄色黏稠液体或膏状
pH 值	7.0～11.0
固含量/%	20.0～30.0
灰分/%	3.0～10.0

用途：应用于混炼、挤出工序，避免未硫化的胶片、半成品部件的粘连；可快速分散于水中，可以用于连续的密炼胶片浸渍操作工艺中。

水溶液在未硫化橡胶片或胶料表面干燥时间很短并形成一层均匀弹性薄膜以防止粘连；在连续化生产过程中，浸过膏状隔离剂的胶片比浸过肥皂液的胶片更容易上辊，操作更方便。

使用方法：隔离剂需兑水使用，稀释比例为 1∶5～1∶15；建议在使用前轻微搅拌或晃动包装桶以达到均匀分散；用水稀释时应逐渐加水，直到要求的水量。在胶料码垛贮存之前，隔离剂溶液须有足够的时间在胶片表面进行充分干燥。

国内主要生产厂家：

青岛福诺化工科技有限公司

4.7.2 硫化隔离剂

4.7.2.1 模具隔离剂

组成：特殊结构的聚硅氧烷乳液

同类产品：TM-80CT2

技术指标：

项目	指标
外观	白色液体
pH 值	4.0～7.0

用途：用于轮胎、橡胶制品硫化脱模；水性半永久型，能够在模具表面快速形成一层均匀致密的薄膜，减少胶料与模具的黏附，提高制品的外观质量；降低模具清洗的频率。

使用方法：建议喷涂使用。首先应将模具彻底清洗干净，第一次喷涂，应在热的模具上均匀地喷洒 2～3 遍隔离剂，并固化一段时间，干燥时间越长和温度越高，所形成的隔离膜就更耐久，有效的脱模次数也就越多，完成以上操作后即可开始生产。

以后的硫化过程，就只需每几个间隔，简单地喷一遍隔离剂并固化一段时间即可。

国内主要生产厂家：

青岛福诺化工科技有限公司

4.7.2.2 胶囊隔离剂

组成：活性硅聚合物的乳液

同类产品：SBC-956

技术指标：

项目	指标
外观	白色乳液
pH 值	4.0～7.0
固含量/%	10.0～16.0/20.0～30.0

用途：用于轮胎硫化，能使胶囊和生胎之间有很好的滑移性能及硫化后良好的隔离性能；形成一层连续的白色薄膜，保护和延长胶囊的使用寿命；硫化后轮胎内壁整洁、干燥、光亮。

使用方法：首先应将胶囊清洁干净，以确保胶囊上没有残渣，否则会影响涂层的质量。隔离剂可用一定量水稀释，用雾化装置或无空气喷涂装置喷在胶囊表面；使用时不会产生沉淀，但建议最好略加搅拌。

国内主要生产厂家：

青岛福诺化工科技有限公司

4.7.2.3　胎坯隔离剂

组成：活性硅聚合物的乳液

同类产品：FN-8322

技术指标：

项目	指标
外观	白色乳液
pH 值	4.0～8.0
固含量/%	12.0～16.0

用途：用于轮胎硫化时，胎坯与硫化胶囊之间的隔离和润滑；直接涂刷在生胎内壁，可取消胶囊隔离剂的使用，可以避免污染钢圈、侧板；不上机操作，减少硫化工人烫伤、碰伤的风险，改善操作环境；不停机操作，节省停机等待涂刷胶囊隔离剂的时间，从而提高生产效率，减少能源消耗。

使用方法：新胶囊在第一次使用之前，应将表面清理干净，除去灰尘和油污。然后使用胎坯隔离剂进行预涂装，建议采用特制手套均匀涂刷，重复多涂和漏涂皆会影响隔离效果。涂装完后置于模具或烘箱中，于80～90℃烘20min以上，以增强对胶囊的保护。

胶囊装机后，需要再涂装一遍隔离剂，并让胶囊收缩/膨胀2～3次，以使隔离剂充分覆盖胶囊的表面，同时加速水分的蒸发，防止有水存在引起的窝气，然后装胎硫化，前两次必须连续使用涂刷隔离剂的胎坯硫化，此后根据生产情况一般每间隔10～12条使用一条涂刷隔离剂的胎坯即可。

国内主要生产厂家：

青岛福诺化工科技有限公司

4.7.2.4 生胎内喷液

组成：无机填料和高分子聚合物的悬浮液

同类产品：SIP-9296W

技术指标：

项目	指标
外观	灰白色高黏度悬浮液
pH值	7.0～9.0
固含量/%	40.0～48.0

用途：用于轮胎硫化；该品有很好的排气性，防止胶囊和内衬层的粘连，硫化后轮胎内侧光亮且平滑。可作为内胎的内外隔离剂及脱模剂，不影响内胎接头处橡胶之间的黏合。

使用方法：建议使用前略加搅拌，采用雾化空气喷涂装置喷涂于生胎内表面，待干燥后再进行硫化。

国内主要生产厂家：
青岛福诺化工科技有限公司

4.7.2.5　生胎外喷液

组成：填料、高分子聚合物和表面活性剂的水性悬浮液
同类产品：WOP-98
技术指标：

项目	指标
外观	黑色低黏度悬浮液
pH 值	8.0～11.0
固含量/%	8.0～13.0

用途：用于轮胎硫化；可提供良好的排气性和模内流动性，因此能有效地减少轮胎硫化缺陷；能在胎坯接合处产生强大的黏合力，因此不影响胎坯接头处橡胶之间的黏合。

使用方法：建议使用前略加搅拌，采用雾化空气喷涂装置喷涂于生胎外表面，待干燥后再进行硫化。

国内主要生产厂家：
青岛福诺化工科技有限公司

4.8　脱模剂

4.8.1　内脱模剂

组成：表面活性剂和脂肪酸钙皂复合物
同类产品：RL16

技术指标：

项目	指标
外观	浅色圆柱颗粒
灰分/%	≤7
熔点/℃	85～120

用途：用于非极性橡胶时具有改善胶料与金属界面的润滑作用，从而提高胶料在模腔内的流动性并降低硫化胶与模具表面的黏着力。

用于复杂模具和注模硫化制品，提高硫化工艺性能和脱模产品质量，提高产品合格率。

用于防止混炼时胶料出现粘辊现象。

用于改善挤出工艺性能，提高半成品尺寸稳定性。

用于热塑性弹性体，提高注模速度和离模效果。

常规用量为1～5份。

国内主要生产厂家：

江苏卡欧化工股份有限公司

青岛福诺化工科技有限公司

华奇（中国）化工有限公司

江苏锐巴新材料科技有限公司

丰城市友好化学有限公司

杭州中德化学工业有限公司

4.8.2 特种聚合物橡胶用内脱模剂

化学组成：表面活性剂、不同极性脂肪酸多元醇酯的混合物

同类产品：AT-20

技术指标：

项目	指标
外观	乳白色略带黄色粒状或片
加热减量/%	≤2.5
灼烧减量/%	≤3.0

用途：

① 适于在丁基橡胶、丁腈橡胶、氯化聚乙烯、氯磺化聚乙烯胶料中使用。

② 明显改善胶料的流动性，有利于胶料充满模具，并有良好的排气功能，提高胶料的致密性，使制品表面光洁无气孔；制品的口型膨胀小，尺寸稳定。降低胶料的压出温度，提高加工性能，降低加工成本。

③ 适用于硫黄硫化、硫化物硫化、过氧化物硫化、特种硫化技术如盐浴、流态化床等各类硫化体系合成橡胶制品。

④ 一般用量为 1～5 份。

国内主要生产厂家：

江苏卡欧化工股份有限公司

青岛福诺化工科技有限公司

4.8.3　外脱模剂

别名：离型剂、外涂型脱模剂。

组成：外脱模剂有氟系、硅系、蜡系和界面活性剂四种类型，是蜡、硅氧烷、金属硬脂酸盐、聚乙烯醇、含氟低聚物和聚烯烃，以及一些能加强产品功能和稳定性的专有添加剂的复配物。

用途：传统的脱模剂是喷雾剂、液体形式的溶剂型溶液、水溶液或糊。使用时以喷雾、涂布或抛光的形式施于模具型腔的表面。当载体（溶剂或水）挥发后，在模具表面附着一层薄薄的涂层。

在橡胶加工过程中，脱模剂的使用直接影响其模型制品的质量、外观、生产效率和模具的使用寿命。

国内主要生产厂家：
青岛福诺化工科技有限公司

4.9 润滑剂

4.9.1 橡胶流动剂

组成：多种脂肪酸衍生物复合物

技术指标：

项目	指标
外观	乳白色圆柱颗粒
加热减量(70℃×2h)/%	≤2
熔程/℃	52～70

用途：

① 具有提高胶料内润滑性能的作用，从而降低胶料黏度，改善胶料的流动性能。

② 用于改善胶料的挤出加工性能，包括轮胎胎面、胎侧和内胎的挤出工艺。

③ 用于改善连续硫化、移模成型和注模硫化制品的工艺性能。

④ 常规用量为 2～5 份。

国内主要生产厂家：

江苏宜兴卡欧化工有限公司

江苏锐巴新材料科技有限公司

丰城市友好化学有限公司

4.9.2　流动排气剂

组成：表面活性剂及脂肪酸醇、脂、锌皂复合物

同类产品：FC-617；FC-618；AT-P；AT-46；RL12；RL10

技术指标：

项目	指标
外观	灰白色或灰黄色片状
加热减量/%	≤2.0
灰分/%	15±2
挥发分/%	≤4.0

用途：通过分子链间润滑作用，明显改善胶料的压延、挤出等加工工艺性能，有良好的排气功能，加工出的胶料致密性提高，表面光滑无气孔。能明显降低胶料的黏度，改善胶料的均匀程度，提高胶料品质。

本品适当添加不影响胶料的黏合，对硫化系统不发生干扰，对胶料物理机械性能和抗老化性能均无影响。一般用量为 1～5 份。

国内主要生产厂家：

江苏卡欧化工股份有限公司

青岛福诺化工科技有限公司

江苏锐巴新材料科技有限公司

丰城市友好化学有限公司

第 5 章

功能型橡胶助剂

功能型橡胶助剂是指可赋予胶料特殊的物理、化学性能的助剂。环保、高效、多功能、低成本是当前国内外橡胶助剂的发展方向。其中环保问题近年来尤其受到橡胶助剂工业和橡胶制品工业的重视。

本章主要介绍以下功能型橡胶助剂。

① 硅烷偶联剂　分子结构式一般为 $RSiX_3$，X 表示水解官能基，它可与甲氧基、乙氧基、溶纤剂以及无机材料（玻璃、金属、SiO_2）等发生偶联反应，R 表示有机官能基，它可与乙烯基、乙氧基、甲基丙烯酸基、氨基、巯基等有机基以及无机材料、各种合成树脂、橡胶发生偶联反应。在橡胶制品中，硅烷偶联剂主要用于改性白炭黑，提高白炭黑在橡胶中的分散性。品种主要包括硅烷偶联剂 Si-69［双-（γ-三乙氧基硅基丙基）四硫化物］、硅烷偶联剂 Si-75［双（γ-三乙氧基硅基丙基）二硫化物］、巯烃基硅烷偶联剂 Si-747 和 Si-363、封端巯烃基硅烷偶联剂 NXT［3-（烷酰硫基）-1-丙基三乙氧基硅烷］。

② 黏合剂　常用的黏合体系主要有间甲白、有机钴盐、间甲白/有机钴盐等体系。间甲白体系中甲醛给予体主要为六亚甲基四胺（HMT）或亚甲基给予体（如六甲氧基甲基蜜胺，HMMM），间苯二酚或树脂型间苯二酚给予体（间甲树脂、低间树脂和非间树脂）和白炭黑。有机钴盐主要包括硼酰化钴、癸酸钴、环烷酸钴、硬脂酸钴等。

③ 抗硫化返原剂　防止橡胶在硫化过程中出现硫化返原现象的助剂。

④ 发泡剂　是一类使橡胶、塑料等高分子材料发孔的物质。只要不与高分子材料发生化学反应，并能在一定条件下产生无害气体的物质，原则上都可以用作发泡剂。本章主要介绍的有机发泡剂包括 AC（偶氮二甲酰胺）、OT（磺酰肼类）。

⑤ 补强剂　橡胶用有机补强剂包括合成树脂和天然树脂，但并不是所有树脂都可以用作补强剂。用作补强剂的树脂多为合成产品，如酚醛树脂、石油树脂、高苯乙烯树脂、聚苯乙烯树脂及古马隆树脂。有机补强剂的使用远不及炭黑、白炭黑那样广泛、大量，其补强能力

也不及炭黑那样优越，只有特殊要求时才使用有机补强剂。本章主要介绍的有机补强剂包括酚醛补强树脂 205、206、PF。

⑥ 抗撕裂树脂　为防止轮胎在使用中出现胎面胶裂口、崩花掉块等质量问题，要求轮胎胎面胶除具有良好的耐磨性能外，还要具有较低的生热及较高的抗撕裂性能和抗切割性能。本章列举了一类常见的抗撕裂树脂。

5.1 硅烷偶联剂

5.1.1 Si-17

化学名称：双-（γ-三乙氧基硅基丙基）多硫化物

英文名称：bis-(γ-triethoxysilylpropyl)polysulfide

同类产品：A-1289（美国威科）；Z-6940（美国道康宁公司）；Si-69（德国德固赛）；KH-845-4

化学结构式：

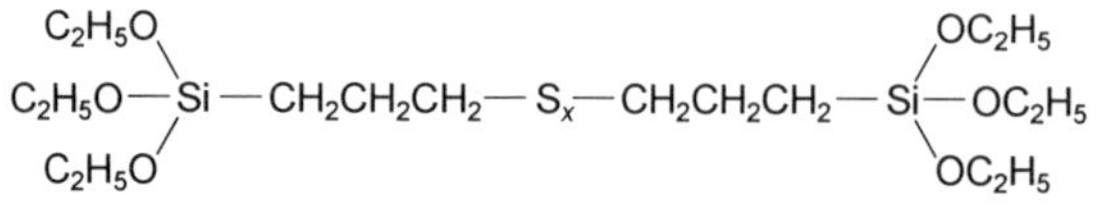

$x = 2 \sim 10$

CAS 注册号：[211519-85-6]

分子式：$C_{18}H_{42}O_6S_xSi_2$

分子量：$410+32x$

主要特性：本品为略带乙醇气味的黄色透明液体，溶于乙醇、酮类、苯、乙腈、二甲基甲酰胺、二甲亚砜、氯化烃，不溶于水。

技术指标：执行标准 GB/T 30309—2013

项目	指标
外观	淡黄色透明液体
密度（20℃）/（g/cm^3）	1.070～1.090
折射率（n_D^{20}）	1.4800～1.4950
黏度（20℃）/mPa・s	≤15.0
闪点/℃	≥100℃
氯含量/%	≤0.40
杂质含量/%	≤4.0
二硫化物含量/%	14.0～20.0
平均硫链长	3.60～3.90
总硫含量/%	21.7～23.7

用途：有机硅烷偶联剂的分子中，同时存在两种性质和作用完成不同的官能团，一端能与有机物结合，另一端与无机物结合，将有机物与无机物紧密地结合成一体，起着“分子桥”的作用。该产品有特殊的补强功能和黏合性能，能够改善胶料的硫化特性、抗硫化返原性、抗撕裂性能，降低磨耗，主要用于子午线轮胎，特别是采用大量白炭黑或硅酸盐的补强绿色环保轮胎。用量一般随着白炭黑的用量变化做适当调整。

注意事项：遇水会水解，释放出易燃气体乙醇，须避免接触水或湿空气。

包装及贮运：成品用塑料桶包装，每桶净重 25kg、200kg 或 1000kg，或根据客户要求包装。密封贮存于阴凉、干燥、通风处，防潮防水，远离火种、热源。成品可用一般运输工具运输，在运输过程中应防止日晒和雨淋，严防倒置和碰撞。

国内主要生产厂家：

南京曙光化工集团有限公司

山东阳谷华泰化工股份有限公司

江西宝弘纳米科技有限公司

常州市五洲化工有限公司

5.1.2　Si-56

化学名称： 双（γ-三乙氧基硅基丙基）二硫化物

英文名称： bis-(γ-triethoxysilylpropyl)-disulfide

同类产品： SG-Si996-4

化学结构式：

$$H_5C_2O-\underset{\underset{OC_2H_5}{|}}{\overset{\overset{OC_2H_5}{|}}{Si}}CH_2CH_2CH_2-S_2-CH_2CH_2CH_2\underset{\underset{OC_2H_5}{|}}{\overset{\overset{OC_2H_5}{|}}{Si}}-OC_2H_5$$

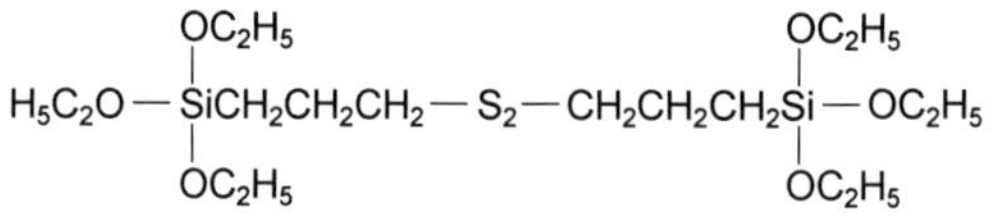

CAS 注册号： [56706-10-6]

分子式： $C_{18}H_{42}O_6Si_2S_2$

分子量： 474.8

主要特性： 本品为略带乙醇气味的淡黄色至浅棕色透明液体，易溶于乙醇、丙酮、苯、甲苯等多种溶剂，不溶于水。

技术指标： 执行标准 GB/T 30309—2013

项目	指标
外观	淡黄色透明液体
密度(20℃)/(g/cm³)	1.030～1.050
折射率(n_D^{20})	1.4600～1.4750
黏度(20℃)/mPa·s	≤12.0
闪点/℃	≥100℃
氯含量/%	≤0.40
杂质含量/%	≤4.0
二硫化物含量/%	51.0～61.0
平均硫链长	2.45～2.75
总硫含量/%	15.1～17.5

用途：Si-56 与 Si-17 相比主要是硫含量不同，前者是二硫化物，后者是四硫化物，它们的作用机理完全相同，用途也完全相同，只是 Si-56 在反应过程中形成游离硫的可能性小，对加工安全性有利。

注意事项：遇水会水解，释放出易燃气体乙醇，须避免接触水或湿空气。

包装和运输：成品用塑料桶包装，每桶净重 200kg 或 1000kg，或根据客户要求包装。密封贮存于阴凉、干燥、通风处，防潮防水，远离火种、热源。成品可用一般运输工具运输，在运输过程中应防止日晒和雨淋，严防倒置和碰撞。

国内主要生产厂家：

南京曙光化工集团有限公司

山东阳谷华泰化工股份有限公司

5.1.3　Si-75

化学名称：双（γ-三乙氧基硅基丙基）二硫化物

英文名称：bis-(γ-triethoxysilylpropyl)-disulfide

同类产品：A-1589（美国威科）；Z-6820（美国道康宁公司）；Si-75（德国德固赛）；SG-Si996。

化学结构式：

$$H_5C_2O-\underset{\underset{OC_2H_5}{|}}{\overset{\overset{OC_2H_5}{|}}{Si}}CH_2CH_2CH_2-S_2-CH_2CH_2CH_2\underset{\underset{OC_2H_5}{|}}{\overset{\overset{OC_2H_5}{|}}{Si}}-OC_2H_5$$

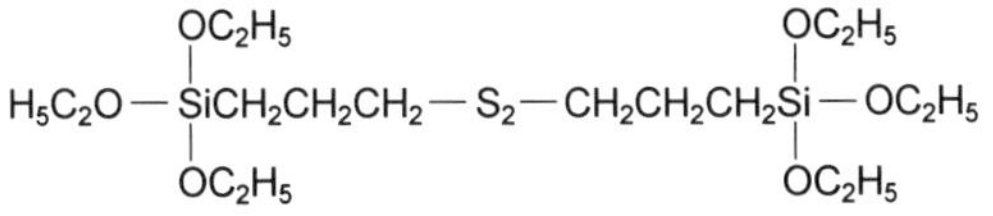

CAS 注册号：[56706-10-6]

分子式：$C_{18}H_{42}O_6Si_2S_2$

分子量：474.8

主要特性：本品为略带乙醇气味的淡黄色至浅棕色透明液体，易溶于乙醇、丙酮、苯、甲苯等多种溶剂，不溶于水。

技术指标：执行标准 GB/T 30309—2013

项目	指标
外观	淡黄色透明液体
密度(20℃)/(g/cm^3)	1.025～1.045
折射率(n_D^{20})	1.4550～1.4700
黏度(20℃)/mPa·s	≤12.0
闪点/℃	≥100℃
氯含量/%	≤0.40
杂质含量/%	≤4.0
二硫化物含量/%	70.0～80.0
平均硫链长	2.20～2.50
总硫含量/%	13.5～15.9

用途：Si-75 与 Si-17 相比主要是硫含量不同，前者是二硫化物，后者是四硫化物，它们的作用机理完全相同，用途也完全相同，只是 Si-75 在反应过程中形成游离硫的可能性小，对加工安全性有利。

注意事项：遇水会水解，释放出易燃气体乙醇，须避免接触水或湿空气。

包装和运输：成品用塑料桶包装，每桶净重 200kg 或 1000kg，或根据客户要求包装。密封贮存于阴凉、干燥、通风处，防潮防水，远离火种、热源。成品可用一般运输工具运输，在运输过程中应防止日晒和雨淋，严防倒置和碰撞。

国内主要生产厂家：

南京曙光化工集团有限公司

山东阳谷华泰化工股份有限公司

江西宝弘纳米科技有限公司

常州市五洲化工有限公司

5.1.4　Si-85

化学名称：双（γ-三乙氧基硅基丙基）二硫化物

英文名称：bis-(γ-triethoxysilylpropyl)-disulfide

同类产品：Z-6920（美国道康宁公司）；Si-266（德国德固赛）；SG-Si998

化学结构式：

$$H_5C_2O-\underset{\underset{OC_2H_5}{|}}{\overset{\overset{OC_2H_5}{|}}{Si}}CH_2CH_2CH_2-S_2-CH_2CH_2CH_2\underset{\underset{OC_2H_5}{|}}{\overset{\overset{OC_2H_5}{|}}{Si}}-OC_2H_5$$

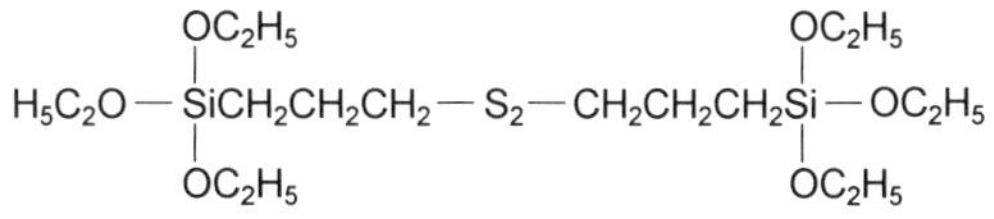

CAS 注册号：[56706-10-6]

分子式：$C_{18}H_{42}O_6Si_2S_2$

分子量：474.8

主要特性：本品为略带乙醇气味的淡黄色透明液体，易溶于乙醇、丙酮、苯、甲苯等多种溶剂，不溶于水。

技术指标：执行标准 GB/T 30309-2013

项目	指标
外观	淡黄色透明液体
密度(20℃)/(g/cm³)	1.020～1.040
折射率(n_D^{20})	1.4500～1.4650
黏度(20℃)/mPa·s	≤12.0
闪点/℃	≥100℃
氯含量/%	≤0.40
杂质含量/%	≤4.0
二硫化物含量/%	80.0～90.0
平均硫链长	2.05～2.35
总硫含量/%	13.4～15.8

用途：Si-85 与 Si-17 相比主要是硫含量不同，前者是二硫化物，后者是四硫化物，它们的作用机理完全相同，用途也完全相同，只是 Si-85 在反应过程中形成游离硫的可能性小，对加工安全性有利。

注意事项：遇水会水解，释放出易燃气体乙醇，须避免接触水或湿空气。

包装和运输：成品用塑料桶包装，每桶净重 200kg 或 1000kg，或根据客户要求包装。密封贮存于阴凉、干燥、通风处，防潮防水，远离火种、热源。成品可用一般运输工具运输，在运输过程中应防止日晒和雨淋，严防倒置和碰撞。

国内主要生产厂家：

南京曙光化工集团有限公司

山东阳谷华泰化工股份有限公司

5.1.5 Si17-B

化学名称：双（γ-三乙氧基硅基丙基）多硫化物与炭黑的混合物（1:1）

英文名称：mixture of bis-(γ-triethoxysilylpropyl)-polysulfide and carbon black (1 ∶ 1)

同类产品：RSi-B

技术指标：执行标准 GB/T 30309—2013

项目	指标
外观	黑色粒状固体
总硫含量/%	10.8～12.3
加热减量/%	≤2.0
灰分/%	10.5～12.5
丁酮不溶物/%	49.0～55.0

用途：Si17-B 是 Si-17 硅烷偶联剂与 N330 炭黑的混合物，在发挥与 Si-17 相同功用的同时操作更加方便，其应用使橡胶的物理机械性能得到改善，拉伸强度、抗撕裂强度、耐磨性能等均可以得到明显提高，永久变形得以降低，同时还可以降低胶料黏度、提高加工性能，特别适用于以白炭黑或硅酸盐等为补强剂的硫化体系，其适用的填料包括白炭黑、滑石粉、黏土、云母粉、陶土等，适用的聚合物包括天然橡胶（NR）、异戊二烯橡胶（IR）、丁苯橡胶（SBR）、丁二烯橡胶（BR）、丁腈橡胶（NBR）、三元乙丙橡胶（EPDM）等。

注意事项：遇水会水解，释放出易燃气体乙醇，须避免接触水或湿空气。

包装及贮运：用 25kg 复合袋、40L 塑料桶或 500kg 袋装，或根据客户要求包装。密封贮存于阴凉、干燥、通风处，防潮防水，远离火种、热源。成品可用一般运输工具运输，在运输过程中应防止日晒和雨淋，严防倒置和碰撞。

国内主要生产厂家：

南京曙光化工集团有限公司

山东阳谷华泰化工股份有限公司

5.1.6　Si56-B

化学名称：双（γ-三乙氧基硅基丙基）二硫化物与炭黑的混合物（1∶1）

英文名称：mixture of bis-(γ-triethoxysilylpropyl)-disulfide and carbon black (1∶1)

技术指标：执行标准 GB/T 30309—2013

项目	指标
外观	黑色粒状固体
总硫含量/%	7.5～9.0
加热减量/%	≤2.0
灰分/%	11.3～13.3
丁酮不溶物/%	49.0～55.0

用途： Si56-B 是 Si-56 硅烷偶联剂与 N330 炭黑的混合物，在发挥与 Si-56 相同功用的同时操作更加方便，其应用使橡胶的物理机械性能得到改善，拉伸强度、抗撕裂强度、耐磨性能等均可以得到明显提高，永久变形得以降低，同时还可以降低胶料黏度、提高加工性能，特别适用于以白炭黑或硅酸盐等为补强剂的硫化体系，其适用的填料包括白炭黑、滑石粉、黏土、云母粉、陶土等，适用的聚合物包括天然橡胶（NR）、异戊二烯橡胶（IR）、丁苯橡胶（SBR）、丁二烯橡胶（BR）、丁腈橡胶（NBR）、三元乙丙橡胶（EPDM）等。

注意事项： 遇水会水解，释放出易燃气体乙醇，须避免接触水或湿空气。

包装及贮运： 用 25kg 复合袋、40L 塑料桶或 500kg 袋装，或根据客户要求包装。密封贮存于阴凉、干燥、通风处，防潮防水，远离火种、热源。成品可用一般运输工具运输，在运输过程中应防止日晒和雨淋，严防倒置和碰撞。

国内主要生产厂家：

南京曙光化工集团有限公司

山东阳谷华泰化工股份有限公司

5.1.7 Si75-B

化学名称：双（γ-三乙氧基硅基丙基）二硫化物与炭黑的混合物（1∶1）

英文名称：mixture of bis-(γ-triethoxysilylpropyl)-disulfide and carbon black (1∶1)

同类产品：SG-Si996-B

技术指标：执行标准 GB/T 30309—2013

项目	指标
外观	黑色粒状固体
总硫含量/%	7.0～8.5
加热减量/%	≤2.0
灰分/%	11.4～13.4
丁酮不溶物/%	49.0～55.0

用途：Si75-B 是 Si-75 硅烷偶联剂与 N330 炭黑的混合物，在发挥与 Si-75 相同功用的同时操作更加方便，其应用使橡胶的物理机械性能得到改善，拉伸强度、抗撕裂强度、耐磨性能等均可以得到明显提高，永久变形得以降低，同时还可以降低胶料黏度、提高加工性能，特别适用于以白炭黑或硅酸盐等为补强剂的硫化体系，其适用的填料包括白炭黑、滑石粉、黏土、云母粉、陶土等，适用的聚合物包括天然橡胶（NR）、异戊二烯橡胶（IR）、丁苯橡胶（SBR）、丁二烯橡胶（BR）、丁腈橡胶（NBR）、三元乙丙橡胶（EPDM）等。

注意事项：遇水会水解，释放出易燃气体乙醇，须避免接触水或湿空气。

包装及贮运：用 25kg 复合袋、40L 塑料桶或 500kg 袋装，或根据客户要求包装。密封贮存于阴凉、干燥、通风处，防潮防水，远离火种、热源。成品可用一般运输工具运输，在运输过程中应防止日晒和雨淋，严防倒置和碰撞。

国内主要生产厂家：

南京曙光化工集团有限公司

山东阳谷华泰化工股份有限公司

5.1.8 Si85-B

化学名称：双（γ-三乙氧基硅基丙基）二硫化物与炭黑的混合物（1∶1）

英文名称：mixture of bis-(γ-triethoxysilylpropyl)-disulfide and carbon black (1∶1)

同类产品：SG-Si998-B

技术指标：执行标准 GB/T 30309—2013

项目	指标
外观	黑色粒状固体
总硫含量/%	6.5～8.0
加热减量/%	≤2.0
灰分/%	11.5～13.5
丁酮不溶物/%	49.0～55.0

用途：Si85-B 是 Si-85 硅烷偶联剂与 N330 炭黑的混合物，在发挥与 Si-85 相同功用的同时操作更加方便，其应用使橡胶的物理机械性能得到改善，拉伸强度、抗撕裂强度、耐磨性能等均可以得到明显提高，永久变形得以降低，同时还可以降低胶料黏度、提高加工性能，特别适用于以白炭黑或硅酸盐等为补强剂的硫化体系，其适用的填料包括白炭黑、滑石粉、黏土、云母粉、陶土等，适用的聚合物包括天然橡胶（NR）、异戊二烯橡胶（IR）、丁苯橡胶（SBR）、丁二烯橡胶（BR）、丁腈橡胶（NBR）、三元乙丙橡胶（EPDM）等。

注意事项：遇水会水解，释放出易燃气体乙醇，须避免接触水或湿空气。

包装及贮运：用 25kg 复合袋、40L 塑料桶或 500kg 袋装，或根据客户要求包装。密封贮存于阴凉、干燥、通风处，防潮防水，远离火种、热源。成品可用一般运输工具运输，在运输过程中应防止日晒和雨淋，严防倒置和碰撞。

国内主要生产厂家：
南京曙光化工集团有限公司
山东阳谷华泰化工股份有限公司

5.1.9　巯基烷氧基硅烷偶联剂

化学名称：巯基烷氧基硅烷偶联剂
英文名称：mercaptoalkoxysilane coupling agent
同类产品：Si-363；Si-747；KH-580L
化学结构式：

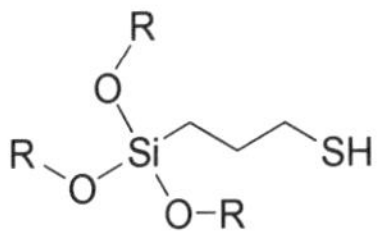

主要特性：本品为略带乙醇气味的淡黄色至浅棕色透明液体，易溶于乙醇、丙酮、苯、甲苯等多种溶剂，不溶于水。

用途：与 Si-75、Si-69 相比，硅原子上的烷氧基被长链烷基聚醚取代，长链的两亲基团保证了硅烷可以通过氢键迅速连接到白炭黑表面，有利于硅烷反应。巯基的反应活性特别高，所以此类硅烷偶联剂的加入造成胶料的焦烧时间特别短。

贮存：密封贮存于阴凉、干燥、通风处，防潮防水，远离火种、热源。

国内主要生产厂家：

南京曙光化工集团有限公司

江苏麒祥高新材料有限公司

5.1.10　3-辛酰基硫代丙基三乙氧基硅烷

化学名称： 3-辛酰基硫代丙基三乙氧基硅烷

英文名称： 3-octanoylthio-1-propyltriethoxysilane

同类产品： NXT；Si-777；SG-Si999

化学结构式：

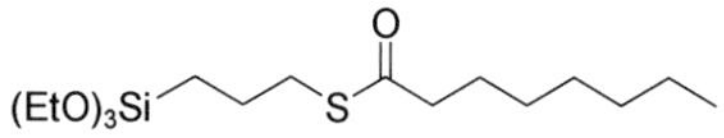

主要特性： 本品为略带乙醇气味的淡黄色至浅棕色透明液体，易溶于乙醇、丙酮、苯、甲苯等多种溶剂，不溶于水。

用途： 与 Si-363、Si-747 相比封闭了活性较高的巯基，使得在加工过程中，硅烷与橡胶的反应活性降低，有利于高温混炼，提高白炭黑与硅烷的硅烷化反应，降低了门尼黏度，改善了加工性能。硫化期间，3-辛酰基硫代丙基三乙氧基硅烷中的巯基解封闭，产生可以与橡胶快速反应的巯基，使得 3-辛酰基硫代丙基三乙氧基硅烷与橡胶具有较高的偶联效率。在绿色轮胎典型配方中，与传统的多硫硅烷（二硫和四硫硅烷）相比，白炭黑的分散性提高，生热减小。

贮存： 密封贮存于阴凉、干燥、通风处，防潮防水，远离火种、热源。

国内主要生产厂家：

南京曙光化工集团有限公司

江苏麒祥高新材料有限公司

5.2　黏合剂

5.2.1　黏合树脂 RF

化学名称： 间苯二酚给予体黏合剂 RF；间苯二酚甲醛预缩合树脂；RF 树脂

英文名称： bonding agent RF; resorcinolformaldehyde resin

同类产品： AR1005；GLR-20；SL-3022

CAS 注册号： [24969-11-7]

结构式：

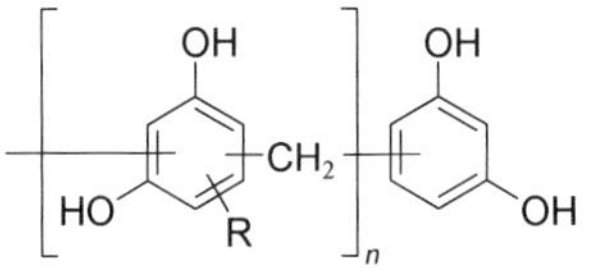

R = 氢或芳烷基

技术指标：

项目		指标
外观		琥珀色片状或粒状
软化点/℃		80～95；90～120；95～130
灰分/%	<	2
水分/%	<	0.5
游离间苯二酚/%	≤	5.0
pH 值(50%水溶液)		4.7

主要特性： 密度 1.31g/cm^3。溶于水、丙酮、醇、乙烯醇和聚乙烯醇，不溶于非极性溶剂。

用途： RF 用作间苯二酚给予体，与亚甲基给予体组成 R-F 或 HRF 直接黏合体系，用于橡胶与纤维织物或镀黄铜钢丝帘线黏合。

配方（质量份）： 天然橡胶 100、炭黑 HAF-HS 55、环烷油 10、防老剂 RD 2、硬脂酸 2、促进剂 MDB 0.8、氧化锌与不溶性硫黄 9010 4。

硫化特性：

项目		1	2	3
		无黏合剂	RF 3份 RA 2.5份	RF 3份 H-80 2.5份
转矩	M_L/(9.8N/cm)	11	12	14
	M_H/(9.8N/cm)	50	49	69
硫化时间/min				
M_H(90%)		12.0	25.5	9.5
M_H		23.5	47.0	21.5
返原		52．0	＞60.0	＞60.0
硫化胶性能(149℃×30min)				
300%定伸应力/MPa		117	106	171
拉伸应力/MPa		180	140	175
伸长率/%		460	450	400
静态抽出力/(N/根)，钢丝帘线 3×0.20 + 6×0.38mm				
室温		565	935	1140
121℃		335	590	790
静态抽出力/(N/根)，钢丝帘线 3×1＋7×0.35mm				
室温		820	1070	1085
121℃		310	410	480
静态抽出力/(N/根)，钢丝帘线 3×5＋0.05mm				
室温		610	870	920
121℃		315	420	495

国内主要生产厂家：

山东阳谷华泰化工股份有限公司

华奇（中国）化工有限公司

青岛福诺化工科技有限公司

5.2.2　黏合树脂 AR50

化学名称：低间苯二酚含量间甲树脂

同类产品：A250；SL-3025

技术指标：

项目		指标
外观		棕红色粒状或棕黑色粒状
软化点(环球法)/℃		100～110
游离间苯二酚/%		≤0.5
溶解性	水	完全不溶解
	醇类溶剂	完全溶解
	酮类溶剂	完全溶解
	芳烃溶剂	完全溶解

用途：一种低间新型黏合树脂，作为亚甲基接受体黏合剂，它不含游离的甲醛，具有很低的蒸气压，与传统的高游离间苯二酚产品相比，大大减少了加工温度高于 150℃时发生的起烟和重量减少的问题。与亚甲基给予体，如六亚甲基四胺、六甲氧基甲基蜜胺（RA、RA-65）反应生成热固性树脂，能有效地起到橡胶与骨架材料黏合的作用。

国内主要生产厂家：

山东阳谷华泰化工股份有限公司

华奇（中国）化工有限公司

5.2.3　黏合树脂 AR60

化学名称：改性非间黏合树脂

同类产品：PN760；SL-3006

主要特性：一种非间新型黏合树脂，不含有游离的间苯二酚，绿色无污染。本树脂和亚甲基给予体，如六亚甲基四胺、六甲氧基甲基蜜胺（RA、RA-65）反应生成热固性树脂，能有效地起到橡胶与骨架材料黏合的作用，老化后具有良好的黏合保持性。与传统间苯二酚甲醛树脂相比，缺点是生热高。

技术指标：

项目	指标
外观	黄色粒状至红色粒状
软化点(环球法)/℃	93～108
游离间苯二酚/%	0
灰分/%	≤0.5

用途：亚甲基供体和亚甲基受体组成的双组分橡胶黏合剂，适用于天然橡胶和各种合成橡胶（硅橡胶除外）与人造丝、棉纶、涤纶、镀铜钢丝、镀锌钢丝、玻璃纤维等骨架材料的黏合。使用量可根据橡胶制品的品种、所用胶料以及黏合要求适当增减，常规用量为 1.5～5 份。

包装及贮运：净重 25kg，精制牛皮纸袋包装。贮存于通风、阴凉处，本品无腐蚀性、无毒、不燃、不爆，按一般化工原料贮存。

国内主要生产厂家：

山东阳谷华泰化工股份有限公司

华奇（中国）化工有限公司

5.2.4 黏合促进剂 HMMM

化学名称：六甲氧基甲基密胺

英文名称：hexamethoxymethylmelamine

简称或别称：亚甲基给予体黏合剂 A

化学结构式：

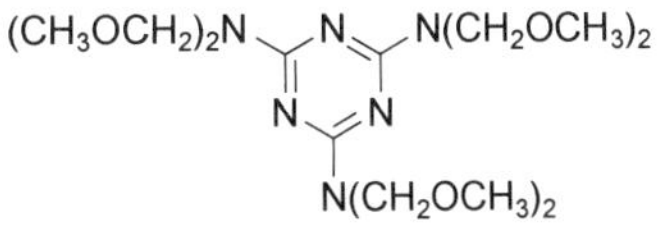

CAS 注册号：[3089-11-0]

分子式：$C_{15}H_{30}N_6O_6$

分子量：390.291

主要特性：易溶于水和多数有机溶剂，无毒。在存放过程中会由透明液体变成浑浊或絮状，但并不影响黏合的性能。在低于 40℃下长期存放时性能稳定。

技术指标：

项目		指标
外观		无色透明液体或蜡状固体
游离甲醛含量/%	≤	5.0
结合甲醛含量/%	≥	40.0
密度/(g/cm³)		1.18～1.21

用途：HMMM 是蜜胺型亚甲基给予体，因为是液体或蜡状固体，在胶料中极易分散，比六亚甲基四胺加工性能优异。可以与各种间苯二酚给予体组成 HRH 直接黏合体系，广泛用于各种橡胶与尼龙、聚酯、人造丝、玻璃纤维和镀黄铜或镀锌钢丝帘线的黏合，制造轮胎、输送带、胶管和胶布。如果将直接黏合胶料再溶入胶乳制成胶浆，可用于织物浸渍法的黏合技术。还可将含 HMMM 的 HRH 直接黏合胶料溶于有机溶剂，用作织物的涂刷型胶黏剂。

在 HRH 直接黏合体系中，黏合机制被认为是 HMMM 在硫化温度下释放出甲醛，与间苯二酚给予体发生了生成黏合树脂的反应，白炭黑粒子表面的酸性对这种黏合树脂的生成起了催化作用。

在炼胶工艺上，间苯二酚给予体黏合剂应在混炼前段加入，

HMMM 在后段随着促进剂硫黄一起加入，并且最好在低于 90℃完成混炼。这样，一方面避免胶料过早释放甲醛发生树脂化反应，另一方面减少间苯二酚冒出太多的刺激性烟雾。HMMM 的黏合性能参见黏合剂间苯二酚使用方法。

注意事项：本品中游离甲醛能刺激皮肤和黏膜，引起皮炎及致敏。操作人员应穿戴劳动防护用品。

贮运：本品应贮存于干燥、清洁的库房内，不得露天堆放或受潮。

国内主要生产厂家：
山东阳谷华泰化工股份有限公司
无锡华盛橡胶新材料科技股份有限公司

5.2.5 黏合剂 RA

简称或别称：固型黏合剂 A；蜜胺型亚甲基给予体
英文名称：bonding agent RA
主要特性：不飞扬，易分散，贮存稳定。
技术指标：

项目		指标		
		RA	RA-65	RA-50
外观		白色流动性粉末	白色流动性粉末	白色流动性粉末
灰分(850℃)/%		30～38	29～35	42～48
水分/%	≤	4.5	4.5	4.5
筛余物(325 目，湿法)/%	≤	0.3	0.3	0.3
游离甲醛/%	≤	0.1	0.1	0.1

用途：RA 系列是亚甲基给予体黏合剂。RA-50、RA-60 和 RA-65 分别是含黏合剂 A50%、60%和 65%的预分散固体蜜胺型亚甲基给予体。

可以与各种间苯二酚给予体组成 HRH 三组分或间-甲双组分直接黏合体系。在配合时，应按黏合剂 A 的含量计算配合量。但是由于其中的活性载体对黏合的增进作用，试验已经证明，含有活性载体的 RA 在等量替换黏合剂 A 时，黏合水平无明显影响。在混炼时，RA 一般在最后随硫黄加入。

在天然橡胶/丁苯橡胶/炭黑胶料与已浸渍的聚酯帘线黏合中，RA-65 和 RS-11 按 2.5：2.1 配合，老化前后的黏合强度分别为 138.8N/cm 和 115.8N/cm，而未加黏合剂时分别为 68.2N/cm 和 82.7N/cm。

在天然橡胶/丁苯橡胶/炭黑胶料与镀黄铜钢丝黏合中，RA-65 和 RS-11 按 5.0：3.0 配合，老化前、蒸汽老化后和热氧老化后的黏合强度分别为 704N/cm、548N/cm 和 705N/cm，而未加黏合剂时分别为 556N/cm 和 526N/cm 和 291N/cm。

RA 黏合剂广泛用于轮胎、输送带、传动带和胶管的生产。建议用量为 2.5～5 份。

包装及贮运：净重 25kg，精制牛皮纸袋包装。在运输、贮存之前应检查产品是否有损坏；在运输、贮存过程中应分类堆放在干燥、清洁、阴凉的库房中，严防产品受热、受潮、变质。

国内主要生产厂家：

山东阳谷华泰化工股份有限公司

无锡华盛橡胶新材料科技股份有限公司

华奇（中国）化工有限公司

5.2.6　黏合剂 K22、K23

化学名称：改性间苯二酚甲醛聚合物

同类产品：SL-3022；SL3023

技术指标：

项目		指标
外观		红色至红褐色粒状
软化点/℃		95～109
加热减量/%	<	1.0
游离间苯二酚/%	<	6.0
pH 值(50%水溶液)		4～6

用途：本产品是苯乙烯改性间苯二酚甲醛的聚合物，在间-甲-白橡胶黏合体系中作为亚甲基接受体来增强橡胶与钢丝、聚酯、尼龙等多种骨架材料的黏合。一般用量为 1.0～3.0 份。该黏合树脂和亚甲基给予体（如六亚甲基四胺（HMT），六甲氧基甲基蜜胺等）在硫化温度下反应，生成热固性树脂，可明显提高橡胶与各种钢丝和纤维帘线的黏合性能，该树脂可替代间苯二酚单体及其他间苯二酚改性树脂。与间苯二酚相比，该树脂不冒烟，不喷霜，无毒环保。

国内主要生产厂家：

江苏麒祥高新材料有限公司

5.2.7 黏合剂 AB-30

化学名称：六甲氧基甲基蜜胺与多元酚的化合物

英文名称：bonding agent AB-30

同类产品：AS-88

主要特性：60℃以下为蜡状固体。不溶于烃。

技术指标：

项目	指标
外观	白色蜡状固体

续表

项目	指标
密度/(g/cm^3)	1.160～1.260
加热减量/%　≤	1.0
羟基值/(mgKOH/g)	40～50

用途： AB-30 是六甲氧基甲蜜胺型亚甲基给予体与间苯二酚给予体的衍生物，可以单独配用，也可以与白炭黑配用，还可以与有机钴盐黏合剂配用。适用于橡胶与尼龙、聚酯、人造丝、玻璃纤维和钢丝的黏合。用量为 4 份左右。在胶料中易分散，可以提高胶料的塑性，生热低、不污染胶料。老化后具有良好的黏合保持性。

包装及贮运： 纸箱装，内衬黑色塑料袋，每箱净重 20kg。贮存于通风、干燥、阴凉的库房内。

国内主要生产厂家：

无锡华盛橡胶科技股份有限公司

5.2.8　黏合剂 KOTA

化学名称： 改性酚醛类黏合树脂

技术指标：

项目	指标
外观	红色至红褐色粒状
软化点/℃	90～105
加热减量(105℃×2h)/%　≤	2.0

用途： 用作间-甲-白黏合体系中的亚甲基接受体的黏合剂，与亚甲基

给予体［如甲醛、多聚甲醛、六亚甲基四胺（HMT）、六甲氧基甲基蜜胺（粘 A）以及-N-2-甲基-1-丙醇］反应，生成热固性树脂，可明显提高橡胶与各种钢丝和纤维帘线的黏合性能，完全可以替代间苯二酚单体及其他间苯二酚改性树脂，用于增加橡胶与骨架材料的黏合。可 1.2∶1 取代间苯二酚；一般用量为 1.0～3.0 份，需要和亚甲基给予体 HMMM 配合使用，建议配比为 1∶(1.5～2)。与间苯二酚相比，该树脂不冒烟，不喷霜，无毒环保，而且老化保持率高；与 RE、RF 相比，KOTA 树脂性能相当或更优，但 KOTA 树脂即便在夏天也不结块，不黏流，贮存稳定性好，方便配料，节省人工。

国内主要生产厂家：

江苏麒祥高新材料有限公司

5.2.9 黏合剂 MK55

化学名称：改性苯酚甲醛黏合树脂

简称或别名：PN759

技术指标：

项目	指标
外观	黄色至浅红色颗粒
软化点/℃	98～110
加热减量(105℃×2h)/% ≤	1.0

用途：用作间-甲-白黏合体系中的亚甲基接受体的黏合剂，与亚甲基给予体［如甲醛、多聚甲醛、六亚甲基四胺（HMT）、六甲氧基甲基蜜胺（粘 A）以及 2-N-2-甲基-1-丙醇］反应，生成热固性树脂，可明显提高橡胶与各种钢丝和纤维帘线的黏合性能，完全可以替代间苯二酚单体及其他间苯二酚改性树脂，用于增加橡胶与骨架材料的黏合。

可等量取代间苯二酚；一般用量为 1.0～3.0 份，需要和亚甲基给予体配合使用。与间苯二酚相比，该树脂不冒烟，不喷霜，无毒环保，而且老化保持率高。

国内主要生产厂家：

江苏麒祥高新材料有限公司

5.2.10　黏合剂 MK61

化学名称：甲酚甲醛树脂

技术指标：

项目		指标
外观		浅黄色至黄褐色
软化点/℃		95～105
加热减量（105℃×2h）/%	<	2.0
灰分（800℃）/%	<	0.7
密度/(g/cm^3)		1.08～1.28

用途：作用作间-甲-白黏合体系中的亚甲基接受体的黏合剂，可以替代间苯二酚单体及其他间苯二酚改性树脂，用于增加橡胶与骨架材料黏合。与间苯二酚相比，该树脂不冒烟、不喷霜，无毒环保，而且老化保持率高。可 1.2∶1.0 取代间苯二酚；一般用量为 1.0～3.0 份，需要和亚甲基给予体 HMMM 配合使用，建议配比为 1.0∶(1.5～2.0)。

国内主要生产厂家：

江苏麒祥高新材料有限公司

5.2.11 黏合剂 KOM

化学名称：改性苯酚甲醛树脂

技术指标：

项目		指标
外观		黄色粒状
软化点/℃		90～105
加热减量(105℃×2h)/%	≤	1.0
灰分(800℃)/%<	≤	1.0

用途：用作间-甲-白黏合体系中的亚甲基接受体的黏合剂，可以替代间苯二酚单体及其他间苯二酚改性树脂，用于增加橡胶与骨架材料黏合。和间苯二酚相比，该聚合物不冒烟，不喷霜，生热低，无毒环保，而且蒸汽老化保持率高。可 1.2∶1.0 取代间苯二酚；一般用量为 1.0～3.0 份，需要和亚甲基给予体 HMMM 配合使用，建议配比为 1.0∶1.5～2.0。

国内主要生产厂家：

江苏麒祥高新材料有限公司

5.2.12 黏合促进剂 HMT

化学名称：六亚甲基四胺

英文名称：hexamethylene tetramine

化学结构式：

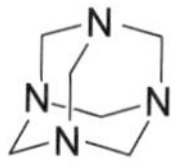

CAS 注册号：[100-97-0]

分子式：$C_6H_{12}N_4$

分子量：140.18

主要特性：溶于水、乙醇和氯仿，不溶于乙醚。加热至 200℃即升华并分解，常温时能用明火点燃，难溶于乙醚、芳香烃等。

技术指标：

项目		指标
外观		白色结晶粉末或无色有光泽晶体
六亚甲基四胺含量/%	≥	96.0
灰分/%	≤	1.0
加热减量/%	≤	0.50

用途：本品为改性六亚甲基四胺。加热至 200℃即升华分解，常温时能用明火点燃，难溶于乙醚、芳香烃等。主要用于子午线轮胎中，作为补强树脂的固化剂，能提高橡胶制品的硬度；与间苯二酚等助剂构成黏合体系，对橡胶与纤维的黏合起重要作用。与补强树脂配套使用，用量：促进剂 1 份，补强树脂 8～10 份。

注意事项：几乎无臭。对皮肤有刺激作用，应避免与皮肤、眼部等部位接触。

包装及贮运：20kg/袋；内衬塑料袋的纸塑复合包装，干燥阴凉处贮存期为一年。远离火种、热源。应与氧化剂、酸类分开存放，切忌混储。

国内主要生产厂家：

海城市泰利橡胶助剂有限公司

5.2.13 间苯二酚

化学名称： 间苯二酚；间-二羟基苯；1,3-苯二醇；1,3-二羟基苯

英文名称： resorcinol; resorcin; *m*-dihycrobenzene; 1,3-benzenediol; 1,3-dihycrobenzene

化学结构式：

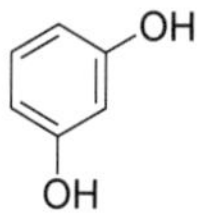

分子式： $C_6H_6O_2$

分子量： 110.11

CAS 注册号： [108-46-3]

技术指标：

项目	指标
外观	白色至浅黄色粉末或片状
熔点/℃	108～112
灰分/% ＜	0.1
水分/% ＜	0.3
密度/(g/cm^3)	1.275
纯度/%	99
pH 值	4.3±0.7

用途： 本品常与亚甲基给予体黏合剂如黏合剂 A、RA 或 HMT 组成间甲黏合体系。纯品间苯二酚在胶料中难于分散，通常要用 2%硬脂酸锌进行表面处理，制成流动性粉状产品。用于橡胶与尼龙、聚酯、人造丝、玻璃纤维和镀黄铜钢丝直接黏合。

在天然橡胶/丁苯橡胶并用的炭黑胶料中，间苯二酚/黏合剂 A 按 1.5∶3.25 配合，与镀黄铜钢丝的初始黏合、蒸汽老化和热氧老化黏合

的抽出力分别为 666N/根、623N/根和 700N 根，未加黏合剂的抽出力分别为 516N/根、526N/根和 291N/根。

在丁腈橡胶胶黏剂中，间苯二酚/黏合剂 A 按 2.5∶2.5 配合，橡胶与经处理的尼龙-6 帆布的黏合强度为 40N/cm，未处理时为 34N/cm，而未加黏合剂处理和未处理的尼龙-6 帆布的黏合强度分别为 13N/cm 和 22N/cm。

注意事项：本品能刺激皮肤及黏膜，可经皮肤迅速吸收而引起中毒。大鼠皮下注射最低致死量 450mg/kg。

国内主要生产厂家：

浙江龙盛集团股份有限公司

山东瑞祺化工有限公司

5.3　黏合增进剂

5.3.1　环烷酸钴

英文名称：cobalt naphthenate; cobaltous naphthenate

同类产品：萘酸钴 RC-N10

结构式：

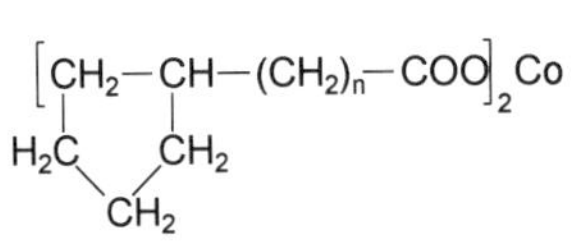

CAS 注册号：[61789-51-3]

主要特性：不溶于水，易溶于醇、乙醚、苯、甲苯、氯仿、松节油、烃溶剂等。

技术指标：

项目		指标
外观		蓝紫色粒状
钴质量分数/%	≥	10
环烷酸质量分数/%	≥	80
酸值/(mgKOH/g)		190～245
加热减量(105℃×2h)/%	≤	1.5
软化点/℃		80～100
庚烷不溶物/%	≤	0.2
密度/(g/cm^3)		1.14±0.05
红外光谱(参比标准图谱)		可比

用途：本品所用主要原料之一环烷酸是一种天然酸，其中环烷酸含量只有 70%～80%，其他主要是轻质油、重油、沥青、黄油等非皂化物，这些物质的存在会使橡胶制品发生溶胀，从而使橡胶的耐老化性能变差。为此，在制作前将环烷酸进行提纯，得到高纯度的酸后再与相应的钴反应而得到固体环烷酸钴，大大提高了其黏合性能及耐老化性能。主要用于天然橡胶或合成橡胶与镀黄铜或镀锌金属的黏合，制造钢丝子午线轮胎或其他橡胶金属复合制品。一般配合量为 2.5～5 份，与其他小料一起加入即可，较易分散。在黏合胶料中，一般为单组分配合，配合量为 3～6 份。在天然橡胶/顺丁橡胶/炭黑胶料与镀黄铜钢丝帘线黏合中，配合量为 3 份。

包装及贮运：内衬高强度的双层塑料袋，外由带塑料薄膜的纸板箱包装，每包（25±0.1）kg。本产品运输中不得曝晒或雨淋，装卸时不得投掷，保证包装的完整。应贮存干燥、清洁、通风，避光、远离热源的库房内，不得露天堆放或受潮。在符合上述贮运条件下，产品自生产之日起，有效贮存期为一年。

国内主要生产厂家：

江阴市三良橡塑新材料有限公司

5.3.2 硬脂酸钴

英文名称： cobalt stearate

化学式： $[CH_3(CH_2)_{16}COO]_2Co$

CAS 注册号： [13586-84-0]

主要特性： 不溶于水，溶于甲苯、二甲苯和烃溶剂。

技术指标：

项目		指标
外观		紫蓝色或紫红色粒状
钴质量分数/%		9.6±0.6
终熔点/℃		80～100
灰分（550℃）/%	≤	13.4
加热减量（105℃×2h）/%	≤	2.0
密度/（g/cm^3）		1.05±0.22
红外光谱（参比标准图谱）		可比

用途： 本品由有机酸（主要为饱和的十八碳酸和饱和的十六碳酸）与无机钴反应而得，由于其烃链较长且为直链烃，所以与橡胶的相容性较差，但与原始使用的无机钴相比，还是大有好处，因其分子量较大且钴含量较低，在橡胶中分散均匀性较好，起到稳定的黏合促进作用。主要用于钢丝子午线轮胎的制造，也用于钢丝增强运输胶带、钢编胶管和其他带金属骨架材料的橡胶制品的制造。对于橡胶和镀铜、镀锌钢丝骨架材料具有高强度黏合促进能力。一般配合量为 3～6 份，与其他小料一起加入即可，较易分散。

包装及贮运： 内衬高强度的双层塑料袋，外由带塑料薄膜的纸板箱包装，每包（25±0.1）kg。本产品运输中不得曝晒或雨淋，装卸时不得投掷，保证包装的完整。应贮存于干燥、清洁、通风、避光、远离热源的库房内，不得露天堆放或受潮。在符合上述贮运条件下，产品自生产之日起，有效贮存期为一年。

国内主要生产厂家：

江阴市三良橡塑新材料有限公司

江苏卡欧化工股份有限公司

5.3.3 新癸酸钴

结构式：

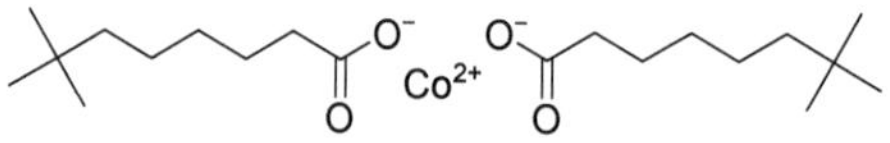

分子式： $C_{20}H_{38}CoO_4$

分子量： 401.44652

CAS 注册号： [10139-54-5]

主要特性： 易溶于甲苯、二甲苯、氯仿、烃类溶剂，不溶于水，是橡胶与镀黄铜或镀锌金属的优异的黏合促进剂。

技术指标：

项目	指标
外观	蓝紫色颗粒
钴含量/%	20.5±0.5
加热减量/% ≤	1.0
终熔点/℃	85～110
密度/(g/cm³)	1.2±0.1

用途： 新癸酸钴是行业中比较常用的一种产品，主要是由新癸酸与无

机钴反应而得，由于该产品钴含量高和新癸酸结构高度支化，使新癸酸钴在橡胶中具有良好的分散性和黏合活性，同时具有耐热、耐湿、耐蒸汽、耐盐水、防氧化和防止金属腐蚀的性能，抗老化性好。是钢丝子午轮胎的主要黏合剂，也广泛用于钢丝输送带、钢丝胶管和其他橡胶金属复合制品。

包装及贮运：内衬高强度的双层塑料袋，外由带塑料薄膜的纸板箱包装，每包（25±0.1）kg。本产品运输中不得曝晒或雨淋，装卸时不得投掷，保证包装的完整。应贮存于干燥、清洁、通风、避光、远离热源的库房内，不得露天堆放或受潮。在符合上述贮运条件下，产品自生产之日起，有效贮存期为一年。

国内主要生产厂家：

江阴市三良橡塑新材料有限公司

江苏卡欧化工股份有限公司

杭州中德化学工业有限公司

5.3.4 硼酰化钴

英文名称：cobalt Carboxy-boro acylate

化学结构式：

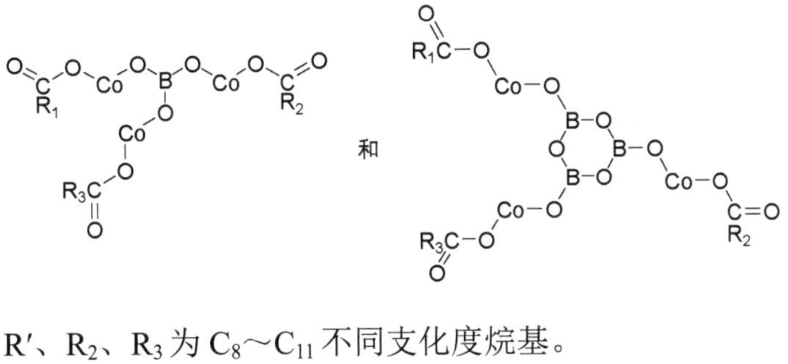

式中，R′、R_2、R_3为C_8～C_{11}不同支化度烷基。

CAS 注册号：[72432-84-9]

主要特性：易溶于甲苯、二甲苯、烃，不溶于水。由于烷基支化度高，在胶料中易分散。因分子结构中心为硼酸基，有两性性质，能吸收胶料中的酸性或碱性介质，对金属有缓蚀作用。由于硼元素的存在，提高了黏合结构的耐热性能。

技术指标：

项目	指标	
	RC-B23	**RC-B16**
外观	蓝紫色粒状	蓝紫色粒状
钴含量/%	22.5±0.5	15.5±0.5
庚烷不溶物/%	8.0±1.0	—
硼	定性	定性
加热减量/% ≤	1.5	1.2
密度/(g/cm^3)	1.4±0.1	1.3±0.1

用途：硼酰化钴用作橡胶与镀黄铜或镀锌钢丝帘线的黏合促进剂，能赋予黏合结构耐热、耐湿、耐蒸汽和耐盐水的特性，广泛用于钢丝子午线轮胎、钢丝输送带、钢丝胶管等橡胶/金属复合制品的制造。

使用注意事项：钴盐用于增进橡胶与金属的黏合，已得到普遍认可并广泛应用于子午线轮胎和钢丝胶管等产品中。钴盐可以单独直接加入橡胶中作为橡胶与金属黏合的增进剂，也有很多公司采用了钴盐与间甲（白）树脂黏合体系并用的用法。但无论是单用还是并用，也无论哪种钴盐都必须控制胶料中的金属钴含量。这是因为从黏合的机理上讲若胶料中钴离子含量过高，不仅促进生成大量非活性硫化铜，而且会催化橡胶烃加速老化；而钴离子含量过低，黄铜难于与硫黄生成活性硫化亚铜，以至于不能获得良好的黏合。从橡胶配方本身的性能考虑，添加少量（适量）的钴盐对黏合是有利的，但钴盐的高配比不仅对蒸汽老化后的黏合力是有害的，对热老化后胶料的强伸性能也有不利的影响。

通常建议钴盐的用量不宜超过配方中橡胶烃质量的 0.3%，即 100 份橡胶烃中的金属钴含量不超过 0.3 份。由于每个公司技术的差异，此用量只作为参考。

由于各种钴盐黏合剂平均分子量不同，这就需要把实际需要的金属钴的量折合成配方中钴盐黏合剂的份数。为此通过下式可以计算出实际配方的份数：

配方份数=金属钴份数/产品中钴百分含量（式中金属钴的配合量应在 0.15～0.35 份）

例：计算在配方中加入 0.25 份金属钴的 SL-BCo23（钴含量：23%）黏合剂的配方份数。配方份数=0.25/23%=1.08 份

运输及贮存：本产品运输中不得曝晒或雨淋，装卸时不得投掷，以保证包装的完整。在贮存时应置于干燥、清洁、通风、避光、远离热源的库房内，不得露天堆放或受潮。在符合上述贮运条件下，产品自生产之日起，有效贮存期为一年。

国内主要生产厂家：

江阴市三良橡塑新材料有限公司

江苏卡欧化工股份有限公司

5.3.5　新癸酸镍

英文名称：WX-N17 New decanoic acid nickel

化学式：$C_{20}H_{38}NiO_4$

CAS 注册号：[51818-56-5]

主要特性：不溶于水，溶于甲苯、二甲苯和烃溶剂。

技术指标：

项目		指标
外观		绿色片状或颗粒状
镍含量/%	≥	17.0
熔点/℃		65.0～95.0
加热减量(80℃×2h)/%	≤	1.5

用途： 适用于钢丝子午线轮胎、钢丝增强输送带、钢编胶管以及其他各种金属与橡胶的复合制品。在耐热、耐湿、耐蒸汽、耐盐水老化和防锈蚀方面效果显著；可以代替新癸酸钴，降低生产成本；能够提高胶料与钢丝帘线的初始黏合力。

密炼时与生胶或小料一起投入。推荐用量：1.0～3.0 份。

包装及贮运： 聚乙烯塑料袋封口包装并置于覆膜纸袋内或根据顾客要求采取其他包装方法，每袋净重（25.0±0.1）kg。存放在干燥、通风仓库内，远离热源，不得露天堆放。严禁受潮、阳光直接曝晒、雨水浸淋，严禁与强氧化剂、有机溶剂、酸、碱、油类相接触。装卸时不得投掷以保证包装完好。保存期 1 年。

国内主要生产厂家：

杭州中德化学工业有限公司

5.4 抗硫化返原剂

5.4.1 耐热稳定剂

组成： 优化组合的脂肪酸锌皂和芳香酸锌皂复合物

同类产品： FK18；HT80；AT-FZ；ZD-5；SL-273；SL-272

技术指标：

项目	指标
外观	乳白色至浅黄色片状、粒状固体
熔点/℃	95～104
灰分/%	20±2

用途：

① 适用于二烯类橡胶，尤其是天然橡胶的硫黄硫化体系，赋予胶料良好的抗硫化返原性并能提高胶料的耐热氧性能，提高弹性，增加胶料的模量、降低动态生热。

② 可改善胶料的加工性能，有利于胶料的挤出、压延，在白炭黑胶料中可适当减少硅烷偶联剂的用量。

③ 用于轮胎，特别在胎冠下层胶中使用，可改善肩空性能，也可用于其他制品。

④ 推荐用量 1～3 份。

国内主要生产厂家：

山东阳谷华泰化工股份有限公司

江苏卡欧化工股份有限公司

杭州中德化学工业有限公司

华奇（中国）化工有限公司

5.4.2 抗硫化返原剂

化学名称：1,3-双（柠糠酰亚胺甲基）苯

同类产品：PK900；WK901；SL-9001；ZD-5 等

分子式：$C_{18}H_{16}N_2O_4$

分子量：324

CAS 注册号：[119462-56-5]

技术指标：

项目	指标
初熔点/℃	≥75
终熔点/℃	80～90
加热减量/%	≤0.5
灰分/%	≤0.3

用途：本品是一种抗硫化返原剂，以稳定、屈挠性能好的碳-碳交联键取代在模压或产品使用期间因返原所破坏了的硫黄交联键，从而使硫黄硫化的胶料具有长期的热稳定性。本品在胶料中易分散，适用于大多数硫黄硫化聚合物（如 NR、IR、SBR、BR 以及并用体）。

使用本品后可提高硫化温度，从而提高生产效率，而不降低产品的性能；并可降低硫化胶生热、提高弹性。本品也可以控制产品使用期内的生热与热降解。可用于胶囊中，减少或消除硫黄用量。推荐用量 0.5～1.0 份。

国内主要生产厂家：

山东阳谷华泰化工股份有限公司

武汉径河化工有限公司

华奇（中国）化工有限公司

杭州中德化学工业有限公司

5.4.3 抗硫化返原剂 HTS

化学名称：二水合六亚甲基二硫代硫酸二钠盐

同类产品：SL-9088

分子式：$C_6H_{14}O_6$

分子量：390

结构式：

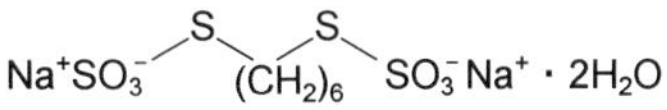

CAS 注册号：[5719-73-3]

技术指标：

项目	指标
外观	白色粉末
纯度/%	≥95
水分/%	8.5～10
150μm 筛余物/%	≤0.05

用途：

① 无论是正硫还是过硫均可保持更好的动态性能，如耐撕裂和动态疲劳。

② 可提高镀铜钢丝和天然橡胶的黏合性能，特别是在老化情况下的改善效果明显。

③ 抗硫化返原并保持良好的耐屈挠性能。

④ 用于采用半有效硫化体系硫化的制品（如衬套、发动机坐垫等），改善耐疲劳性，把持动态稳定性，降低生热。

⑤ 推荐用量 0.5～1.0 份。

国内主要生产厂家：

山东阳谷华泰化工股份有限公司

华奇（中国）化工有限公司

5.4.4 抗疲劳返原剂

技术指标：

项目	指标
外观	浅白色至浅黄色颗粒
熔点/℃	95～105
加热减量(45℃×2h)/%	≤0.5
灰分/%	4～10

用途：能明显改善过硫情况下的抗硫化返原性能；使硫化橡胶的物理性能保持不变，提高耐热老化性能，降低动态生热；也可用于高硫帘布胶配方中，降低动态生热，提高耐老化性，使镀黄铜钢丝帘线的黏合性能在使用期间保持良好；用于胶囊硫化配方中，减少或不用硫黄，消除模具发臭的问题；在高温硫化配方中使用可提高硫化温度，从而提高生产效率，同时不降低橡胶制品的使用性能；推荐用量 1～2 份。

国内主要生产厂家：

武汉径河化工有限公司

5.5 发泡剂

5.5.1 AC

化学名称：偶氮二甲酰胺

结构式：

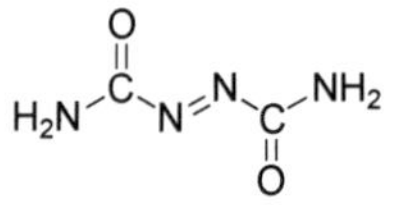

主要特性：本品为淡黄色结晶粉末，相对密度 1.65，熔点约 230℃，分解温度约 200℃，pH 值 6～7，发气量（240±5）mL/g。

用途：可用作天然橡胶、合成橡胶和塑料等高分子材料的发泡剂，用以制作闭孔海绵制品，本品无毒、无味、不变色、不污染，在胶料中易分散，用量一般为 1～5 份。同类的产品还有数种。

项目	分解温度/℃	发气量/（mL/g）	平均粒径	应用特征说明
AC	200	≥220	400 目	普通型塑料发泡剂和橡胶发泡剂
H(DPT)	200	≥265	150 目	
OBSH	155	≥115	5μm	
TSH	105	≥110	5μm	

5.5.2 OT（OBSH）

化学名称：4,4′-氧代双苯磺酰肼

结构式：

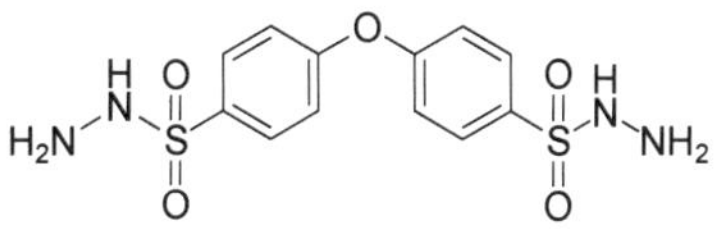

主要特性：本品为白色无臭细微晶体。

技术指标：同 5.5.1。

用途：用于生产具有精细、均匀泡孔结构的无臭无味、无污染、不脱色泡孔状产品。适于生产常压发泡或压胀的弹性体（如丁苯橡胶和氯丁橡胶、天然橡胶）和热塑性产品（如聚氯乙烯、聚乙烯、聚苯乙烯、ABS），也可与橡胶/树脂掺混料一起使用。由于具有良好的绝缘性，用于电线电缆的制造具有显著的优势。在一定情况下，既可起发泡剂，又可起交联剂的作用，能与其他发泡剂并用。

5.6 补强树脂

5.6.1 酚醛补强树脂

化学组成：酚类和醛类的缩聚产物

同类产品：Durez 系列；Koreforte 系列；SL-2005；205；206

技术指标：

项目	指标
外观	淡黄色粉末
丙酮不溶物/%	≤1.5
干燥筛(100 目)	99%通过
灰分/%	≤1.0

用途：广泛用于天然橡胶、丁苯橡胶及其他橡胶中，尤其用于子午胎中，不仅可提高硫化胶的硬度、强度及动态模量，而且在很大程度上降低生热量。本品为粉末状，且内含固化剂，工艺简便，利于分散。

国内主要生产厂家：

华奇（中国）化工有限公司

青岛福诺化工科技有限公司

5.6.2 改性酚醛补强树脂

同类产品：SL-2101；SL-2201；SL-2201LFP；2000；2001；2002

技术指标：

项目	指标
软化点/℃	92～100

续表

项目	指标
灰分/%	≤1.0
游离苯酚/%	≤1.0

用途：主要用来提高硫化胶的硬度，也能改善动态模量和工艺性能。使用时需加入固化剂如六亚甲基四胺（HMT）或六甲氧基甲基三聚氰胺（HMMM）。适用于丁苯橡胶、顺丁橡胶、氯丁橡胶、丁腈橡胶、天然橡胶等，用于轮胎的三角胶、胎冠胶、钢丝夹胶、胶管和地板衬里等，一般用量 8～40 份。

国内主要生产厂家：

华奇（中国）化工有限公司

蔚林新材料科技股份有限公司

青岛福诺化工科技有限公司

武汉径河化工有限公司

青岛海佳助剂有限公司

5.7　抗撕裂树脂

组成：主体为带功能基团的烃类树脂

同类产品：SL-6903；SL-6905；RT101；RT102；A-260；CSR200；CSR300

技术指标：

项目	指标
外观	黄色颗粒
软化点/℃	95～105
酸值/(mgKOH/g)	≤3

用途：

① 可明显改善轮胎胎面花纹沟的抗开裂性和抗断裂性，提高制品老化后的撕裂强度以及扯断伸长率，延长混炼胶焦烧时间。

② 推荐应用于轮胎外胎配方。其他应用为胶带、胶管、运输带、鞋底等。

③ 参考用量为 2～3 份。混炼时与各类助剂一起加入。

国内主要生产厂家：

青岛海佳助剂有限公司

江苏麒祥高新材料有限公司

华奇（中国）化工有限公司

青岛福诺化工科技有限公司

江苏卡欧化工股份有限公司

武汉径河化工有限公司

江苏锐巴新材料科技有限公司

杭州中德化学工业有限公司

第 6 章

预分散母胶粒

预分散橡胶助剂母粒（又称“预分散母胶粒”）是一类新型橡胶加工助剂，其优点是在较低的混炼温度下，也具有较低的黏度和低剪切率，因而易于分散。采用预分散型橡胶助剂母粒取代普通粉体橡胶助剂，可减少和消除化学烟雾及粉尘，改善分散性，方便使用；降低混炼温度，有利于节能；方便存贮和自动化计量等。由于上述优点，国内外已大量采用预分散橡胶助剂母粒。

6.1 硫化剂预分散母胶粒

6.1.1 硫化剂 S-80、S-70、S-65

主要成分：硫；硫黄

英文名称：sulfur

技术指标：

项目	S-80GE	S-80GN	S-80GS	S-80NR	S-70GR	S-65GE
载体类型	EPDM	NBR	SBR	NR	IR	EPDM
外观	黄色颗粒	黄色颗粒	黄色颗粒	黄色颗粒	黄色颗粒	黄色颗粒
门尼黏度（50℃）	40～70	20～50	90～120	—	92～108	20～60
门尼黏度（100℃）	—	—	—	40～70	—	—
密度/（g/cm^3）	1.43～1.53	1.46～1.56	1.48～1.58	1.43～1.53	1.23～1.33	1.45～1.65
硫含量/%	77.5～81.5	77.5～81.5	77.5～81.5	77.5～81.5	68.2～71.8	63.0～67.0
灰分/%	Max.3.0	Max.3.0	Max.3.0	Max.3.0	Max.2.5	—

使用特性：天然橡胶和合成橡胶使用的预分散硫化剂，在胶料中易分散，常用于普通硫黄硫化体系，形成多硫键，有良好的初始疲劳性能和动静态性能，但耐热性差。可与带硫载体的硫化剂并用，形成适量的多硫键和单、双硫键，既有较好的动态性能又有中等程度的耐热氧老化性能。还可作过氧化物的助硫化剂，改善胶料的物理机械性能。特别适合浅色橡胶制品，因为其极佳的分散性能防止浅色硫化胶表面出现褐色斑点，减少制品缺陷。常用于需承受动态应力的橡胶制品；各种软质胶料，不能有瑕疵的浅色胶料。

国内主要生产厂家：

宁波艾克姆新材料股份有限公司
山东阳谷华泰化工股份有限公司
南京福斯特科技有限公司
嘉兴北化高分子助剂有限公司
中山市涵信橡塑材料厂
珠海科茂威新材料有限公司
苏州硕宏高分子材料有限公司

6.1.2 硫化剂 IS60-75、IS90-65、IS90-70

主要成分：不溶性硫黄；聚合硫

英文名称：insoluble sulfur; polymeric sulfur

技术指标：

项目	IS60-75GE	IS60-75GS	IS90-65GE	IS90-65GS	IS90-70GR
载体类型	EPDM	SBR	EPDM	SBR	IR
外观	黄色颗粒	黄色颗粒	黄色颗粒	黄色颗粒	黄色颗粒
门尼黏度（50℃）	40～70	50～90	25～35	—	72～88

续表

门尼黏度（100℃）	—	—	—	—	55～65
密度/（g/cm^3）	1.32～1.42	1.32～1.42	1.20～1.40	1.20～1.40	1.10～1.20
硫含量/%	73.0～77.0	73.0～77.0	63.0～69.0	63.0～69.0	53.8～57.4
灰分/%	—	—	Max.1.5	Max.3.0	Max.2.5

使用特性：天然橡胶和合成橡胶使用的预分散硫化剂，在胶料中易分散，常用于普通硫黄硫化体系，形成多硫键，有良好的初始疲劳性能和动静态性能，但耐热性差。可与带硫载体的硫化剂并用，形成适量的多硫键和单、双硫键，既有较好的动态性能又有中等程度的耐热氧老化性能。还可作过氧化物的助硫化剂，改善胶料的物理机械性能。特别适合浅色橡胶制品，因为其极佳的分散性能防止浅色硫化胶表面出现褐色斑点，减少制品缺陷。其是为解决硫黄喷霜而开发的品种，主要用于高档产品或与黏合有关的场合，如子午线轮胎的胎体胶、钢丝圈胶、钢丝编织胶管胶等。

国内主要生产厂家：

宁波艾克姆新材料股份有限公司

山东阳谷华泰化工股份有限公司

南京福斯特科技有限公司

中山市涵信橡塑材料厂

珠海科茂威新材料有限公司

苏州硕宏高分子材料有限公司

6.1.3 硫化剂 DTDM-80

主要成分：4,4′-二硫化二吗啉

英文名称：4,4′-dithiodimorpholine

技术指标：

项目	DTDM-80GE	DTDM-80GN	DTDM-80GS	DTDM-70GE
载体类型	EPDM	NBR	SBR	EPDM
外观	白色颗粒	白色颗粒	白色颗粒	白色颗粒
门尼黏度（50℃）	40～70	40～70	—	—
密度/（g/cm^3）	1.06～1.16	1.05～1.25	1.05～1.25	1.00～1.10
硫含量/%	20.2～22.2	20.2～22.2	20.2～22.2	—
灰分/%	Max.3.0	—	Max.3.0	—

使用特性：天然橡胶和合成橡胶使用的预分散硫化剂，含有硫载体的硫化交联剂，其焦烧时间长，硫化速度慢。可单独与促进剂并用，在硫化过程中析出活性硫参与交联过程，形成单硫键和多硫键，用于无硫硫化；还可与硫黄及促进剂并用，其硫化胶均有优异的耐热老化和低压缩永久变形性能，一般用于有效和半有效硫化体系，也可用于高温快速硫化体系，制作耐热胶种。用于密封条、胶管、护套等耐热老化制品。

国内主要生产厂家：

宁波艾克姆新材料股份有限公司

山东阳谷华泰化工股份有限公司

南京福斯特科技有限公司

嘉兴北化高分子助剂有限公司

中山市涵信橡塑材料厂

珠海科茂威新材料有限公司

苏州硕宏高分子材料有限公司

6.1.4 硫化剂 CLD-80

主要成分：二硫化二己内酰胺

英文名称：caprolactmadisulfide

技术指标：

项目	CLD-80GE
载体类型	EPDM
外观	灰白色颗粒
密度/（g/cm^3）	1.07～1.17
硫含量/%	16.0～19.0
灰分/%	Max.3.0

使用特性：天然橡胶和合成橡胶使用的预分散硫化剂，含有硫载体的环保型硫化交联剂，其焦烧时间长，硫化速度慢，硫化过程不产生亚硝铵，可以替代 DTDM。可单独与促进剂并用，在硫化过程中析出活性硫参与交联过程，形成单硫键和多硫键，用于无硫硫化；还可与硫黄及促进剂并用，其硫化胶均有优异的耐热老化和低压缩永久变形性能，一般用于有效和半有效硫化体系，也可用于高温快速硫化体系，制作耐热胶种。常用于抗硫化返原 NR 制品，SBR、NBR 和 EPDM 耐热老化制品等。

国内主要生产厂家：

宁波艾克姆新材料股份有限公司

山东阳谷华泰化工股份有限公司

南京福斯特科技有限公司

中山市涵信橡塑材料厂

珠海科茂威新材料有限公司

苏州硕宏高分子材料有限公司

6.1.5 硫化剂 CV-50

主要成分：烷基苯酚多硫化物

英文名称：alkyl phenol polysulfide

技术指标：

项目	CV-50GE
载体类型	EPDM
外观	深绿色颗粒
密度/（g/cm^3）	0.80～1.00
硫含量/%	11.0～15.0

使用特性：天然橡胶和合成橡胶使用的预分散硫化剂，含有硫载体的烷基苯酚多硫化物类硫化交联剂。烷基苯酚多硫化物含有活性硫，在受热状态下可对橡胶起硫化作用，硫化胶不喷霜，拉伸强度高，并具有优异的耐热性能，可作天然橡胶或合成橡胶制品给硫体类硫化剂。同时对不同极性橡胶，如天然橡胶、氯丁橡胶、丁基橡胶、三元乙丙胶有良好增黏作用，同时也可达到共硫化作用。适用于轮胎的内层胶、胎侧胶、胎面胶、三角胶、密封垫、传送带、汽车胶管等。

国内主要生产厂家：

宁波艾克姆新材料股份有限公司

山东阳谷华泰化工股份有限公司

珠海科茂威新材料有限公司

6.1.6 硫化剂 HMDC-70、HMDC-80

主要成分：六亚甲基氨基甲酸二胺

英文名称：hexamethylene diaminecarbamate

技术指标：

项目	HMDC-70GA
载体类型	AEM
外观	白色颗粒
门尼黏度（50℃）	30～60
密度/（g/cm^3）	1.05～1.15
灰分/%	Max.5.0

使用特性：用作氟橡胶、丙烯酸酯橡胶、聚氨基甲酸酯等特种橡胶的预分散硫化剂，混炼时易焦烧，适于高温短时间硫化，硫化胶抗返原性好。也用作合成橡胶改性剂以及天然橡胶、丁基橡胶、异戊橡胶、丁苯橡胶的硫化活性剂。适用于耐高温、耐腐蚀的特种橡胶制品、密封件等。

国内主要生产厂家：

宁波艾克姆新材料股份有限公司

山东阳谷华泰化工股份有限公司

南京福斯特科技有限公司

中山市涵信橡塑材料厂

珠海科茂威新材料有限公司

苏州硕宏高分子材料有限公司

6.1.7　硫化剂 PDM-75、PDM-70

主要成分： *N,N'*-间苯撑双马来酰亚胺

英文名称： *N,N'*-*m*-Phenylenebismaleimide

技术指标：

项目	PDM-75GE	PDM-75CSM	PDM-70GE
载体类型	EPDM	CSM	EPDM
外观	灰黄色颗粒	灰黄色颗粒	灰黄色颗粒
门尼黏度（50℃）	40～70	40～80	30～70
密度（g/cm^3）	1.20～1.30	1.14～1.34	1.09～1.29
灰分/%	Max.5.0	Max.5.0	Max.5.0

使用特性： 无硫硫化交联剂，用于橡胶电缆，可以代替噻唑类、秋兰姆类等所有含硫硫化剂，解决了铜导线和铜电器因接触含硫硫化剂生成硫化铜而污染发黑的难题。在天然橡胶中与硫黄配合，能防止硫化返原，提高耐热性，降低胶料生热。既可做硫化剂，也可做过氧化物的助硫化剂。PDM 用于各种合成橡胶和橡塑并用胶作硫化剂和辅助硫化剂，能显著改善交联性和耐热性。PDM 还可明显降低胶料压缩永久变形，提高胶料和金属及帘子线的黏合强度，防止胶料在加工过程中的焦烧。PDM 不但适用于一般橡胶制品，也适用于特种大型轮胎和大规格橡胶制品。

国内主要生产厂家：

宁波艾克姆新材料股份有限公司

山东阳谷华泰化工股份有限公司

南京福斯特科技有限公司

中山市涵信橡塑材料厂

珠海科茂威新材料有限公司

苏州硕宏高分子材料有限公司

6.1.8 硫化剂 TCY-70

主要成分：三聚硫氰酸

英文名称：trithiocyanuric acid

技术指标：

项目	TCY-70GA	TCY-70GEO
载体类型	AEM	ECO
外观	黄色颗粒	黄色颗粒
门尼黏度（50℃）	20～50	20～50
密度/（g/cm^3）	1.30～1.40	1.39～1.49
硫含量/%	36.0～39.0	36.0～39.0
灰分/%	Max.5.0	Max.5.0

使用特性：含卤素橡胶如氯醚橡胶、卤化丁基橡胶的有效硫化剂，也是丙烯酸酯橡胶的硫化剂，同时又是 NBR/PVC 共混弹性体的共硫化剂。含有 TCY 的混炼胶比较容易焦烧，为了改善含有 TCY 胶料的贮存稳定性，可以在配方中加入预分散防焦剂 CTP-80。另外 TCY 具有增加橡胶与金属的黏合强度的趋势。

国内主要生产厂家：

宁波艾克姆新材料股份有限公司

山东阳谷华泰化工股份有限公司

南京福斯特科技有限公司

中山市涵信橡塑材料厂

珠海科茂威新材料有限公司

苏州硕宏高分子材料有限公司

6.1.9　硫化剂 BCS-41/IIR

主要成分： 酚醛树脂

英文名称： bromo-octyl-phenolic curing resin

技术指标：

项目	BCS-41/IIR
载体类型	IIR
外观	淡黄色颗粒
密度/（g/cm^3）	1.05～1.25

使用特性： 用作丁基弹性体硫化的硫化剂。由于该树脂已经包含化学键合的卤素，因此无需其他卤素（橡胶）即可进行硫化反应。BCS-41/IIR 与将单独成分分别添加到混合机中的系统相比，因已将树脂和氧化锌更均匀地预分散到丁基橡胶中，因此大大降低甚至消除了树脂在混炼过程中会硬化在机器内壁上的可能性。其预分散产品优异的均质性使其可以快速在橡胶中分散均匀，确保了硫化系统的最佳活性。常用于轮胎硫化胶囊、丁基橡胶零件等。

国内主要生产厂家：

宁波艾克姆新材料股份有限公司

山东阳谷华泰化工股份有限公司

南京福斯特科技有限公司

珠海科茂威新材料有限公司

6.2 噻唑类促进剂预分散母胶粒

6.2.1 促进剂 MBT-80、MBT-75

主要成分： 2-巯基苯并噻唑

英文名称： 2-mercaptobenzothiazole

技术指标：

项目	MBT-80GE	MBT-80GN	MBT-75GE
载体类型	EPDM	NBR	EPDM
外观	淡黄色颗粒	淡黄色颗粒	淡黄色颗粒
门尼黏度（50℃）	40～70	40～70	30～70
密度/（g/cm^3）	1.14～1.24	1.19～1.39	1.10～1.30
硫含量/%	28.5～30.5	28.5～30.5	26.5～28.5
灰分/%	Max.3.0	Max.3.0	Max.3.0

使用特性： 噻唑类橡胶硫化促进剂，其焦烧时间短，硫化速度快，有焦烧倾向。一般与二硫代氨基甲酸盐类、秋兰姆类促进剂等并用，达到活化和二次促进作用。有较长的硫化平坦期，硫化胶有良好的耐老化性能。有苦味，不宜用于食品工业；无污染，可以用于浅色橡胶制品。对 CR 有延迟硫化和抗焦烧作用，可作为 CR 的防焦剂，也可用作 NR 的塑解剂。用于各种橡胶制品，如胶管、输送带、传动带、电缆护套等。

国内主要生产厂家：

宁波艾克姆新材料股份有限公司

山东阳谷华泰化工股份有限公司

南京福斯特科技有限公司

嘉兴北化高分子助剂有限公司
中山市涵信橡塑材料厂
珠海科茂威新材料有限公司
苏州硕宏高分子材料有限公司

6.2.2　促进剂 MBTS-80、MBTS-75、MBTS-70

主要成分：二硫化二苯并噻唑

英文名称：2,2-dibenzothiazole disulfide

技术指标：

项目	MBTS-80GE	MBTS-75GE	MBTS-75GN	MBTS-75GS	MBTS-75CSM	MBTS-70GE
载体类型	EPDM	EPDM	NBR	SBR	CSM	EPDM
外观	淡黄色颗粒	淡黄色颗粒	淡黄色颗粒	淡黄色颗粒	淡黄色颗粒	淡黄色颗粒
门尼黏度（50℃）	50～90	30～70	30～60	80～120	50・90	30～60
密度/（g/cm^3）	1.28～1.38	1.27～1.37	1.26～1.46	1.25～1.45	1.30～1.50	1.17～1.37
硫含量/%	29.0～31.0	27.0～30.0	27.0～30.0	27.0～30.0	27.0～30.0	25.2～28.2
灰分/%	Max.3.0	Max.3.0	Max.3.0	Max.3.0	Max.3.0	Max.3.0

使用特性：噻唑类橡胶硫化促进剂，焦烧时间长，硫化速度快，加工安全性好。一般与二硫代氨基甲酸盐类、秋兰姆类促进剂等并用，达到活化和二次促进作用。有较长的硫化平坦期，硫化胶有良好的耐老化性能。对 CR 有延迟硫化和抗焦烧作用，可作为 CR 的防焦剂，也可用作 NR 的塑解剂。常用于各种橡胶制品，如胶管、输送带、传动带、电缆护套等。

国内主要生产厂家：

宁波艾克姆新材料股份有限公司

山东阳谷华泰化工股份有限公司

南京福斯特科技有限公司

嘉兴北化高分子助剂有限公司

中山市涵信橡塑材料厂

珠海科茂威新材料有限公司

苏州硕宏高分子材料有限公司

6.2.3 促进剂 MDB-80

主要成分：2-(4-吗啉基二硫代)苯并噻唑

英文名称：2-(4-morpholinyl dithio) benzothiazole

技术指标：

项目	MDB-80GE
载体类型	EPDM
外观	淡黄色颗粒
门尼黏度（50℃）	30～60
密度/（g/cm^3）	1.12～1.32
硫含量/%	24.5～26.5
灰分/%	Max.3.0

使用特性：后效性的噻唑类橡胶硫化促进剂，焦烧时间长，硫化速度快。一般与二硫代氨基甲酸盐类、秋兰姆类促进剂等并用，达到活化和二次促进作用。有较长的硫化平坦期，硫化胶有良好的耐老化性能。因为其结构中含有多个硫原子，还可作硫化剂参与硫化反应，适宜无硫硫化、高温快速硫化，制作耐热胶种。用于各种橡胶制品，如胶管、输送带、传动带、电缆护套等。

国内主要生产厂家：

宁波艾克姆新材料股份有限公司

山东阳谷华泰化工股份有限公司

南京福斯特科技有限公司

中山市涵信橡塑材料厂

珠海科茂威新材料有限公司

苏州硕宏高分子材料有限公司

6.2.4 促进剂 ZMBT-80、ZMBT-70

主要成分： 2-(4-吗啉基二硫代)苯并噻唑

英文名称： zinc 2-mercaptobenzothiazole

技术指标：

项目	ZMBT-80GE	ZMBT-70GE
载体类型	EPDM	EPDM
外观	淡黄色颗粒	淡黄色颗粒
门尼黏度（50℃）	40～70	30～70
密度/（g/cm^3）	1.40～1.50	1.25～1.45
硫含量/%	22.2～25.2	19.5～21.5
灰分/%	18.0～22.0	17.0～21.0

使用特性： 噻唑类橡胶硫化促进剂，其焦烧时间和硫化速度介于 MBT 与 MBTS 之间。一般与二硫代氨基甲酸盐类、秋兰姆类促进剂等并用，达到活化和二次促进作用，此外在泡沫胶中不用增加硫化时间也可获得良好的抗压缩形变特性。用于各种橡胶制品，如胶管、输送带、传动带、电缆护套等。

国内主要生产厂家：

宁波艾克姆新材料股份有限公司

山东阳谷华泰化工股份有限公司

南京福斯特科技有限公司

嘉兴北化高分子助剂有限公司

中山市涵信橡塑材料厂

珠海科茂威新材料有限公司

6.3 次磺酰胺类促进剂预分散母胶粒

6.3.1 促进剂 CBS-80、CBS-75

主要成分： *N*-环己基-2-苯并噻唑次磺酰胺

英文名称： *N*-cyclohexyl-2-benzothiazolesulphenamide

技术指标：

项目	CBS-80GE	CBS-80GN	CBS-80GS	CBS-75GE
载体类型	EPDM	NBR	SBR	EPDM
外观	灰白色颗粒	灰白色颗粒	灰白色颗粒	灰白色颗粒
门尼黏度（50℃）	40～70	40～70	50～90	30～60
密度/（g/cm^3）	1.01～1.11	1.02～1.22	1.01～1.11	0.95～1.05
硫含量/%	18.0～20.0	18.0～20.0	18.0～20.0	16.8～18.8
灰分/%	Max.3.0	Max.3.0	Max.3.0	Max.3.0

使用特性： 次磺酰胺类橡胶硫化促进剂，焦烧时间很长，加工安全性高，且硫化速度快。在低硫硫化中可单用，也可与二硫代氨基甲酸盐类或秋兰姆类促进剂并用，所得硫化胶有很好的耐老化性能和低压缩永久变形性能。硫脲类促进剂对 CBS 有明显的二次促进作用，尤其在

低硫胶料中。而在含硫醇类促进剂和秋兰姆类促进剂的胶料中，CBS 能延迟焦烧，提高加工安全性。常用于各种橡胶制品，特别适用于模压橡胶制品。

国内主要生产厂家：

宁波艾克姆新材料股份有限公司
山东阳谷华泰化工股份有限公司
南京福斯特科技有限公司
嘉兴北化高分子助剂有限公司
中山市涵信橡塑材料厂
珠海科茂威新材料有限公司
苏州硕宏高分子材料有限公司

6.3.2 促进剂 TBBS-80、TBBS-75、TBBS-70

主要成分：*N*-叔丁基-2-苯并噻唑次磺酰胺

英文名称：*N*-tert-butyl-2-benzothiazol sulfenamide

技术指标：

项目	TBBS-80GE	TBBS-80GS	TBBS-80NR	TBBS-75GE	TBBS-70GR
载体类型	EPDM	SBR	NR	EPDM	IR
外观	白色颗粒	白色颗粒	白色颗粒	白色颗粒	白色颗粒
门尼黏度（50℃）	40～70	70～110	—	40～70	93～107
门尼黏度（80℃）	—	—	—	—	58～66
密度/（g/cm^3）	1.03～1.13	1.03～1.13	—	1.00～1.10	0.97～1.07
硫含量/%	20.0～23.0	20.0～23.0	21.00～22.54	18.7～21.7	17.0～20.0
灰分/%	Max.3.0	Max.3.0	—	Max.5.0	Max.2.5

使用特性：次磺酰胺类的预分散橡胶促进剂，在橡胶中起促进橡胶硫化的作用，焦烧时间很长，加工安全性高，且硫化速度快。在低硫硫化中可单用，也可与二硫代氨基甲酸盐类或秋兰姆类促进剂并用，所得硫化胶有很好的耐老化性能和低压缩永久变形性能。硫脲类促进剂对 TBBS 有明显的二次促进作用，尤其在低硫胶料中。而在含硫醇类促进剂和秋兰姆类促进剂的胶料中，TBBS 能延迟焦烧，提高加工安全性。常用于轮胎胎面、胶管、输送带、胶鞋以及其他工业制品。

国内主要生产厂家：

宁波艾克姆新材料股份有限公司

山东阳谷华泰化工股份有限公司

南京福斯特科技有限公司

嘉兴北化高分子助剂有限公司

中山市涵信橡塑材料厂

珠海科茂威新材料有限公司

苏州硕宏高分子材料有限公司

6.3.3 促进剂 NOBS-80

主要成分：*N*-氧二乙撑-2-苯骈噻唑次磺酰胺

英文名称：*N*-oxydiethyl-2-benzthiazolsulfenamid

技术指标：

项目	NOBS-80GE
载体类型	EPDM
外观	淡黄色颗粒
门尼黏度（50℃）	30～60
密度/（g/cm^3）	1.05～1.15
硫含量/%	19.0～21.0
灰分/%	Max.3.0

使用特性：次磺酰胺类的预分散橡胶促进剂，在橡胶中起促进橡胶硫化的作用，焦烧时间很长，加工安全性高，且硫化速度快。在低硫硫化中可单用，也可与二硫代氨基甲酸盐类或秋兰姆类促进剂并用，所得硫化胶有很好的耐老化性能和低压缩永久变形性能。硫脲类促进剂对 NOBS 有明显的二次促进作用，尤其在低硫胶料中。而在含硫醇类促进剂和秋兰姆类促进剂的胶料中，NOBS 能延迟焦烧，提高加工安全性。常用于轮胎胎面、胶管、输送带、胶鞋以及其他工业制品。

国内主要生产厂家：

宁波艾克姆新材料股份有限公司

山东阳谷华泰化工股份有限公司

南京福斯特科技有限公司

嘉兴北化高分子助剂有限公司

中山市涵信橡塑材料厂

珠海科茂威新材料有限公司

6.3.4　促进剂 DCBS-80

主要成分：*N*,*N*-二环己基-2-苯并噻唑次磺酰胺

英文名称：*N*,*N*-dicyclohexyl-2-benzothiazolsulfene amide

技术指标：

项目	DCBS-80GE	DCBS-80NR
载体类型	EPDM	NR
外观	米色颗粒	灰白色颗粒
门尼黏度（50℃）	30～70	—
密度/（g/cm^3）	0.98～1.08	—
硫含量/%	13.8～15.8	13.8～15.8
灰分/%	Max.5.0	—

使用特性：次磺酰胺类的预分散橡胶促进剂，在橡胶中起促进橡胶硫化的作用，其焦烧时间很长，加工安全性高，且硫化速度快。在低硫硫化中可单用，亦可与二硫代氨基甲酸盐类或秋兰姆类促进剂并用，所得硫化胶有很好的耐老化性能和低压缩永久变形性能。硫脲类促进剂对 DCBS 有明显的二次促进作用，尤其在低硫胶料中。而在含硫醇类促进剂和秋兰姆类促进剂的胶料中，DCBS 能延迟焦烧，提高加工安全性。常用于轮胎胎面、胶管、输送带、胶鞋以及其他工业制品。

国内主要生产厂家：

宁波艾克姆新材料股份有限公司
山东阳谷华泰化工股份有限公司
南京福斯特科技有限公司
嘉兴北化高分子助剂有限公司
中山市涵信橡塑材料厂
珠海科茂威新材料有限公司

6.3.5 促进剂 OTOS-80

主要成分：*N*-氧联二亚乙基硫代氨基甲酸-*N*-氧联二亚乙基次磺酰胺
英文名称：*N*-oxydiethylene thiocarbamyl-*N*-oxydiethylene sulfenamide
技术指标：

项目	OTOSS-80GE
载体类型	EPDM
外观	白色颗粒
门尼黏度（50℃）	30～70
密度/（g/cm^3）	1.05～1.25
硫含量/%	18.4～20.8

使用特性：适用于天然、三元乙丙、丁苯等通用橡胶，焦烧时间长，加工安全性高，且硫化速度快。在有效和半有效硫化体系中，可作为硫给予体。用于高温硫化，当温度超过 149℃时活性很大，用于天然橡胶高温硫化时，还有抗硫化返原效果，所得橡胶制品耐热性好。还可与秋兰姆类促进剂并用加速硫化，所得硫化胶有很好的耐老化性能和低压缩永久变形性能。广泛应用于橡胶减震、耐热要求高且动态压缩永久变形好的橡胶制品。

国内主要生产厂家：

宁波艾克姆新材料股份有限公司

山东阳谷华泰化工股份有限公司

南京福斯特科技有限公司

中山市涵信橡塑材料厂

珠海科茂威新材料有限公司

苏州硕宏高分子材料有限公司

6.4　秋兰姆类促进剂预分散母胶粒

6.4.1　促进剂 TMTM-80

主要成分：一硫化四甲基秋兰姆

英文名称：tetramethylthiuram monosulfide

技术指标：

项目	TMTM-80GE	TMTM-80GN	TMTM-80GS
载体类型	EPDM	NBR	SBR
外观	黄色颗粒	黄色颗粒	黄色颗粒

续表

门尼黏度（50℃）	45～75	40～80	90～120
密度/（g/cm^3）	1.09～1.19	1.11～1.21	1.05～1.25
硫含量/%	35.0～38.0	35.0～38.0	35.0～38.0
灰分/%	Max.3.0	Max.3.0	Max.3.0

使用特性：快速的秋兰姆类橡胶硫化促进剂，焦烧时间短，硫化速度快，有焦烧倾向。一般不单独使用，可与二硫代氨基甲酸盐类或噻唑类促进剂并用，减少其使用量可防止胶料喷霜，且有很好的力学性能和耐老化性能。因为其结构中含有多个硫原子，还可作为硫化剂来参与硫化反应，用于无硫硫化、高温快速硫化，制作耐热胶种。常用于各种橡胶制品，如密封条、胶管、护套等。

国内主要生产厂家：

宁波艾克姆新材料股份有限公司
山东阳谷华泰化工股份有限公司
南京福斯特科技有限公司
嘉兴北化高分子助剂有限公司
中山市涵信橡塑材料厂
珠海科茂威新材料有限公司
苏州硕宏高分子材料有限公司

6.4.2 促进剂 TMTD-80、TMTD-75

主要成分：二硫化四甲基秋兰姆
英文名称：tetramethylthiuram disulfide
技术指标：

项目	TMTD-80GE	TMTD-80GN	TMTD-80GS	TMTD-75GE
载体类型	EPDM	NBR	SBR	EPDM
外观	灰白色颗粒	灰白色颗粒	灰白色颗粒	灰白色颗粒
门尼黏度(50℃)	40～70	40～70	80～110	30～70
密度/(g/cm^3)	1.11～1.21	1.14～1.24	1.08～1.28	1.10～1.20
硫含量/%	39.0～43.0	39.0～43.0	39.0～43.0	36.6～40.6
灰分/%	Max.3.0	Max.3.0	Max.3.0	Max.3.0

使用特性：快速秋兰姆类橡胶硫化促进剂，焦烧时间短，硫化速度快，有焦烧倾向。一般不单独使用，可与二硫代氨基甲酸盐类或噻唑类促进剂并用，减少其使用量可防止胶料喷霜，且有很好的力学性能和耐老化性能。因为其结构中含有多个硫原子，还可作为硫化剂参与硫化反应，用于无硫硫化、高温快速硫化，制作耐热胶种。常用于各种橡胶制品，如密封条、胶管、护套等。

国内主要生产厂家：

宁波艾克姆新材料股份有限公司

山东阳谷华泰化工股份有限公司

南京福斯特科技有限公司

嘉兴北化高分子助剂有限公司

中山市涵信橡塑材料厂

珠海科茂威新材料有限公司

苏州硕宏高分子材料有限公司

6.4.3　促进剂 DPTT-80、DPTT-75、DPTT-70

主要成分：四硫化双戊亚甲基秋兰姆

英文名称：dipentamethylene thiuram tetrasulfide

技术指标：

项目	DPTT-80GE	DPTT-75GE	DPTT-70GE	DPTT-70GN	DPTT-70CSM
载体类型	EPDM	EPDM	EPDM	NBR	CSM
外观	淡黄色颗粒	淡黄色颗粒	淡黄色颗粒	淡黄色颗粒	淡黄色颗粒
门尼黏度（50℃）	50～90	40～70	35～65	30～60	50～80
密度/（g/cm^3）	1.17～1.37	1.23～1.33	1.22～1.32	1.20～1.40	1.17～1.37
硫含量/%	41.5～45.5	40.0～44.5	38.3～42.7	38.3～42.7	38.3～42.7
灰分/%	Max.3.0	Max.5.0	Max.5.0	Max.5.0	Max.5.0

使用特性：快速的秋兰姆类橡胶硫化促进剂，焦烧时间短，硫化速度快，有焦烧倾向。一般不单独使用，可与二硫代氨基甲酸盐类或噻唑类促进剂并用，减少其使用量可防止胶料喷霜，且有很好的力学性能和耐老化性能。因为其结构中含有多个硫原子，还可作为硫化剂参与硫化反应，用于无硫硫化、高温快速硫化，制作耐热胶种。常用于各种橡胶制品，如密封条、胶管、护套等。

国内主要生产厂家：

宁波艾克姆新材料股份有限公司
山东阳谷华泰化工股份有限公司
武汉径河化工有限公司
南京福斯特科技有限公司
嘉兴北化高分子助剂有限公司
中山市涵信橡塑材料厂
珠海科茂威新材料有限公司
苏州硕宏高分子材料有限公司

6.4.4 促进剂 TETD-75

主要成分：二硫化四乙基秋兰姆

英文名称：tetraethylthiuram

技术指标：

项目	TETD-75GE	TETD-75GR
载体类型	EPDM	IR
外观	淡黄色颗粒	淡黄色颗粒
门尼黏度（50℃）	40～80	30～70
密度/（g/cm^3）	0.97～1.07	0.98～1.18
硫含量/%	31.0～33.0	31.0～33.0
灰分/%	Max.5.0	Max.5.0

使用特性：快速的秋兰姆类橡胶硫化促进剂，焦烧时间短，硫化速度快，有焦烧倾向。一般不单独使用，可与二硫代氨基甲酸盐类或噻唑类促进剂并用，减少其使用量可防止胶料喷霜，且有很好的力学性能和耐老化性能。因为其结构中含有多个硫原子，还可作为硫化剂参与硫化反应，用于无硫硫化、高温快速硫化，制作耐热胶种。常用于各种橡胶制品，如密封条、胶管、护套等。

国内主要生产厂家：

宁波艾克姆新材料股份有限公司

山东阳谷华泰化工股份有限公司

南京福斯特科技有限公司

嘉兴北化高分子助剂有限公司

中山市涵信橡塑材料厂

珠海科茂威新材料有限公司

6.4.5 促进剂 TBTD-55、TBTD-40

主要成分：二硫代四丁基秋兰姆

英文名称：tetrabutylthiuram disulfide

技术指标：

项目	TBTD-55GE	TBTD-40GE
载体类型	EPDM	EPDM
外观	灰绿色颗粒	灰绿色颗粒
门尼黏度（50℃）	40～70	—
密度/（g/cm^3）	1.05～1.25	0.95～1.05
硫含量/%	15.5～17.5	10.7～12.7

使用特性：快速的秋兰姆类橡胶硫化促进剂，其焦烧时间短，硫化速度快，有焦烧倾向。一般不单独使用，可与二硫代氨基甲酸盐类或噻唑类促进剂并用，减少其使用量可防止胶料喷霜，且有很好的力学性能和耐老化性能。因为其结构中含有多个硫原子，还可作硫化剂来参与硫化反应，用于无硫硫化、高温快速硫化，制作耐热胶种。在混炼胶中有防老剂的作用，也能改善硫化胶的耐老化性能。可用于制造胶鞋、胶布、内胎、橡胶工业制品等。

国内主要生产厂家：

宁波艾克姆新材料股份有限公司

山东阳谷华泰化工股份有限公司

南京福斯特科技有限公司

中山市涵信橡塑材料厂

珠海科茂威新材料有限公司

6.4.6　促进剂 TBzTD-80、TBzTD-70

主要成分：二硫化四苄基秋兰姆

英文名称：tetrabenzylthiuram disulfide

技术指标：

项目	TBzTD-80GE	TBzTD-80GS	TBzTD-70GE	TBzTD-70GN	TBzTD-70GS
载体类型	EPDM	SBR	EPDM	NBR	SBR
外观	淡黄色颗粒	淡黄色颗粒	淡黄色颗粒	淡黄色颗粒	淡黄色颗粒
门尼黏度（50℃）	50～90	90～120	30～60	30～60	60～100
密度/（g/cm^3）	1.05～1.25	1.05～1.25	1.07～1.17	1.13～1.23	1.03～1.23
硫含量/%	16.4～19.4	16.4～19.4	15.4～17.4	15.4～17.4	15.4～17.4
灰分/%	Max.3.0	Max.3.0	Max.5.0	Max.5.0	Max.5.0

使用特性：快速环保型秋兰姆类橡胶硫化促进剂，其硫化速度快，在硫化过程中不会释放出致癌性亚硝铵化合物。一方面是四苄基的支化结构提供的空间位阻可防止硫化时释放的少量胺与亚硝化剂反应，另一方面是生成的四苄基胺与普通分子量低的胺相比，具有较高的分子量和较低的挥发性，可降低被亚硝化的胺挥发到大气中的量，因此橡胶加工过程中不会产生致癌的亚硝铵。一般不单独使用，可与二硫代氨基甲酸盐类或噻唑类促进剂并用，减少其使用量可防止胶料喷霜，且有很好的力学性能和耐老化性能。因为其结构中含有多个硫原子，还可作硫化剂来参与硫化反应，用于无硫硫化、高温快速硫化，制作耐热胶种。用于各种橡胶制品，如密封条、胶管、护套等。

国内主要生产厂家：

宁波艾克姆新材料股份有限公司

山东阳谷华泰化工股份有限公司

武汉径河化工有限公司
南京福斯特科技有限公司
嘉兴北化高分子助剂有限公司
中山市涵信橡塑材料厂
珠海科茂威新材料有限公司
苏州硕宏高分子材料有限公司

6.4.7 促进剂 TiBTD-80

主要成分：二硫化二异丁基秋兰姆

英文名称：diisobutylthiuram disulfide

技术指标：

项目	TiBTD-80GE
载体类型	EPDM
外观	淡黄色颗粒
门尼黏度（50℃）	20～50
密度/（g/cm^3）	0.85～1.05
硫含量/%	23.7～25.7
灰分/%	Max.3.0

使用特性：快速环保型秋兰姆类橡胶硫化促进剂，其硫化速度快，在硫化过程中不会释放出致癌性亚硝铵化合物，可以替代同类促进剂DPTT、TMTD、TMTM、TETD 等。一般不单独使用，可与二硫代氨基甲酸盐类或噻唑类促进剂并用，且有很好的力学性能和耐老化性能。因为其结构中含有多个硫原子，还可作硫化剂来参与硫化反应，用于无硫硫化、高温快速硫化，制作耐热胶种。用于各种橡胶制品，如密封条、胶管、护套等。

国内主要生产厂家：

宁波艾克姆新材料股份有限公司

山东阳谷华泰化工股份有限公司

南京福斯特科技有限公司

中山市涵信橡塑材料厂

珠海科茂威新材料有限公司

苏州硕宏高分子材料有限公司

6.4.8　促进剂 MPTD-80、MPTD-70

主要成分：二硫化二甲基二苯基秋兰姆

英文名称：dimethyldiphenyl thiuram disulfide

技术指标：

项目	MPTD-80GE	MPTD-70GE
载体类型	EPDM	EPDM
外观	灰白色颗粒	灰白色颗粒
门尼黏度（50℃）	30～70	30～70
密度/（g/cm^3）	1.05～1.25	1.05～1.25
硫含量/%	26.5～29.5	23.0～26.0
灰分/%	Max.3.0	Max.5.0

使用特性：快速的秋兰姆类橡胶硫化促进剂，其焦烧时间短，硫化速度快，有焦烧倾向。一般不单独使用，可与二硫代氨基甲酸盐类或噻唑类促进剂并用，减少其使用量可防止胶料喷霜，且有很好的力学性能和耐老化性能。因为其结构中含有多个硫原子，还可作硫化剂来参与硫化反应，用于无硫硫化、高温快速硫化，制作耐热胶种。常用于短时快速硫化模塑品、浸渍制品及织物挂胶等。

国内主要生产厂家：

宁波艾克姆新材料股份有限公司

山东阳谷华泰化工股份有限公司

中山市涵信橡塑材料厂

珠海科茂威新材料有限公司

6.4.9 促进剂 TE-75

主要成分：二硫化二乙基二苯基秋兰姆

英文名称：diethyldiphenyl thiuram disulfide

技术指标：

项目	TE-75GE
载体类型	EPDM
外观	米绿色颗粒
门尼黏度（50℃）	50～90
密度/（g/cm^3）	1.00～1.20
硫含量/%	23.0～25.0
灰分/%	Max.3.0

使用特性：快速的秋兰姆类橡胶硫化促进剂，其焦烧时间短，硫化速度快，有焦烧倾向。一般不单独使用，可与二硫代氨基甲酸盐类或噻唑类促进剂并用，减少其使用量可防止胶料喷霜，且有很好的力学性能和耐老化性能。因为其结构中含有多个硫原子，还可作硫化剂来参与硫化反应，用于无硫硫化、高温快速硫化，制作耐热胶种。常用于各种橡胶制品，如密封条、胶管、护套等。

国内主要生产厂家：

宁波艾克姆新材料股份有限公司

山东阳谷华泰化工股份有限公司
南京福斯特科技有限公司
中山市涵信橡塑材料厂
珠海科茂威新材料有限公司

6.4.10　促进剂 TOTD-80

主要成分：四（2-乙基己基）二硫化秋兰姆

英文名称：tetrakis(2-ethylhexyl) thiuram disulfide

技术指标：

项目	TOTD-80GE
载体类型	EPDM
外观	暗黄色颗粒
门尼黏度（50℃）	20.0～50.0
密度/（g/cm^3）	1.00～1.20
灰分/%	26.5～30.5

使用特性：快速环保型秋兰姆类橡胶硫化促进剂，其硫化速度快，在硫化过程中不会释放出致癌性亚硝铵化合物，可以替代同类促进剂 DPTT、TMTD、TMTM、TETD 等。一般不单独使用，可与二硫代氨基甲酸盐类或噻唑类促进剂并用，且有很好的力学性能和耐老化性能。因为其结构中含有多个硫原子，还可作硫化剂来参与硫化反应，用于无硫硫化、高温快速硫化，制作耐热胶种。用于各种橡胶制品，如密封条、胶管、护套等。

国内主要生产厂家：

宁波艾克姆新材料股份有限公司
山东阳谷华泰化工股份有限公司

中山市涵信橡塑材料厂
珠海科茂威新材料有限公司

6.5 二硫代氨基甲酸盐类促进剂预分散母胶粒

6.5.1 促进剂 ZDBC-80、ZDBC-75、ZDBC-70

主要成分：二丁基二硫代氨基甲酸锌

英文名称：zinc dibutyl dithiocarbamate

技术指标：

项目	ZDBC-80GE	ZDBC-75GE	ZDBC-70GE
载体类型	EPDM	EPDM	EPDM
外观	白色颗粒	白色颗粒	白色颗粒
门尼黏度（50℃）	30～70	25～55	30～60
密度/（g/cm^3）	0.99～1.09	0.99～1.09	0.85～1.05
硫含量/%	20.0～22.0	18.5～20.5	18.0～20.0
灰分/%	13.0～17.0	—	11.0～13.0

使用特性：超超速的氨基甲酸盐类橡胶硫化促进剂，在胶料中易分散。硫化速度快，这是因为其结构中除含有活性基、促进基外，还有一个过渡金属离子，使橡胶的不饱和双键更易极化。一般与秋兰姆类或噻唑类促进剂并用，与其他传统的二硫代氨基甲酸盐促进剂 ZDEC、ZDMC 等相比，ZDBC 加工安全性更高，硫化速度较慢。用于各种橡胶制品，如密封条、胶管、护套等。

国内主要生产厂家：

宁波艾克姆新材料股份有限公司

山东阳谷华泰化工股份有限公司
武汉径河化工有限公司
南京福斯特科技有限公司
嘉兴北化高分子助剂有限公司
中山市涵信橡塑材料厂
珠海科茂威新材料有限公司
苏州硕宏高分子材料有限公司

6.5.2　促进剂 ZDEC-80、ZDEC-75

主要成分：二乙基二硫代氨基甲酸锌

英文名称：zinc diethyl dithiocarbamate

技术指标：

项目	ZDEC-80GE	ZDEC-75GE	ZDEC-75GN
载体类型	EPDM	EPDM	NBR
外观	白色颗粒	白色颗粒	白色颗粒
门尼黏度（50℃）	50～80	40～80	20～60
密度/（g/cm^3）	1.17～1.37	1.20～1.30	1.15～1.35
硫含量/%	25.0～28.0	24.5～26.5	24.5～26.5
灰分/%	16.0～20.0	16.0～20.0	—

使用特性：超超速的氨基甲酸盐类橡胶硫化促进剂，在胶料中易分散。硫化速度快，这是因为其结构中除含有活性基、促进基外，还有一个过渡金属离子，使橡胶的不饱和双键更易极化。一般与秋兰姆类或噻唑类促进剂并用，ZDEC 可改善硫化胶的拉伸强度和回弹性 ，在 NR 和 IR 中应加入抗氧剂以提高耐热性能。用于各种橡胶制品，如密封条、胶管、护套等。

国内主要生产厂家：

宁波艾克姆新材料股份有限公司

山东阳谷华泰化工股份有限公司

南京福斯特科技有限公司

嘉兴北化高分子助剂有限公司

中山市涵信橡塑材料厂

珠海科茂威新材料有限公司

苏州硕宏高分子材料有限公司

6.5.3 促进剂 ZDMC-80、ZDMC-75

主要成分：二甲基二硫代氨基甲酸锌

英文名称：zinc dimethyl dithiocarbamate

技术指标：

项目	ZDMC-80GE	ZDMC-80GN	ZDMC-75GE	ZDMC-75GN
载体类型	EPDM	NBR	EPDM	NBR
外观	白色颗粒	白色颗粒	白色颗粒	白色颗粒
门尼黏度（50℃）	40～80	40～80	40～70	30～80
密度/（g/cm^3）	1.38～1.48	1.36～1.56	1.35～1.45	1.30～1.50
硫含量/%	29.8～32.8	29.8～32.8	28.6～31.5	28.6～31.5
灰分/%	18.5～22.5	18.5～22.5	19.0～23.0	19.0～23.0

使用特性：超超速的氨基甲酸盐类橡胶硫化促进剂，在胶料中易分散。硫化速度快，这是因为其结构中除含有活性基、促进基外，还有一个过渡金属离子，使橡胶的不饱和双键更易极化。一般与秋兰姆类或噻唑类促进剂并用，ZDMC 可改善硫化胶的拉伸强度和回弹性 ，在 NR 和 IR 中应加入抗氧剂以提高耐热性能。用于各种橡胶制品，如密封条、胶管、护套等。

国内主要生产厂家：

宁波艾克姆新材料股份有限公司

山东阳谷华泰化工股份有限公司

武汉径河化工有限公司

南京福斯特科技有限公司

嘉兴北化高分子助剂有限公司

中山市涵信橡塑材料厂

珠海科茂威新材料有限公司

苏州硕宏高分子材料有限公司

6.5.4 促进剂 TDEC-75、TDEC-70、TDEC-50

主要成分： 二乙基二硫代氨基甲酸碲

英文名称： tellurium diethyl dithiocarbamate

技术指标：

项目	TDEC-75GE	TDEC-75GN	TDEC-70GE	TDEC-50GE
载体类型	EPDM	NBR	EPDM	EPDM
外观	橙黄色颗粒	橙黄色颗粒	橙黄色颗粒	橙黄色颗粒
门尼黏度（50℃）	30～70	20～60	20～60	40～70
密度/（g/cm^3）	1.18～1.28	1.10～1.30	1.12～1.22	1.17～1.27
硫含量/%	24.5～27.5	24.5～27.5	23.0～25.6	17.0～19.5
灰分/%	—	—	—	14.0～20.0

使用特性： 超超速的二硫代氨基甲酸盐类橡胶硫化促进剂，焦烧时间短，硫化速度快，有焦烧倾向。一般与噻唑类、秋兰姆类促进剂等并用，达到活化和二次促进作用，在 EPDM 和 IIR 中少量 TDEC 即可缩短硫化时间。此外，由于大量软化油可降低硫化速率，因此，TDEC 特别适合用在高含油软胶料中，如低硬度实心 EPDM 密封条或海绵密

封条。常用于各种橡胶制品，如密封条、胶管、护套等。

国内主要生产厂家：

宁波艾克姆新材料股份有限公司

山东阳谷华泰化工股份有限公司

南京福斯特科技有限公司

中山市涵信橡塑材料厂

珠海科茂威新材料有限公司

苏州硕宏高分子材料有限公司

6.5.5 促进剂 ZEPC-80

主要成分： 乙基苯基二硫代氨基甲酸锌

英文名称： zinc ethylphenyl dithiocarbamate

技术指标：

项目	ZEPC-80GE
载体类型	EPDM
外观	灰色颗粒
门尼黏度（50℃）	30～70
密度/（g/cm^3）	1.20～1.40
硫含量/%	19.6～22.6
灰分/%	Max.21.0

使用特性： 超超速的氨基甲酸盐类橡胶硫化促进剂，在胶料中易分散。硫化速度快，这是因为其结构中除含有活性基、促进基外，还有一个过渡金属离子，使橡胶的不饱和双键更易极化。一般与秋兰姆类或噻唑类促进剂并用，抗焦烧性能优良。常用于各种橡胶制品，如密封条、胶管、护套等。

国内主要生产厂家：

宁波艾克姆新材料股份有限公司

山东阳谷华泰化工股份有限公司

南京福斯特科技有限公司

珠海科茂威新材料有限公司

6.5.6　促进剂 ZBEC-75、ZBEC-70

主要成分：二苄基二硫代氨基甲酸锌

英文名称：zinc dibenzyl dithiocarbamate

技术指标：

项目	ZBEC-75GE	ZBEC-70GE
载体类型	EPDM	EPDM
外观	白色颗粒	白色颗粒
门尼黏度（50℃）	40～70	30～60
密度/（g/cm^3）	1.03～1.23	1.17～1.27
硫含量/%	14.5～16.5	13.7～15.7
灰分/%	9.5～11.5	11.0～15.0

使用特性：快速的环保型氨基甲酸盐类橡胶硫化促进剂，硫化速度快，在硫化过程中不会释放出致癌性亚硝铵化合物。一方面是二苄基的支化结构提供的空间位阻可防止硫化时释放的少量胺与亚硝化剂反应，另一方面是生成的二苄基胺与普通分子量低的胺相比，具有较高的分子量和较低的挥发性，可降低被亚硝化的胺挥发到大气中的量，因此橡胶加工过程中不会产生致癌的亚硝铵。一般不单独使用，可与秋兰姆类或噻唑类促进剂并用，与传统的二硫代氨基甲酸盐促进剂相比，ZBEC 加工安全性更高。常用于各种橡胶制品，如密封条、胶管、护套等。

国内主要生产厂家：

宁波艾克姆新材料股份有限公司

山东阳谷华泰化工股份有限公司

南京福斯特科技有限公司

中山市涵信橡塑材料厂

珠海科茂威新材料有限公司

苏州硕宏高分子材料有限公司

6.5.7 促进剂 ZDOT-80

主要成分：二（2-甲基丙基）二硫代氨基甲酸锌

英文名称：zinc dibenzyl dithiocarbamate

技术指标：

项目	ZDOT-80GE
载体类型	EPDM
外观	白色颗粒
门尼黏度（50℃）	40～70
密度/（g/cm^3）	1.00～1.20
硫含量/%	20.0～22.0
灰分/%	13.0～17.0

使用特性：ZDOT-80GE F140 是一种环保型超速硫化促进剂，可与秋兰姆类或噻唑类促进剂并用；与传统的二硫代氨基甲酸盐促进剂 ZDBC、ZDEC、ZDMC 等相比，ZDOT 不会产生亚硝铵；与环保型促进剂 ZBEC 相比在胶料中易分散，不易喷霜，特别是硫化后的橡胶制品具有更低的气味，是一款优良的环保型超速促进剂。

国内主要生产厂家：

宁波艾克姆新材料股份有限公司

山东阳谷华泰化工股份有限公司

珠海科茂威新材料有限公司

6.6 胍类促进剂预分散母胶粒

6.6.1 促进剂 DPG-80

主要成分： 二苯胍

英文名称： 1,3-diphenylguanidine

技术指标：

项目	DPG-80GE	DPG-80GS
载体类型	EPDM	SBR
外观	灰色颗粒	灰色颗粒
门尼黏度（50℃）	50～80	70～110
密度/（g/cm^3）	1.00～1.10	1.00～1.10

使用特性： 天然橡胶和合成橡胶的中速促进剂。它的硫化起步慢，操作安全性好，硫化速度也慢，会导致轻微变色，因而不能用于浅色制品中，除非用作活性剂。单独使用时其硫化胶的抗热氧老化性较差，需要使用有效防老剂。DPG-80GE 能有效地活化硫醇类促进剂，对丁基橡胶（IIR）和乙丙橡胶（EPDM）没有硫化促进效果。主要用于制造轮胎、胶板、鞋底、工业制品、硬质胶制品和厚壁制品。

国内主要生产厂家：

宁波艾克姆新材料股份有限公司

山东阳谷华泰化工股份有限公司
南京福斯特科技有限公司
嘉兴北化高分子助剂有限公司
中山市涵信橡塑材料厂
珠海科茂威新材料有限公司
苏州硕宏高分子材料有限公司

6.6.2 促进剂 DOTG-75

主要成分：二邻甲苯胍
英文名称：di-o-tolylguanidine
技术指标：

项目	DOTG-75GE	DOTG-75GS	DOTG-75GA
载体类型	EPDM	SBR	AEM
外观	灰白色颗粒	灰白色颗粒	灰白色颗粒
门尼黏度（50℃）	50～80	70～110	40～70
密度/（g/cm^3）	1.00～1.10	1.00～1.20	1.05～1.15
灰分/%	Max.3.0	Max.3.0	Max.3.0

使用特性：天然橡胶和合成橡胶的中速促进剂。在橡胶中起到加快促进橡胶硫化的作用，其硫化起步慢，操作安全性好，硫化速度也慢，适用于厚制品如胶辊的硫化，但产品易老化龟裂，且有变色污染性。一般不单独使用，常与噻唑类或次磺酰胺类促进剂并用，能获得协同效应和二次促进效应，交联密度和硫化速率都有所提高，硫化胶力学性能和抗老化性能良好。主要用于胶辊、鞋材等橡胶厚制品。

国内主要生产厂家：

宁波艾克姆新材料股份有限公司

南京福斯特科技有限公司

中山市涵信橡塑材料厂

珠海科茂威新材料有限公司

苏州硕宏高分子材料有限公司

6.7　硫脲类促进剂预分散母胶粒

6.7.1　促进剂 ETU-80、ETU-75

主要成分： 亚乙基硫脲

英文名称： ethylene thiourea

技术指标：

项目	ETU-80GE	ETU-75GE	ETU-75GN
载体类型	EPDM	EPDM	NBR
外观	灰白色颗粒	灰白色颗粒	灰白色颗粒
门尼黏度（50℃）	50～90	40～70	40～70
密度/（g/cm^3）	1.15～1.25	1.12～1.22	1.12～1.22
硫含量/%	23.5～25.5	22.0～24.0	22.0～24.0
灰分/%	Max.3.0	Max.3.0	Max.3.0

使用特性： 慢速的硫脲类橡胶硫化促进剂，其焦烧时间短，有焦烧倾向。一般不单独使用，可与二硫代氨基甲酸盐类或噻唑类促进剂并用，减少其他促进剂用量可防止胶料喷霜。常用于氯丁橡胶和氯醚橡胶等，使胶料能快速硫化而焦烧安全，且提高胶料的物理机械性能。因

为其促进效能低，一般除了 CR、CO、CPE 胶，其他二烯类橡胶很少使用。

国内主要生产厂家：

宁波艾克姆新材料股份有限公司

山东阳谷华泰化工股份有限公司

南京福斯特科技有限公司

嘉兴北化高分子助剂有限公司

中山市涵信橡塑材料厂

珠海科茂威新材料有限公司

苏州硕宏高分子材料有限公司

6.7.2 促进剂 DETU-80

主要成分： *N,N'*-二乙基硫脲

英文名称： *N,N'*-diethylthiocarbarnide

技术指标：

项目	DETU-80GE
载体类型	EPDM
外观	灰白色颗粒
门尼黏度（50℃）	40～70
密度/（g/cm^3）	0.85～1.05
硫含量/%	17.0～21.0
灰分/%	Max.3.0

使用特性： 慢速的硫脲类橡胶硫化促进剂，其焦烧时间短，有焦烧倾向。一般不单独使用，可与二硫代氨基甲酸盐类或噻唑类促进剂并用，减少其他促进剂用量可防止胶料喷霜。常用于氯丁橡胶和氯醚橡胶

等，使胶料能快速硫化而焦烧安全，且提高胶料的物理机械性能。因为其促进效能低，一般除了 CR、CO、CPE 胶，其他二烯类橡胶很少使用。

国内主要生产厂家：

宁波艾克姆新材料股份有限公司

山东阳谷华泰化工股份有限公司

南京福斯特科技有限公司

中山市涵信橡塑材料厂

珠海科茂威新材料有限公司

6.7.3 促进剂 DPTU-80

主要成分： *N,N'*-二苯基硫脲

英文名称： *N,N'*-diphenyl thiourea

技术指标：

项目	DPTU-80GE
载体类型	EPDM
外观	灰白色颗粒
门尼黏度（50℃）	40～70
密度/（g/cm³）	1.07～1.17
硫含量/%	10.0～13.0
灰分/%	Max.3.0

使用特性： 慢速的硫脲类橡胶硫化促进剂，其焦烧时间短，有焦烧倾向。一般不单独使用，可与二硫代氨基甲酸盐类或噻唑类促进剂并用，减少其他促进剂用量可防止胶料喷霜。常用于氯丁橡胶和氯醚橡胶等，使胶料能快速硫化而焦烧安全，且提高胶料的物理机械性能。因为其

促进效能低，一般除了 CR、CO、CPE 胶，其他二烯类橡胶很少使用。

国内主要生产厂家：

宁波艾克姆新材料股份有限公司

山东阳谷华泰化工股份有限公司

南京福斯特科技有限公司

中山市涵信橡塑材料厂

珠海科茂威新材料有限公司

6.7.4 促进剂 PUR-75

主要成分：四氢-2(1H)-嘧啶硫酮

英文名称：2(1H)-pyrimidinethione tetrahydro

技术指标：

项目	PUR-75GE
载体类型	EPDM
外观	白色颗粒
门尼黏度（50℃）	40～80
密度/（g/cm^3）	0.98～1.18
硫含量/%	19.5～21.5
灰分/%	Max.3.0

使用特性：环保型的橡胶硫化促进剂，其焦烧时间短，硫化速度慢，常用于氯丁橡胶和氯醚橡胶等，可以替代 ETU、DETU、DPTU 等，与金属氧化物（如氧化锌、氧化镁）并用，可在短时间内达到高度的交联，使胶料能快速硫化而焦烧安全，提高胶料的物理机械性能。因为其促进效能低，一般除了 CR、CO、CPE 胶，其他二烯类橡胶很少使用。

国内主要生产厂家：

宁波艾克姆新材料股份有限公司

山东阳谷华泰化工股份有限公司

南京福斯特科技有限公司

中山市涵信橡塑材料厂

珠海科茂威新材料有限公司

苏州硕宏高分子材料有限公司

6.7.5　促进剂 MTT-80

主要成分：3-甲基四氢噻唑-2-硫酮

英文名称：3-methyl thiazolidine-2-thione

技术指标：

项目	MTT-80GE
载体类型	EPDM
外观	灰白色颗粒
门尼黏度（50℃）	30～60
密度/（g/cm^3）	1.00～1.10
硫含量/%	35.5～38.5
灰分/%	Max.3.0

使用特性：环保型的橡胶硫化促进剂，其焦烧时间长，硫化速度快，常用于氯丁橡胶和氯醚橡胶等，可以替代 ETU、DETU、DPTU 等，与金属氧化物（如氧化锌、氧化镁）并用，可在短时间内达到高度的交联，使胶料能快速硫化而焦烧安全，提高胶料的物理机械性能。因为其促进效能低，一般除了 CR、CO、CPE 胶，其他二烯类橡胶很少使用。

国内主要生产厂家：

宁波艾克姆新材料股份有限公司

山东阳谷华泰化工股份有限公司

南京福斯特科技有限公司

中山市涵信橡塑材料厂

珠海科茂威新材料有限公司

苏州硕宏高分子材料有限公司

6.8 醛胺类促进剂预分散母胶粒（促进剂 H-80）

主要成分：六亚甲基四胺

英文名称：hexamethylenetetramine

技术指标：

项目	H-80GE	H-80GS
载体类型	EPDM	SBR
外观	白色颗粒	白色颗粒
门尼黏度（50℃）	40～70	70～120
密度/（g/cm^3）	1.03～1.13	1.05～1.15
灰分/%	Max.3.0	Max.5.0

使用特性：慢速的醛胺类橡胶硫化促进剂，其焦烧时间长，无焦烧风险。一般不单独使用，可与噻唑类促进剂并用，达到活化和二次促进作用，有优异的物理机械性能，常用于硫化时间长的厚制品。其作为一种甲醛给予体，与间苯二酚并用尤其适用于橡胶与金属或钢丝帘线的黏合。常用于慢硫化胶料，厚壁制品，胶辊，浅色或透明制品等。

国内主要生产厂家：

宁波艾克姆新材料股份有限公司

山东阳谷华泰化工股份有限公司

嘉兴北化高分子助剂有限公司

珠海科茂威新材料有限公司

6.9　黄原酸盐类促进剂预分散母胶粒（促进剂 DIP-40）

主要成分：二异丙基黄原多硫化物

英文名称：bis[(1-methylethoxy) thioxomethyl] tetrasulfide

技术指标：

项目	DIP-40GE
载体类型	EPDM
外观	黄绿色颗粒
门尼黏度（50℃）	40～70
硫含量/%	20.0～22.0

使用特性：超超速的黄原酸类橡胶硫化促进剂，其硫化速度快，在胶料中分散好。因为其结构中不含芳香环和氮元素，在硫化过程中不会释放出致癌性亚硝铵化合物，一般与秋兰姆类、噻唑类或次磺酰胺类促进剂并用。另其结构中含有多个硫原子，还可作硫化剂来参与硫化反应。可作为天然橡胶、丁苯橡胶、丁腈橡胶和再生胶用超促进剂，主要用于制造胶布、医疗和手术用橡胶制品、胶鞋、防水布等。

国内主要生产厂家：

宁波艾克姆新材料股份有限公司

山东阳谷华泰化工股份有限公司
南京福斯特科技有限公司
中山市涵信橡塑材料厂
珠海科茂威新材料有限公司

6.10 二硫代磷酸盐类促进剂预分散母胶粒

6.10.1 促进剂 ZDTP-50

主要成分：二烷基二硫代磷酸锌
英文名称：zinc dialkyldithiophosphate
技术指标：

项目	ZDTP-50GE
载体类型	EPDM
外观	灰白色半透明颗粒
门尼黏度（50℃）	20～50
密度/（g/cm^3）	1.15～1.25
硫含量/%	7.5～9.5
灰分/%	37.0～41.0

使用特性：慢速的环保型二硫代磷酸盐类橡胶硫化促进剂，其硫化速度慢，焦烧安全性好，交联程度高，在胶料中易分散且不易喷霜。因为其具有大分子结构，在硫化过程中不会释放出致癌性亚硝铵化合物。其硫化胶的耐热性好，有较低的压缩永久变形，一般与二硫代氨基甲酸盐类、秋兰姆类或噻唑类促进剂并用，可用作 NR、IR、BR、NBR、IIR 等的硫化促进剂。常用于工程模压和挤出制品，如胶片、轮胎缓冲层、橡胶护舷、密封条等。

国内主要生产厂家：

宁波艾克姆新材料股份有限公司

山东阳谷华泰化工股份有限公司

南京福斯特科技有限公司

中山市涵信橡塑材料厂

珠海科茂威新材料有限公司

苏州硕宏高分子材料有限公司

6.10.2　促进剂 ZBOP-50

主要成分：二烷基二硫代磷酸锌

英文名称：zinc dialkyldithiophosphate

技术指标：

项目	ZBOP-50GE
载体类型	EPDM
外观	灰白色半透明颗粒
门尼黏度（50℃）	20～50
密度/（g/cm^3）	1.15～1.25
硫含量/%	7.5～9.5
灰分/%	37.0～41.0

使用特性：慢速的环保型二硫代磷酸盐类橡胶硫化促进剂，其硫化速度慢，焦烧安全性好，交联程度高，在胶料中易分散且不易喷霜。因为其具有大分子结构，在硫化过程中不会释放出致癌性亚硝铵化合物。其硫化胶的耐热性好，有较低的压缩永久变形，一般与二硫代氨基甲酸盐类、秋兰姆类或噻唑类促进剂并用，可用作 NR、IR、BR、NBR、IIR 等的硫化促进剂。常用于工程模压和挤出制品，如胶片、轮胎缓冲层、橡胶护舷、密封条等。

国内主要生产厂家：

宁波艾克姆新材料股份有限公司

山东阳谷华泰化工股份有限公司

珠海科茂威新材料有限公司

6.10.3 促进剂 ZBPD-50

主要成分： *O*,*O*-二丁基二硫代磷酸锌

英文名称： zinc *O*,*O*,*O*′-,*O*′-tetrabutyl bis(phosphorodithioate)

技术指标：

项目	ZBPD-50GE
载体类型	EPDM
外观	灰白色半透明颗粒
门尼黏度（50℃）	20～50
密度/（g/cm^3）	1.13～1.23
硫含量/%	10.1～11.3
灰分/%	39.5～42.5

使用特性： 慢速的环保型二硫代磷酸盐类橡胶硫化促进剂，其硫化速度慢，焦烧安全性好，交联程度高，在胶料中易分散且不易喷霜。因为其具有大分子结构，在硫化过程中不会释放出致癌性亚硝铵化合物。其硫化胶的耐热性好，有较低的压缩永久变形，一般与二硫代氨基甲酸盐类、秋兰姆类或噻唑类促进剂并用，可用作 NR、IR、BR、NBR、IIR 等的硫化促进剂。常用于工程模压和挤出制品，如胶片、轮胎缓冲层、橡胶护舷、密封条等。

国内主要生产厂家：

宁波艾克姆新材料股份有限公司

山东阳谷华泰化工股份有限公司
南京福斯特科技有限公司
中山市涵信橡塑材料厂
珠海科茂威新材料有限公司

6.10.4　促进剂 TP-50

主要成分：二烷基二硫代磷酸锌
英文名称：zinc dialkyldithiophosphate
技术指标：

项目	TP-50GE
载体类型	EPDM
外观	灰白色半透明颗粒
门尼黏度（50℃）	20～50
密度/（g/cm^3）	1.13～1.23
硫含量/%	10.1～11.3
灰分/%	39.5～42.5

使用特性：慢速的环保型二硫代磷酸盐类橡胶硫化促进剂，其硫化速度慢，焦烧安全性好，交联程度高，在胶料中易分散且不易喷霜。因为其具有大分子结构，在硫化过程中不会释放出致癌性亚硝铵化合物。其硫化胶的耐热性好，有较低的压缩永久变形，一般与二硫代氨基甲酸盐类、秋兰姆类或噻唑类促进剂并用，可用作 NR、IR、BR、NBR、IIR 等的硫化促进剂。常用于工程模压和挤出制品，如胶片、轮胎缓冲层、橡胶护舷、密封条等。

国内主要生产厂家：

宁波艾克姆新材料股份有限公司

山东阳谷华泰化工股份有限公司
中山市涵信橡塑材料厂
珠海科茂威新材料有限公司
苏州硕宏高分子材料有限公司

6.10.5 促进剂 ZAT-70

主要成分： 二硫代氨基磷酸锌

英文名称： dithiocarbamate phosphate

技术指标：

项目	ZAT-70GE
载体类型	EPDM
外观	灰白色颗粒
门尼黏度（50℃）	30～70
密度/（g/cm^3）	1.17～1.37
硫含量/%	11.0～15.0

使用特性： 快速的环保型二硫代氨基磷酸盐类橡胶硫化促进剂，其硫化速度快，交联程度高，在胶料中易分散且不易喷霜。因为其具有大分子结构，在硫化过程中不会释放出致癌性亚硝铵化合物。其硫化胶具有良好的弹性模量，耐热性好，有较低的压缩永久变形，一般与秋兰姆类或噻唑类促进剂并用，可用作 NR、IR、BR、NBR、IIR 等的硫化促进剂。常用于工程模压和挤出制品，如胶片、轮胎缓冲层、橡胶护舷、密封条等。

国内主要生产厂家：

宁波艾克姆新材料股份有限公司
山东阳谷华泰化工股份有限公司

珠海科茂威新材料有限公司
苏州硕宏高分子材料有限公司

6.11　发泡剂预分散母胶粒

6.11.1　发泡剂 ADC-80、ADC-75、ADC-65、ADC-50

主要成分： 偶氮二甲酰胺

英文名称： azodicarbonamide

技术指标：

项目	ADC-80GE	ADC-75GE	ADC-65GE	ADC-50GE	ADC-40GC
载体类型	EPDM	EPDM	EPDM	EPDM	CR
外观	黄色颗粒	黄色颗粒	黄色颗粒	黄色颗粒	黄色颗粒
门尼黏度（50℃）	30～60	30～50	—	30～50	—
密度/（g/cm^3）	1.30～1.40	1.30～1.40	—	1.25～1.45	—
发气量/（mL/g）	Min.165	Min.160	Min.134	Min.106	Min.82

使用特性： 常见的预分散化学发泡剂，在胶料中易分散，可用于各种橡胶如 CR、EPDM、IIR、NBR（NBR/PVC）和 SBR 的发泡。特别适用于微小均匀的细孔发泡。粉状发泡剂 ADC 具有相对较高的发泡温度（200～210℃）。加入少量的发泡活化剂，可以使 ADC 的发泡温度有效降低。该品不会增加发泡产品的异味，适用于所有发泡或泡沫橡胶制品。

国内主要生产厂家：

宁波艾克姆新材料股份有限公司

山东阳谷华泰化工股份有限公司
南京福斯特科技有限公司
中山市涵信橡塑材料厂
珠海科茂威新材料有限公司
苏州硕宏高分子材料有限公司

6.11.2 发泡剂 OBSH-75、OBSH-50

主要成分：4,4′-氧代双苯磺酰肼
英文名称：diphenyloxide-4,4′-disulphohydrazide
技术指标：

项目	OBSH-75GE	OBSH-50GE
载体类型	EPDM	EPDM
外观	白色颗粒	白色颗粒
门尼黏度（50℃）	35～65	30～50
密度/（g/cm^3）	1.15～1.25	1.25～1.45
硫含量/%	12.0～14.0	7.7～9.3
发气量/（mL/g）	Min.95	Min.63

使用特性：常见的预分散化学发泡剂，在胶料中易分散，加热时一般放出 N_2 和 H_2O，无味、无毒、无污染，特别适用于微小均匀的细孔发泡。加入少量的发泡活化剂，可以使其发泡温度有效降低。对氯丁橡胶有活化作用，对其他橡胶有迟延硫化作用，宜用于浅色海绵制品，也可与其他发泡剂如 ADC-75GE、$NaHCO_3$ 等并用，合理设计、匹配发泡速度和硫化速度可以最大限度地提高发泡质量。适用于所有发泡或泡沫橡胶制品。

国内主要生产厂家：

宁波艾克姆新材料股份有限公司

山东阳谷华泰化工股份有限公司

南京福斯特科技有限公司

嘉兴北化高分子助剂有限公司

中山市涵信橡塑材料厂

珠海科茂威新材料有限公司

苏州硕宏高分子材料有限公司

6.11.3 发泡剂 DPT-40

主要成分： *N,N'*-二亚硝基五亚甲基四胺

英文名称： *N,N'*-dinitroso pentamethylene tetramine

技术指标：

项目	DPT-40GE	DPT-40GS	DPT-40GC
载体类型	EPDM	SBR	CR
外观	淡黄色颗粒	淡黄色颗粒	淡黄色颗粒
门尼黏度（50℃）	50～80	80～120	50～80
密度/（g/cm^3）	0.85～1.05	0.90～1.10	1.06～1.26
发气量/（mL/g）	Min.88	Min.88	Min.88

使用特性： 常见的预分散化学发泡剂，在胶料中易分散，可用于各种橡胶如 CR、EPDM、IIR、NBR（NBR/PVC）和 SBR 的发泡。发孔力强，发气量大，发泡效率高，泡孔不塌陷，一般加入助发泡剂如尿素等降低分解温度。粉状发泡剂 DPT 具有相对较高的发泡温度（190～205℃），若胶料中有硬脂酸存在，可以使 DPT 的发泡温度降低至 130℃左右。适用于所有发泡或泡沫橡胶制品。

国内主要生产厂家：

宁波艾克姆新材料股份有限公司

山东阳谷华泰化工股份有限公司

南京福斯特科技有限公司

珠海科茂威新材料有限公司

6.11.4 发泡助剂 K4P-80

主要成分：尿素

英文名称：urea

技术指标：

项目	K4P-80GE
载体类型	EPDM
外观	白色颗粒
门尼黏度（50℃）	20～50
密度/（g/cm^3）	0.95～1.15

使用特性：常见的一种橡胶发泡助剂，有助发泡的作用。常与 ADC 一起用于海绵发泡，降低发泡剂的分解温度，同时也有促进合成橡胶硫化的作用。使用时减少促进剂用量，可确保发泡和硫化的匹配。预分散 K4P-80PE 解决了粉状尿素难分散、视密度小、易飞扬、应用受限等问题。常用于 EPDM、CR 等海绵发泡胶料。

国内主要生产厂家：

宁波艾克姆新材料股份有限公司

山东阳谷华泰化工股份有限公司

南京福斯特科技有限公司

珠海科茂威新材料有限公司

6.11.5　发泡助剂 ZBS-80

主要成分： 苯亚磺酸锌

英文名称： zinc benzenesulfinate dihydrate

技术指标：

项目	ZBS-80GE
载体类型	EPDM
外观	白色颗粒
硫含量/%	12.4～14.8

使用特性： 常见的橡胶发泡助剂，有助发泡的作用。常与 ADC 一起用于海绵发泡，降低发泡剂的分解温度，影响发泡剂的分解速度。发泡助剂的粒径越细，对发泡剂的相对有效性越强，这是因为发泡助剂的粒径越小，比表面积越大，与发泡剂接触的面积越大，反应速度越快，可以使发泡剂在较短的时间内获得较高的发气量。用于 EPDM、CR 等海绵发泡胶料，如密封条等。

国内主要生产厂家：

宁波艾克姆新材料股份有限公司

山东阳谷华泰化工股份有限公司

中山市涵信橡塑材料厂

珠海科茂威新材料有限公司

6.11.6　微球发泡剂 HDU/GE、LDU/GE、FP/GE、SA 140 S、LHDU/GE

主要成分： 微球发泡剂

英文名称： microspheres foaming agent

技术指标：

项目	HDU/GE	LDU/GE	FP/GE	SA 140 S	LHDU/GE
载体类型	EPDM	EPDM	EPDM	EPDM	EPDM
外观	米黄色颗粒	黄色颗粒	黄色颗粒	黑色颗粒	黄色颗粒
门尼黏度（70℃）	—	—	—	55～75	—
密度/（g/cm^3）	0.80～1.00	0.80～1.00	0.80～1.00	0.70～0.90	0.70～0.90

使用特性：常见的预分散微球发泡剂是一种加热后体积可迅速膨胀增大到自身的几十倍，从而达到发泡效果的发泡剂。可膨胀微球由热塑性树脂的外壳和内包的低沸点烃类组成，外壳通常为丙烯腈系共聚物、丙烯酸系共聚物，内包发泡剂主要使用戊烷、异戊烷等烃类，其沸点在树脂外壳的软化点以下，其外壳受热时软化，同时受内部低沸点烃类影响而膨胀。有性能稳定、不易燃、不污染、无毒无味、对模具不腐蚀对制品不染色等优点，膨胀微球发泡剂使用简单，用于降低产品的密度，达到轻量化的目的。主要用于密封条、密实胶及轻量化的橡胶制品等。预分散微球发泡剂同时没有粉尘飞扬，称量方便，分散性很好。

国内主要生产厂家：

宁波艾克姆新材料股份有限公司

山东阳谷华泰化工股份有限公司

珠海科茂威新材料有限公司

6.12 防焦剂预分散母胶粒

6.12.1 防焦剂 CTP-80、CTP-75、CTP-70、CTP-50

主要成分：*N*-环己基硫代邻苯二甲酰亚胺

英文名称：cyclohexylthiophthalimide

技术指标：

项目	CTP-80GE	CTP-80GS	CTP-75GE	CTP-70GR	CTP-50GE	CTP-50GS
载体类型	EPDM	SBR	EPDM	IR	EPDM	SBR
外观	白色颗粒	白色颗粒	白色颗粒	白色颗粒	白色颗粒	白色颗粒
门尼黏度（50℃）	40～70	50～90	30～70	75～85	30～70	90～120
密度/（g/cm^3）	1.07～1.17	1.08～1.18	1.02～1.12	0.98～1.08	1.15～1.35	1.16～1.36
硫含量/%	9.3～10.3	9.3～10.3	7.7～9.7	7.5～8.5	4.6～6.0	4.6～6.6
灰分/%	Max.5.0	Max.5.0	Max.5.0	Max.1.5	13.0～16.0	15.0～18.0

使用特性：常见的预分散橡胶防焦剂，在橡胶硫化过程中主要起到防止胶料焦烧的作用，能延迟天然橡胶和二烯烃类合成橡胶的起始硫化而不明显延长总的硫化时间。与次磺酰胺类或噻唑类促进剂并用可改善加工安全性而不影响硫化胶性能。该产品能显著提高未硫化胶的贮存稳定性和高温加工安全性能，充分提高设备的生产能力。使用该产品不会发生接触污染。常用于天然橡胶和合成橡胶胶料，如轮胎/输送带、鞋大底、模压制品等。

国内主要生产厂家：

宁波艾克姆新材料股份有限公司
山东阳谷华泰化工股份有限公司
南京福斯特科技有限公司
嘉兴北化高分子助剂有限公司
中山市涵信橡塑材料厂
珠海科茂威新材料有限公司
苏州硕宏高分子材料有限公司

6.12.2 防焦剂 E-80、E-50

主要成分： 苯磺酰胺衍生物

英文名称： *N*-phenyl-*N*-(trichloromethylsulfenyl)-benzene sulfonamide

技术指标：

项目	E-80GE	E-80GS	E-50GS
载体类型	EPDM	SBR	SBR
外观	灰白色颗粒	灰白色颗粒	灰白色颗粒
门尼黏度（50℃）	30～70	70～110	70～110
密度/（g/cm^3）	1.18～1.38	1.17～1.37	1.30～1.50
硫含量/%	12.0～13.0	12.0～13.0	7.0～9.0
灰分/%	Max.5.0	Max.3.0	—

使用特性： 环保型的预分散橡胶防焦剂，在橡胶硫化过程中主要起到防止胶料焦烧的作用，能延迟天然橡胶和二烯烃类合成橡胶的起始硫化而不明显延长总的硫化时间。特别适用于秋兰姆硫化体系，并可作为第二促进剂，减少硫化时间，提高生产效率。不污染、不变色，可用于浅色制品。同时提高 EPDM 和 NBR 胶料的硫化交联密度，提高定伸应力，减小永久压缩变形。在硫化过程中不会产生有害物质。常用于天然橡胶和合成橡胶胶料，如轮胎/输送带、鞋大底、模压和挤出制品等。

国内主要生产厂家：

宁波艾克姆新材料股份有限公司

山东阳谷华泰化工股份有限公司

南京福斯特科技有限公司

嘉兴北化高分子助剂有限公司

中山市涵信橡塑材料厂
珠海科茂威新材料有限公司
苏州硕宏高分子材料有限公司

6.13　吸湿剂预分散母胶粒（CaO-80）

主要成分：氧化钙
英文名称：calcium oxide
技术指标：

项目	CaO-80GE
载体类型	EPDM
外观	灰白色颗粒
门尼黏度（50℃）	35～65
密度/（g/cm^3）	2.00～2.20
吸湿性/%	Min.18.0
灰分/%	79.0～83.0

使用特性：常见的预分散橡胶吸湿剂，在挤出橡胶制品中主要起到消泡的作用，这是因为氧化钙（CaO）吸收水汽生成氢氧化钙，使得橡胶制品可在无压条件下连续挤出硫化时，避免水蒸气的存在使胶料出现气泡等缺陷，因此该产品特别适用于需要在热空气、硫化床、盐浴或微波设备中连续硫化的挤出胶料中，如汽车或建筑用密封条。由于可使泡孔结构更均一，CaO 还可用于发泡制品，特别是微孔海绵橡胶制品。常用于挤出制品（密封条、胶管）、胶带、传送带、胶辊、电缆护套、橡胶地板，发泡密封条。

国内主要生产厂家：

宁波艾克姆新材料股份有限公司

山东阳谷华泰化工股份有限公司

南京福斯特科技有限公司

嘉兴北化高分子助剂有限公司

中山市涵信橡塑材料厂

珠海科茂威新材料有限公司

苏州硕宏高分子材料有限公司

6.14 活性剂预分散母胶粒

6.14.1 活性剂 ZnO-85、ZnO-80

主要成分：氧化锌

英文名称：zinc oxide

技术指标：

项目	ZnO-85GE	ZnO-80GE	ZnO-80GN	ZnO-80GS
载体类型	EPDM	EPDM	NBR	SBR
外观	白色颗粒	白色颗粒	白色颗粒	白色颗粒
门尼黏度（50℃）	20～50	20～50	30～60	30～60
密度/（g/cm^3）	3.20～3.50	2.80～3.10	2.80～3.10	2.80～3.10
灰分/%	83.5～87.5	81.0～85.0	81.0～85.0	81.0～85.0

使用特性：常见的预分散橡胶硫化活性剂，在胶料中易分散。用于硫黄及有效、半有效硫化体系，与促进剂形成溶解性良好的络合物，活化促进剂和硫黄，提高硫化效率，同时也可提高硫化胶的交联密度，

增加其物理机械性能。此外，还有提高硫化胶耐老化性能的作用，在天然橡胶中还有良好的抗硫化返原性。也可用于金属氧化物硫化体系，单独使用时硫化速度快，与氧化镁并用可达到最佳硫化效果。可用于所有橡胶制品中，改善静态和动态力学性能。

国内主要生产厂家：

宁波艾克姆新材料股份有限公司
山东阳谷华泰化工股份有限公司
南京福斯特科技有限公司
嘉兴北化高分子助剂有限公司
中山市涵信橡塑材料厂
珠海科茂威新材料有限公司
苏州硕宏高分子材料有限公司

6.14.2　活性剂 MgO-75、MgO-70

主要成分：氧化镁

英文名称：magnesium oxide

技术指标：

项目	MgO-75GE	MgO-70GN
载体类型	EPDM	NBR
外观	灰白色颗粒	灰白色颗粒
门尼黏度（50℃）	40～70	20～50
密度/（g/cm^3）	1.80～2.00	1.90～2.10
灰分/%	71.0～77.0	—

使用特性：常见的预分散橡胶硫化活性剂，也可用作 CR 胶的硫化剂，常用于金属氧化物硫化体系，单独使用时硫化速度慢，可与氧化锌并

用达到最佳硫化效果。这是因为它通过提高碱性催化剂的临界温度改善了 CR、CSM、CM、CIIR、FPM 等橡胶的加工安全性，降低了胶料焦烧的可能性。另一方面，MgO 会降低酸性催化剂的临界温度。在含卤化合物尤其是 CR 和 FPM 中，它作为酸吸收剂改善了老化性能。常用于 CR、CSM、CM、CIIR 和 FPM 胶料，如各种模压及注射成型产品。

国内主要生产厂家：

宁波艾克姆新材料股份有限公司
山东阳谷华泰化工股份有限公司
南京福斯特科技有限公司
中山市涵信橡塑材料厂
珠海科茂威新材料有限公司
苏州硕宏高分子材料有限公司

6.14.3 活性剂 PbO-80

主要成分：氧化铅
英文名称：lead(II)-oxide(calcinated litharge)
技术指标：

项目	PbO-80GE
载体类型	EPDM
外观	淡黄色颗粒
门尼黏度（50℃）	20～60
密度/（g/cm^3）	3.10～3.70

使用特性：常见的预分散橡胶硫化活性剂，用作丁基橡胶与醌二肟硫化的活化剂。也可用作 CR 胶的硫化剂，用于金属氧化物硫化体系，

可以代替 ZnO 和 MgO 用于制备耐水胶料。用于 CR、IIR、CSM 橡胶中，其在胶料中能起到吸收 X 射线的作用，一般用作抗酸化合物的活化剂，大大提升了硫化橡胶在水中的溶胀性。

国内主要生产厂家：

宁波艾克姆新材料股份有限公司

山东阳谷华泰化工股份有限公司

南京福斯特科技有限公司

中山市涵信橡塑材料厂

珠海科茂威新材料有限公司

6.14.4 活性剂 Pb_3O_4-80

主要成分：四氧化三铅

英文名称：plumbous orthoplumbate

技术指标：

项目	Pb_3O_4-80GE
载体类型	EPDM
外观	橙色颗粒
门尼黏度（50℃）	40.0～70.0
密度/（g/cm^3）	3.30～3.70

使用特性：常见的预分散橡胶硫化活性剂，用作丁基橡胶与醌二肟硫化的活化剂，也可用作 CR 胶的硫化剂。用于金属氧化物硫化体系，可以代替 ZnO 和 MgO 用于制备耐水胶料。用于 CR、IIR、CSM 橡胶，其在胶料中能起到吸收 X 射线的作用，一般用作抗酸化合物的活化剂，它大大提升了硫化橡胶在水中的溶胀性。

国内主要生产厂家：

宁波艾克姆新材料股份有限公司

山东阳谷华泰化工股份有限公司

南京福斯特科技有限公司

中山市涵信橡塑材料厂

珠海科茂威新材料有限公司

6.14.5 活性剂 NaST-50

主要成分：硬脂酸钠

英文名称：sodium stearate

技术指标：

项目	NaST-50GA
载体类型	AEM
外观	白色颗粒
密度/（g/cm^3）	1.00～1.20

使用特性：常见的预分散橡胶硫化活性剂，具有在橡胶中分散好且称量方便的优点。需要和季铵氯化物协同使用，作为 ACM 橡胶硫化体系的一部分，不存在延迟硫化，硫化效果特别强，生产出来的产品具有良好物理机械性能和永久压缩变形值。也可与硫黄或者硫黄给予体协同使用，用于活性氯型 ACM 橡胶的硫化。常用于耐汽油、柴油及耐热性密封件、胶管、工程车用 ACM 零配件等。

国内主要生产厂家：

宁波艾克姆新材料股份有限公司

山东阳谷华泰化工股份有限公司

南京福斯特科技有限公司

中山市涵信橡塑材料厂
珠海科茂威新材料有限公司
苏州硕宏高分子材料有限公司

6.14.6　活性剂 KST-50

主要成分：硬脂酸钾
英文名称：potassium stearate
技术指标：

项目	KST-50GA
载体类型	AEM
外观	白色颗粒
密度/（g/cm^3）	1.00～1.20

使用特性：常见的预分散橡胶硫化活性剂，具有在橡胶中分散好且称量方便的优点。需要和季铵氯化物协同使用，作为 ACM 橡胶硫化体系的一部分，不存在延迟硫化，硫化效果特别强，生产出来的产品具有良好物理机械性能和永久压缩变形值。也可与硫黄或者硫黄给予体协同使用，用于活性氯型 ACM 橡胶的硫化。常用于耐汽油、柴油及耐热性密封件、胶管、工程车用 ACM 零配件等。

国内主要生产厂家：
宁波艾克姆新材料股份有限公司
山东阳谷华泰化工股份有限公司
南京福斯特科技有限公司
中山市涵信橡塑材料厂
珠海科茂威新材料有限公司
苏州硕宏高分子材料有限公司

6.14.7 活性剂 ZnST-75

主要成分：硬脂酸锌

英文名称：zinc stearate

技术指标：

项目	ZnST-75GE
载体类型	EPDM
外观	白色颗粒
门尼黏度（50℃）	35～65
密度/（g/cm^3）	1.00～1.20
灰分/%	9.0～10.5

使用特性：常见的预分散橡胶硫化活性剂，也可作氯化聚乙烯的热稳定剂，同时也是天然橡胶最好的物理增塑剂，还可做脱模剂，为多用途橡胶加工助剂。应用于橡胶中可提高硫化胶的抗硫化返原性能及耐热性，兼有内、外润滑及分散功能，还可用于天然橡胶及合成橡胶的塑炼和混炼过程。与橡胶相容性极好，不喷霜，具有塑解和润滑双重功能。可改良橡胶的加工工艺，提高橡胶制品的合格率和尺寸稳定性，降低能耗，提高混炼效率。在橡胶加工过程中使用，可改善胶料挤出性能，提高挤出速度和半成品的光滑度。用于天然橡胶、合成橡胶等模压、挤出橡胶制品。

国内主要生产厂家：

宁波艾克姆新材料股份有限公司

山东阳谷华泰化工股份有限公司

南京福斯特科技有限公司

中山市涵信橡塑材料厂

珠海科茂威新材料有限公司

6.15 防老剂预分散母胶粒

6.15.1 防老剂 MBI-80

主要成分：2-巯基苯并咪唑

英文名称：2-mercaptobenzimi dazole

技术指标：

项目	MBI-80GE
载体类型	EPDM
外观	白色颗粒
门尼黏度（50℃）	30～60
密度/（g/cm^3）	1.10～1.20
硫含量/%	15.5～17.5
灰分/%	Max.3.0

使用特性：常见的橡胶预分散防老剂，对热氧老化、天候老化及静态老化有中等防护作用，单独使用效能低，常与其他防老剂如4010NA、RD等并用产生协同作用，也是铜离子钝化剂，略有污染性，可用于透明和浅色橡胶制品。此外，对酸性促进剂如噻唑类、秋兰姆类，二硫代氨基甲酸盐类促进剂有延缓作用，可提高胶料的加工安全性和贮存稳定性，特别适用于耐热橡胶制品。

国内主要生产厂家：

宁波艾克姆新材料股份有限公司

山东阳谷华泰化工股份有限公司

南京福斯特科技有限公司

中山市涵信橡塑材料厂

珠海科茂威新材料有限公司

6.15.2 防老剂 MMBI-70

主要成分： 2-巯基甲基苯并咪唑

英文名称： methyl-2-mercaptobenzimi dazole

技术指标：

项目	MMBI-70GE
载体类型	EPDM
外观	米黄色颗粒
门尼黏度（50℃）	40～70
密度/（g/cm^3）	1.12～1.22
硫含量/%	12.7～14.3
灰分/%	Max.3.0

使用特性： 常见的橡胶预分散防老剂，对热氧老化、天候老化及静态老化有中等防护作用，单独使用效能低，常与其他防老剂如 4010NA、RD 等并用产生协同作用，也是铜离子钝化剂，略有污染性，可用于透明和浅色橡胶制品。此外，对酸性促进剂，如噻唑类、秋兰姆类，二硫代氨基甲酸盐类促进剂有延缓作用，可提高胶料的加工安全性和贮存稳定性，特别适用于耐热橡胶制品。

国内主要生产厂家：

宁波艾克姆新材料股份有限公司

山东阳谷华泰化工股份有限公司

南京福斯特科技有限公司

中山市涵信橡塑材料厂

珠海科茂威新材料有限公司

苏州硕宏高分子材料有限公司

6.15.3　防老剂 ZMMBI-70、ZMMBI-50

主要成分： 2-巯基甲基苯并咪唑锌盐

英文名称： 2-mercaptomethylbenzimi dazole

技术指标：

项目	ZMMBI-70GE	ZMMBI-50GE
载体类型	EPDM	EPDM
外观	灰白色颗粒	灰白色颗粒
门尼黏度（50℃）	40～70	50・80
密度/（g/cm^3）	1.15～1.35	1.17～1.27
硫含量/%	8.0～11.0	5.9～7.9
灰分/%	19.0～22.0	22.0～25.0

使用特性： 常见的橡胶预分散防老剂，对热氧老化、天候老化及静态老化有中等防护作用，单独使用效能低，常与其他防老剂如 4010NA、RD 等并用产生协同作用，也是铜离子钝化剂，略有污染性，可用于透明和浅色橡胶制品。此外，对酸性促进剂，如噻唑类、秋兰姆类，二硫代氨基甲酸盐类促进剂有延缓作用，可提高胶料的加工安全性和贮存稳定性，特别适用于耐热橡胶制品。

国内主要生产厂家：

宁波艾克姆新材料股份有限公司

山东阳谷华泰化工股份有限公司

南京福斯特科技有限公司

中山市涵信橡塑材料厂

珠海科茂威新材料有限公司

苏州硕宏高分子材料有限公司

6.15.4 防老剂 NDBC-75

主要成分： 二丁基二硫代氨基甲酸镍

英文名称： nickel dibutyldithiocarbamate

技术指标：

项目	NDBC-75GE	NDBC-75GEO
载体类型	EPDM	ECO
外观	深绿色颗粒	深绿色颗粒
门尼黏度（50℃）	30～70	30～70
密度/（g/cm^3）	0.90～1.10	1.00～1.10
硫含量/%	18.0～22.0	18.5～20.5

使用特性： 常见的橡胶预分散防老剂，对臭氧老化防护效能最好，对热氧老化、疲劳老化也有良好的防护效果，尤其适用于氯丁、氯磺化聚乙烯等含氯合成橡胶中，可防止橡胶因日光、臭氧引起的龟裂，提高其耐热性。塑料工业中用作高分子材料的光稳定剂和抗臭氧剂。用于聚丙烯纤维、薄膜和窄带中有十分优良的稳定作用，但使制品带黄绿色。

国内主要生产厂家：

宁波艾克姆新材料股份有限公司

山东阳谷华泰化工股份有限公司

南京福斯特科技有限公司

中山市涵信橡塑材料厂

珠海科茂威新材料有限公司

6.15.5 防老剂 LIGFLEX 601-75

主要成分： 木质素硫酸盐

英文名称： kraft lignin

技术指标：

项目	LIGFLEX 601-75GE
载体类型	EPDM
外观	棕褐色颗粒
门尼黏度（50℃）	40～70
密度/（g/cm^3）	1.00～1.20
灰分/%	Max.3.0

使用特性： 一种环保型预分散橡胶防老剂，其主要成分是从可再生桉树中提取的抗氧化添加剂。可以单独使用，也可以与其他防老剂联合使用，与其他防老剂如4020、445等并用可产生协同作用。LIGFLEX601是一种特殊的可再生芳香生物聚合物，无毒、无污染，是防老剂TMQ的环保可持续替代品。作为一种天然聚合物，LIGFLEX601 不受REACH 注册和美国 TSCA 化学数据报告规定的限制。特别用于各种耐热橡胶制品。

国内主要生产厂家：

宁波艾克姆新材料股份有限公司

山东阳谷华泰化工股份有限公司

珠海科茂威新材料有限公司

6.16 黏合剂预分散母胶粒

6.16.1 黏合剂 HMMM-50

主要成分：六羟甲基三聚氰胺六甲醚

英文名称：hexamethoxy methyl melamine

技术指标：

项目	HMMM-50GE	HMMM-50GS
载体类型	EPDM	SBR
外观	白色半透明颗粒	白色半透明颗粒
门尼黏度（50℃）	40～80	60～110
密度/（g/cm^3）	1.23～1.33	1.18～1.28
灰分/%	25.0～30.0	25.0～30.0

使用特性：常见的橡胶预分散黏合剂，在硫化温度下与亚甲基接受体反应，对橡胶和骨架材料起到黏合作用。例如与黏合剂 GLR-18 树脂，黏合剂 RE、黏合剂 RS 等配合发生反应，生成热固性树脂。如果反应在硫化之前发生，则该配合系统的黏合作用将失去。通常先在较高温度下将橡胶、填料和亚甲基接受体组成的胶料制备好，然后，在炼胶后期终炼时，将其与其他配合剂加入。常用于各种橡胶与尼龙、聚酯、人造丝、玻璃纤维和镀黄铜或镀锌钢丝帘线的黏合，用于制造轮胎、输送带、胶管和胶布等。

国内主要生产厂家：

宁波艾克姆新材料股份有限公司

山东阳谷华泰化工股份有限公司

南京福斯特科技有限公司

中山市涵信橡塑材料厂
珠海科茂威新材料有限公司

6.16.2　黏合剂 R-80

主要成分： 间苯二酚
英文名称： resorcinol
技术指标：

项目	R-80GS
载体类型	SBR
外观	白色至褐色颗粒
门尼黏度（50℃）	90～120
密度/（g/cm^3）	0.95～1.15
灰分/%	Max.3.0

使用特性： 常见的橡胶预分散黏合剂，在胶料中易分散，是间苯二酚/ 甲醛/白炭黑黏合体系的组分之一，可与甲醛给予体（如 H-80GE 或 HMMM-50GE） 一起形成橡胶与织物或钢丝帘线黏合的间苯二酚-甲醛-树脂体系。该体系适用于各种橡胶与补强材料，例如与纤维、玻璃纤维和金属（如钢丝帘线）之间的黏合。常用于轮胎、输送带、V 带、圆形胶带、消防胶管、增强胶管、软质容器、织物覆胶等。

国内主要生产厂家：
宁波艾克姆新材料股份有限公司
山东阳谷华泰化工股份有限公司
南京福斯特科技有限公司
嘉兴北化高分子助剂有限公司
中山市涵信橡塑材料厂

珠海科茂威新材料有限公司

6.16.3 黏合剂 RK-70

主要成分：间苯二酚二乙酸酯

英文名称：1,3-diacetoxybenzene

技术指标：

项目	RK-70GE
载体类型	EPDM
外观	米灰色颗粒
门尼黏度（50℃）	60～100
密度/（g/cm^3）	1.30～1.50
灰分/%	38.0～43.0

使用特性：常见的橡胶预分散黏合剂，在胶料中易分散，是间苯二酚/甲醛/白炭黑黏合体系的组分之一，是间苯二酚给予体，可与甲醛给予体（如 H-80GE 或 HMMM-50GE） 一起形成橡胶与织物或钢丝帘线黏合的间苯二酚-甲醛-树脂体系。用于氯丁橡胶，具有焦烧安全性的优点，可以改善硫化胶的力学性能，也可用于天然橡胶、丁苯橡胶、顺丁橡胶及其并用胶的直接黏合胶料。该体系适用于各种橡胶与补强材料，例如与纤维、玻璃纤维和金属（如钢丝帘线）之间的黏合。常用于轮胎、输送带、V 带、圆形胶带、消防胶管、增强胶管、软质容器、织物覆胶等。

国内主要生产厂家：

宁波艾克姆新材料股份有限公司

山东阳谷华泰化工股份有限公司

南京福斯特科技有限公司

珠海科茂威新材料有限公司

6.16.4　黏合剂 TAIC-40

主要成分：三烯丙基异三聚氰酸酯

英文名称：triallyl isocyanurate

技术指标：

项目	TAIC-40GE
载体类型	EPDM
外观	乳白色半透明颗粒
密度/（g/cm^3）	1.10～1.30

使用特性：常见的橡胶预分散黏合剂，也是一种过氧化物体系的助硫化剂，可以缩短硫化时间，改善胶料的拉伸性能。也可用作特种橡胶的硫化剂，吸水性强，有毒，黏合性能好，适用于橡胶与金属、纤维、玻璃、木材、皮革等黏合。它是一种含芳杂环的多功能烯烃单体，可广泛用于多种热塑性塑料、离子交换树脂、特种橡胶的改性剂等，以及光固化涂料、光敏抗蚀剂、阻燃剂等的中间体，是一种用途十分广泛的新型高分子材料的助剂。常用于乙丙橡胶、氟橡胶、聚乙烯/EVA、交联电缆和聚乙烯高、低发泡制品。

国内主要生产厂家：

宁波艾克姆新材料股份有限公司

山东阳谷华泰化工股份有限公司

南京福斯特科技有限公司

中山市涵信橡塑材料厂

珠海科茂威新材料有限公司

苏州硕宏高分子材料有限公司

6.16.5 黏合剂 TAC-40

主要成分： 三聚氰酸三烯丙酯

英文名称： triallyl cyanurate

技术指标：

项目	TAI-40GE
载体类型	EPDM
外观	白色颗粒
密度/（g/cm³）	1.10～1.30

使用特性： 常见的橡胶预分散黏合剂，也是一种过氧化物体系的助硫化剂，可以缩短硫化时间，改善胶料的拉伸性能。也可用作特种橡胶的硫化剂，吸水性强，有毒，黏合性能好，适用于橡胶与金属、纤维、玻璃、木材、皮革等黏合。它是一种含芳杂环的多功能烯烃单体，还广泛用于多种热塑塑料、离子交换树脂、特种橡胶的改性剂等，以及光固化涂料、光敏抗蚀剂、阻燃剂等的中间体，是一种用途十分广泛的新型高分子材料的助剂。常用于乙丙橡胶、氟橡胶、聚乙烯/EVA、交联电缆和聚乙烯高、低发泡制品。

国内主要生产厂家：

宁波艾克姆新材料股份有限公司

山东阳谷华泰化工股份有限公司

南京福斯特科技有限公司

中山市涵信橡塑材料厂

珠海科茂威新材料有限公司

6.17 特种功能性助剂预分散母胶粒

6.17.1 偶联剂 Si69-50

主要成分： 双-[3-(三乙氧基硅)丙基]-四硫化物

英文名称： bis[3-(triethoxysilyl)propyl]tetrasulfide

技术指标：

项目	Si69-50GE
载体类型	EPDM
外观	淡黄绿色半透明颗粒
门尼黏度（50℃）	30～70
密度/（g/cm^3）	1.15～1.35
硫含量/%	10.8～12.0
灰分/%	35.0～40.0

使用特性： 常见的橡胶预分散黏合剂，也是一种含有硫载体的预分散橡胶偶联剂，常用于平衡硫化体系，其与硫、促进剂等物质的量的条件下可使硫化胶的交联密度处于动态常量状态，消除硫化返原现象。该体系的硫化平坦性好，具有优良的耐热老化性和耐疲劳性，特别适合大型、厚制品的硫化。Si-69 作为硫给予体参与橡胶硫化反应，因为硫的硫化返原由 Si-69 形成的单、双硫键进行补偿，使其交联密度达到平衡状态。此外，在有白炭黑填充的胶料中，Si-69 除参与交联反应，还与白炭黑偶联，产生填料-橡胶键，进一步改善胶料的物理性能和工艺性能。适用于轮胎、鞋底及辊筒、胶管、胶带、V 形带等天然橡胶中。

国内主要生产厂家：

宁波艾克姆新材料股份有限公司
山东阳谷华泰化工股份有限公司
南京福斯特科技有限公司
嘉兴北化高分子助剂有限公司
中山市涵信橡塑材料厂
珠海科茂威新材料有限公司
苏州硕宏高分子材料有限公司

6.17.2 增白剂 TiO_2-80

主要成分： 二氧化钛

英文名称： rutile titanium dioxide

技术指标：

项目	TiO_2-80GE
载体类型	EPDM
外观	白色颗粒
门尼黏度（50℃）	20～50
密度/（g/cm^3）	2.30～2.60
灰分/%	78.5～82.5

使用特性： 常见的预分散橡胶增白剂，具有很高的白度和遮盖力，化学稳定性好，耐酸碱，不变色，主要用于要求较高白度或色彩的胶料，能将白度不够的胶料遮盖成白色。金红石型二氧化钛还具有紫外线屏蔽剂的作用，一般可改善浅色胶料的耐候性。广泛应用于轮胎白胎侧、印刷胶布和胶辊、纺织皮圈和胶辊、复印机胶带等。

国内主要生产厂家：

宁波艾克姆新材料股份有限公司

山东阳谷华泰化工股份有限公司

南京福斯特科技有限公司

中山市涵信橡塑材料厂

珠海科茂威新材料有限公司

苏州硕宏高分子材料有限公司

6.17.3　杀菌防藻剂 BCM-80

主要成分： *N*-(2-苯并咪唑基)-氨基甲酸甲酯

英文名称： carbendazim

技术指标：

项目	BCM-80GE
载体类型	EPDM
外观	灰色颗粒
门尼黏度（50℃）	30～70
密度/（g/cm^3）	1.17～1.27
灰分/%	Max.3.0

使用特性： 常见的预分散橡胶杀菌防藻剂，是高效低毒内吸性广谱杀菌防藻剂，又称多菌灵、棉萎灵、卡菌丹、霉斑敌、苯并咪唑 44 号，属苯并咪唑类化合物，化学性质稳定，有内吸治疗和保护作用，广泛用作橡胶的杀菌防藻剂。广泛用于需求杀菌防藻的高分子材料，如建筑密封条等。

国内主要生产厂家：

宁波艾克姆新材料股份有限公司

山东阳谷华泰化工股份有限公司
南京福斯特科技有限公司
珠海科茂威新材料有限公司

6.17.4 阻燃剂 Sb_2O_3-85

主要成分： 三氧化二锑

英文名称： diantimony trioxide

技术指标：

项目	Sb_2O_3-85GS
载体类型	SBR
外观	白色颗粒
密度/（g/cm^3）	3.00～3.20

使用特性： 常见的预分散橡胶阻燃剂，单独使用阻燃效果低，与磷酸酯、含氯化合物（如多氯联苯）、含溴化合物（如六溴苯）并用，有良好的协同效应，阻燃效能显著提高。三氧化二锑在燃烧初期，首先是熔融，在材料表面形成保护膜隔绝空气，通过内部吸热反应，降低燃烧温度。在高温状态下三氧化二锑被气化，稀释了空气中氧浓度，从而起到阻燃作用。用于有阻燃要求的橡胶。

国内主要生产厂家：

宁波艾克姆新材料股份有限公司
山东阳谷华泰化工股份有限公司
南京福斯特科技有限公司
中山市涵信橡塑材料厂
珠海科茂威新材料有限公司

6.17.5　除味剂 LHRD/GE

主要成分： 无机硅酸盐

英文名称： inorganic silicate

技术指标：

项目	LHRD/GE
载体类型	EPDM
外观	灰色颗粒
门尼黏度（50℃）	30～70
密度/（g/cm^3）	1.30～1.40

使用特性： 常见的预分散橡胶除味剂，可以减少或消除产品中因助剂及材料本身引起的异味或臭味，并能吸收有害挥发成分残留物，如苯、氨、甲醛、氯等。可以有效地降低产品中 VOC 含量。LHRD/GE 对各种橡胶都具有极佳的相容性，同时具有时效长、添加量小等特点，又由于该产品全部由天然的无机硅酸盐加工而成，无毒无害，绿色环保，对需遮蔽、吸收的介质性能无任何影响。同时符合欧盟 ROHS 指令的相关要求。该产品有极佳的耐高温性，在橡胶中还具有一定的润滑和抗粘连作用，可广泛应用于密封件、轮胎、胶带、胶管等橡胶制品。

国内主要生产厂家：

宁波艾克姆新材料股份有限公司

山东阳谷华泰化工股份有限公司

南京福斯特科技有限公司

珠海科茂威新材料有限公司

6.17.6 耐黄变剂 Mix-4、HATA-50

主要成分： 二烷基二硫代磷酸锌类

英文名称： zinc dialkyl dithiophosphate

技术指标：

项目	Mix-4	HATA-50GN
载体类型	EPDM	NBR
外观	米白色半透明颗粒	灰白色颗粒
门尼黏度（50℃）	30～70	—
密度/（g/cm^3）	1.05～1.25	1.10～1.30
硫含量/%	7.5～9.5	4.5～6.5
灰分/%	Max.40.0	Max.30.0

使用特性： 常见的环保型二硫代磷酸盐类橡胶耐黄变促进剂，在胶料中易分散且不易喷霜，因为其具有大分子结构，在硫化过程中不会释放出致癌性亚硝铵化合物。其硫化胶的耐热性好，有较低的压缩永久变形，在 UV 等老化条件下使白色橡胶不易出现黄变现象，且与普通耐黄变促进剂相比具有更强的耐黄变效果。适用于白色、浅色橡胶制品，例如运动鞋底，也可用于轮胎产品等。

国内主要生产厂家：

宁波艾克姆新材料股份有限公司

山东阳谷华泰化工股份有限公司

南京福斯特科技有限公司

中山市涵信橡塑材料厂

珠海科茂威新材料有限公司

6.17.7 丙烯酸酯橡胶促进剂 ACT-70、ACTP-50

主要成分：活性胺类复合物

英文名称：active amine complex

技术指标：

项目	ACT-70GA	ACTP-50GA
载体类型	AEM	AEM
外观	淡黄色颗粒	灰白色颗粒
门尼黏度（50℃）	40～70	—
密度/（g/cm^3）	1.14～1.34	0.95～1.15
硫含量/%	2.0～3.0	4.5～6.5

使用特性：常见的环保型丙烯酸酯橡胶预分散促进剂，可以替代胍类促进剂（DOTG、DPG）在乙烯-丙烯酸酯橡胶与丙烯酸酯橡胶中使用。既可以实现橡胶的快速硫化，又不会发生焦烧现象，所得橡胶制品表现出较好的热老化性能，在机油中有较低的溶胀性和良好的压缩永久变形。可与 ZnO-80、MTT-80、ETU-80 等协同使用，用于氯丁橡胶和卤化丁基橡胶共混物的硫化。也可与 TCY-70 协同使用，用于 CO、ECO 橡胶的硫化。常用于 CR、HIIR、ECO、CO 等卤化聚合物以及 ACM 和 AEM 等丙烯酸橡胶。

国内主要生产厂家：

宁波艾克姆新材料股份有限公司

山东阳谷华泰化工股份有限公司

南京福斯特科技有限公司

珠海科茂威新材料有限公司

苏州硕宏高分子材料有限公司

6.17.8 低气味环保综合促进剂 LHG-80、LHM/GE

主要成分：复合橡胶助剂

英文名称：compound rubber additive

技术指标：

项目	LHG-80GE	LHM/GE	LHL/GE4.0
载体类型	EPDM	EPDM	EPDM
外观	灰色颗粒	灰绿色颗粒	灰色颗粒
门尼黏度（50℃）	20～50	30～70	30～70
密度/（g/cm^3）	1.18～1.28	1.17～1.37	1.15～1.35
硫含量/%	15.5～17.5	16.5～18.5	16.0～18.0
灰分/%	23.5～26.5	—	—

使用特性：常见的环保型低气味的综合促进剂，在胶料中分散性佳，能提高胶料的硫化速率，在橡胶制品中可以避免吐霜的现象。与传统促进剂硫化的产品相比，硫化速度快，焦烧时间短，在硫化过程中不会释放出致癌性亚硝铵化合物，且使用后胶料具有较高的交联密度，抗老化效果好；适用于高温快速硫化体系，尤其适用于挤出制品，例如密封条等，LHM/GE 也可用于模压橡胶制品。

LHL/GE4.0 是由复合型促进剂增效组合的综合促进剂，采用环保型促进剂为原料，与传统的促进剂相比，可有效降低三元乙丙橡胶制品的气味和 VOC，硫化过程中不会产生亚硝铵物质。其具有不产生亚硝铵、快速硫化、不易喷霜、分散好、使用方便等优异特性；应用于三元乙丙橡胶制品的气味比环保综合促进剂 LHG-80GE 要低，尤其适用于挤出密实胶和海绵胶等橡胶制品。

国内主要生产厂家：

宁波艾克姆新材料股份有限公司

山东阳谷华泰化工股份有限公司

南京福斯特科技有限公司

嘉兴北化高分子助剂有限公司

中山市涵信橡塑材料厂

珠海科茂威新材料有限公司

第 7 章

国外新产品

7.1　TMU

化学名称： 三甲基硫脲

英文名称： trimethylthiourea

同类产品： TMU；MU-MS

分子量： 118.20

化学结构式：

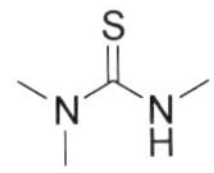

技术指标：

项目	指标
外观	灰白色/淡黄的结晶粉状
熔点/℃	≥70
灰分/%	≤0.3
相对密度	1.24～1.3

使用特性： 用于 NR、IR、BR、SBR、NBR、CR、CM。在 CR 体系中的焦烧时间比乙基硫脲长，但硫化速度快。此外硫化胶的压缩永久变形更小。与 PR 并用时，可以缩短硫化时间。在 NR、SBR 等橡胶中用作硫化促进剂时，焦烧时间短，推荐使用量 0.3～1.0 份。CM 橡胶中用量 1.0～3 份（TMU-MS 混合物）。

生产厂家： 日本大内新兴化学工业株式会社

7.2 OTBG

化学名称：1-邻甲苯基双胍

英文名称：1-*o*-tolylbiguanide

同类产品：BG

分子量：191.24

化学结构式：

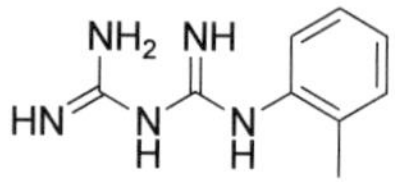

技术指标：

项目	指标
外观	白色粉状
熔点/℃	≥140
灰分/%	≤0.3
相对密度	1.26

使用特性：可用于 NR、IR、BR、SBR、NBR。它的硫化促进性能与促进剂 D 相当，但是着色性和焦烧时间比促进剂 D 差。可以得到无味无臭的硫化胶。除此之外，与促进剂 D 具有一样的用途，也作为环氧树脂的硫化剂。

生产厂家：日本大内新兴化学工业株式会社

7.3 CMBT

化学名称：2-巯基苯并噻唑环己胺盐

英文名称：cyclohexylamin salt of 2-mercaptobenzothiazole

同类产品： M-60-OT

分子量： 266.43

化学结构式：

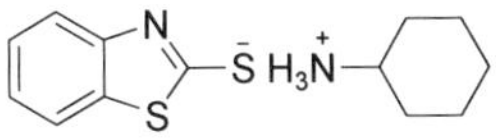

技术指标：

项目	指标
外观	淡黄色或灰白色粉状
熔点/℃	≥145
灰分/%	≤0.3
相对密度	1.33

使用特性：

对于 NR、IR、BR、SBR、NBR、EPDM 及其胶乳均可以使用，对固体橡胶而言在噻唑类促进剂中具有最强的促进能力，跟 M-P 一样，硫化时会带有苦味。

生产厂家： 日本大内新兴化学工业株式会社

7.4 MDCA

化学名称： 2-巯基苯并噻唑二环己胺盐

英文名称： dicyclohexylamin salt of 2-mercaptobenzothiazole

分子量： 348.57

化学结构式：

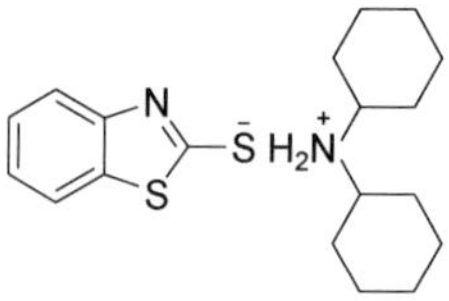

技术指标：

项目	指标
外观	为黄色或灰白色粉末
熔点/℃	≥160
灰分/%	≤0.3
相对密度	1.2

使用特性：

对于 NR、IR、BR、SBR、NBR、EPDM 及其胶乳均可以使用，与 M-60-OT 相比可塑性较小，跟 M-P 一样，硫化时会带有苦味。

生产厂家：日本大内新兴化学工业株式会社

7.5 PPDC

化学名称：哌啶五亚甲基二硫代氨基甲酸酯

英文名称：piperidine Penta MethylenedithiocarbaMate

分子量：633.18

化学结构式：

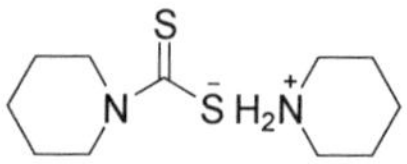

技术指标：

项目	指标
外观	微黄白色粉末
熔点	160℃以上
灰分/%	≤0.3
相对密度	1.23

使用特性：

对于 NR、IR、BR、SBR、NBR、EPDM 及其胶乳可以使用。与噻唑类硫化促进剂 M 一起并用，可用于低温硫化、自然硫化。与其他的硫化促进剂相比更容易溶于水，所以也可以用于胶乳硫化。由于热量原因容易分解，最好密封保存在阴暗处。

生产厂家：日本大内新兴化学工业株式会社

7.6 ZnPDC

化学名称：五亚甲基二硫代氨基甲酸锌
英文名称：Zinc N-pentamethylenedithiocarbamate
分子量：385.96
化学结构式：

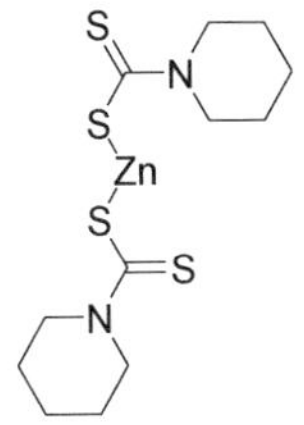

技术指标：

项目	指标
外观	微黄白色粉末
熔点	160℃以上
灰分/%	≤0.3
相对密度	1.23

使用特性：对于 NR、IR、BR、SBR、NBR、IIR、EPDM 及其胶乳可以使用。用法与 EZ，PX 相似。

生产厂家：日本大内新兴化学工业株式会社

7.7 BBMTBP

化学名称：4,4′-亚丁基双(6-叔丁基间甲酚)

英文名称：4,4′-butylidenebis(6-tert-butyl-m-cresol)

同类产品：p-MBP14；NS-30

化学结构式：

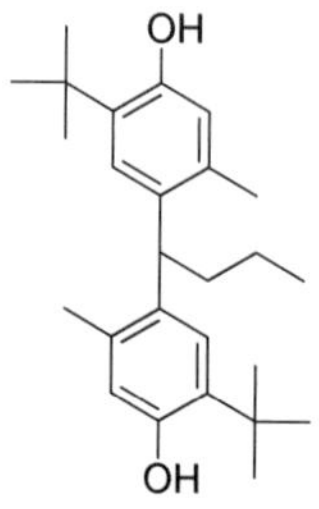

CAS 注册号：［85-60-9］

分子量：382.59

主要特性：耐酸、耐热

技术指标：

项目		指标
外观(目测)		白色粉状
初熔点/℃	⩾	208
加热减量/%	⩽	0.30
灰分/%	⩽	0.30
相对密度		1.02

使用特性：可用于 NR、IR、BR、SBR、NBR、CR 及其胶乳。无着色，非污染型防老剂。用法与 NS-5 相似，适用于白色及透明产品。可以用作聚烯烃和 ABS 高温下的抗氧化剂。用量一般为 1～2 份。

7.8 TBMTBP

化学名称：4,4′-亚丁基双(6-叔丁基间甲酚)；二(2-甲基-5-叔丁基-4-羟基苯基)硫醚

英文名称：4,4′-thiobis(6-tert-butyl-m-cresol)

同类产品：p-TBP14；300-C；

化学结构式：

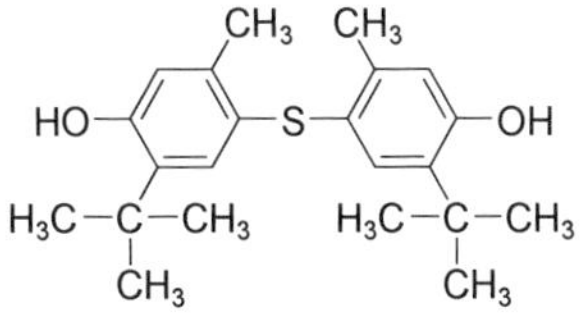

CAS 注册号：[96-69-5]

分子量：358.55

主要特性：耐酸、耐热

技术指标：

项目		指标
外观(目测)		白色，灰白色粉状
初熔点/℃	≥	155
加热减量/%	≤	0.30
灰分/%	≤	0.30
相对密度		1.12

使用特性： 可用于 NR、IR、BR、SBR、NBR、CR 及其胶乳。无着色，非污染型防老剂。耐酸性用法与 NS-5 相似，对聚乙烯的老化防护有效。用量一般 0.01～0.05 份。

7.9 DBHQ

化学名称： 2,5-二叔丁基对苯二酚；2,5-二特丁基对苯二酚

英文名称： 2,5-di-tert-butylhydroquinone

化学结构式：

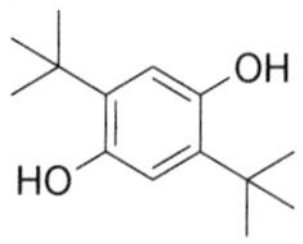

CAS 注册号： [88-58-4]

分子量： 222.33

主要特性： 耐酸

技术指标：

项目		指标
外观(目测)		白色，灰白色粉状
初熔点/℃	≥	200
加热减量/%	≤	0.30
灰分/%	≤	0.30
相对密度		1.11

使用特性： 可用于 NR、IR、BR、SBR、NBR、CR 及其胶乳。无着色，非污染型防老剂。耐酸，可有效防止未硫化胶老化，也用于防止胶带的老化，防止油类老化，对硫化胶性能影响小，一般用量为 1～2 份。

7.10 DAHQ

化学名称： 2,5-二叔戊基对苯二酚；2,5-二特丁基对苯二酚

英文名称： 2,5-di-tert-pentylbenzene-1,4-diol

化学结构式：

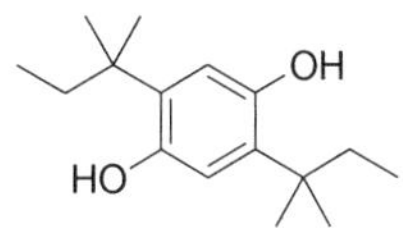

CAS 注册号： [79-74-3]

分子量： 250.38

主要特性： 耐酸

技术指标：

项目		指标
外观(目测)		白色，微灰白色粉状
初熔点/℃	≥	172℃
加热减量/%	≤	0.30
灰分/%	≤	0.30
相对密度		1.01

使用特性： 可用于 NR、IR、BR、SBR、NBR、CR 及其胶乳。无着色，非污染型防老剂。用法与 DBHQ 相同。一般用量为 1～2 份，油类为 0.1%～0.3%。

7.11 NS-10-N

英文名称：N1,N3-bis(3-dimethylaminopropyl)-thiourea

化学结构式：

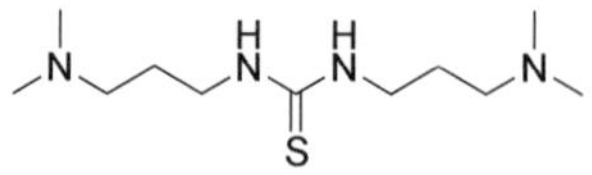

CAS 注册号：[18884-15-6]

分子量：246.42

技术指标：

项目		指标
外观(目测)		白色，淡黄白色粉状
加热减量/%	≤	7
灰分/%	≤	45±5
相对密度		1.48

使用特性：本品可用于 NR、IR、BR、SBR、NBR、CR。无着色，非污染型防老剂。与胺类防老剂一样，具有优异的防臭氧老化作用，由于会活性硫化所以要注意。本品主要用于白色产品、透明产品，建议用量 1～2 份。

7.12 TBTU

化学名称：三丁基硫脲；三丁基-2-硫脲；三丁基硫脲

英文名称：tributyl-thioure

化学结构式：

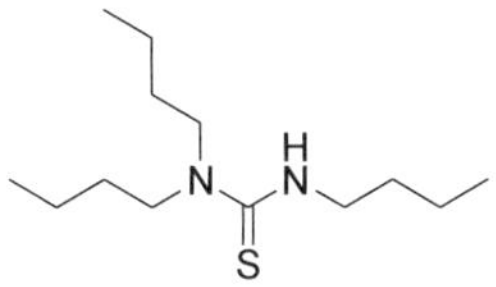

CAS 注册号：[2422-88-0]

分子量: 244.44

主要特性：耐屈挠龟裂

技术指标：

项目		指标
外观(目测)		淡黄色晶体，或褐色液体
灰分/%	≤	0.3
相对密度		0.93～0.96

使用特性：可用于 NR、IR、BR、SBR、NBR、CR。无着色，非污染型防老剂。性能用途于 NS-10-N 相同，活化硫化的程度比 NS-10-N 小。建议用量 1～2 份。

7.13 TNPP

化学名称：三(4-壬苯基)亚磷酸酯；亚磷酸三壬基苯酯

英文名称：tris(nonylphenyl) phosphite

同类产品：TNP

化学结构式：

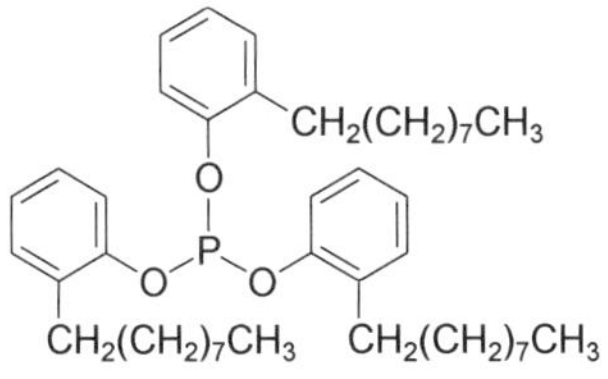

CAS 注册号：[26523-78-4]

分子量：737.13

主要特性：耐酸化，二次老化防止剂

技术指标：

项目		指标
外观(目测)		淡黄色晶体或褐色液体
灰分/%	≤	0.3
相对密度		0.93～0.96

使用特性：三（壬基苯基）亚磷酸酯（TNPP）是一种抗氧化剂，主要用作稳定剂，通过分解氢过氧化物来改善聚乙烯的性能。它也可用于通过延长聚合物链来增强热稳定性。TNPP 和 irganox 一起可用于在阻燃纳米复合材料的制备过程中防止聚酰胺 6（PA6）的氧化降解。TNPP 可用作稳定剂，防止分子量降低并提高复合材料的拉伸强度。它还可以用作增链剂，用于改善羟基丁酸酯-羟基戊酸酯共聚物黏土纳米复合材料熔融共混过程中聚合物的黏度，该纳米复合材料在包装材料中有潜在的应用前景。

NR、IR、BR、SBR、NBR 及胶乳均可以使用，无着色，非污染型防老化剂。与酚类防老剂一起作为二次防老剂效果很好，对未硫化胶有防热氧分解的效果。建议用量 1～2 份。

7.14 DLTDP

化学名称：硫代二丙酸双十二烷酯；硫代二丙酸二月桂酯

英文名称：dilauryl thiodipropionate

同类产品：抗氧剂 DLTP

化学结构式：

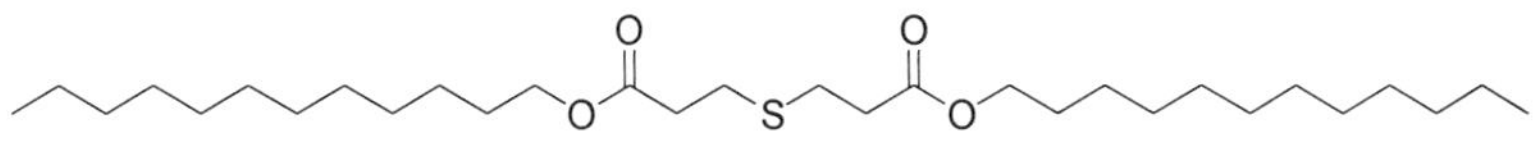

CAS 注册号：[123-28-4]

分子量：514.85

主要特性：耐酸化

技术指标：

项目	指标
外观(目测)	淡黄色晶体或褐色液体
灰分/%　　≤	0.3
相对密度	0.93～0.96

使用特性：可用于 NR、IR、BR、SBR、NBR 及胶乳。无着色，非污染型防老剂。适合 MB 一样的二次防老剂，与酚类一起使用效果更好，适用于白色产品和透明产品。建议用量 1～2 份。

7.15　高耐久改性剂 Acroad DC-01T

化学名称：萘并酰肼衍生物

英文名称：naphthohydrazide derivative

技术指标：

项目	指标
纯度/%	≥98.0
凝固点/℃	143～154
密度/(g/cm^3)	1.3

使用特性：在 NR、BR、SBR、IIR、IR、EPDM 及其胶乳中可以使用，在 NR 及其并用胶中具有明显降生热、抗老化、抗纹扩展性能。DC-01T 可以对 NR 进行反应性改性，从而降低 NR 及 NR 并用胶的生

热，并且能提高 NR 与 BR、SBR 等并用胶的相容性，提高相分散程度。DC-01T 络合物能有效稳定交联键，提高硫化胶的热稳定性。在 BR、SBR、EPDM、IIR 中可有效提高老化保持率及耐屈挠疲劳和裂口扩展性能。推荐用量 0.5～1.5 份。

生产厂家：
大塚化学株式会社

7.16 高抗撕耐切割改性剂 Acroad EN-01

化学名称：含氮杂环化合物
英文名称：nitrogen-containing heterocyclic compound
技术指标：

项目	指标
外观	白色至淡红色固体
气味	无臭
熔融温度/℃	213～215
水溶性	易溶
纯度/%	≥98
密度/(g/cm^3)	1.17

使用特性：在 NR、BR、SBR、IR 及其胶乳中可以使用。本品是一种含氮杂环类化合物，在不饱和橡胶体系中加入 0.3～1 份，可大幅提高撕裂强度和耐切割能力，提高耐疲劳能力。经测试，根据配方体系不同，其效果最高可达：提升 1 倍撕裂强度、降低原始一半的切割损失量。其主要原理为：EN-01 与橡胶双键的 α-H 或者自由基发生化学反应，从而接枝到橡胶主链上，形成主链改性；同时，EN-01 在橡胶体

系中借助锌离子，形成较为稳定的络合交联网络。该网络键能低于硫黄交联键以及 C—C 键，在输入能量发生破坏的时候，该络合键会首先发生断裂，吸收能量，保护其他共价键，起到牺牲键的作用。

贮存和注意事项：室温贮存于通风良好的地方，避免阳光直射，远离所有火源。

生产厂家：

大塚化学株式会社

7.17　耐热性交联剂 TOPWIZ PAPI

化学名称：多马来酰亚胺

英文名称：polymaleimide

化学结构式：

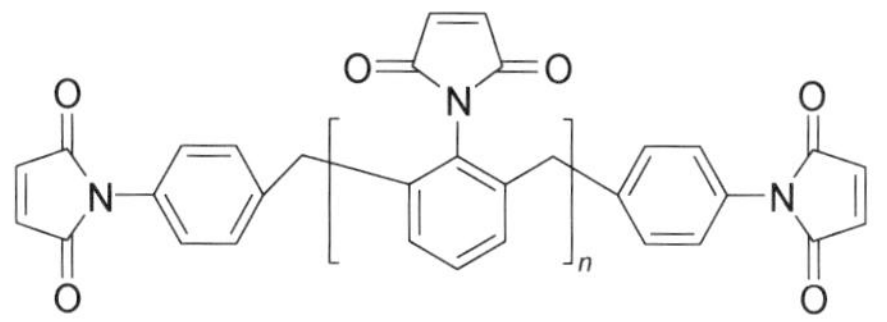

$n = 0 \sim 2$

技术指标：

项目	指标
外观	淡黄色至褐色固体
气味	无臭
多马来酰亚胺含量/%	≥98
软化温度/℃	60～80
溶解度（水，25℃）/（g/L）	0.36
密度（25℃）/（g/cm³）	1.38

使用特性：在 NR、BR、SBR、IIR、IR、EPDM 中可以使用。本品是一种多马来酰亚胺，在橡胶体系中加入适量的 PAPI，可以起到提升橡胶的硬度、提升定伸应力、降低压缩永久变形、降低压缩生热、提高抗裂纹扩展能力等效果。根据配方不同，一般来说，加入 1 份的 PAPI，邵尔 A 硬度可以提升 3～5 个值。其主要机理为：PAPI 有一定反应活性的双键，可与橡胶发生反应，形成长链的 C—C 交联键，从而起到增硬增模量效果；另外，其多官能度的交联长链，具有良好的抗疲劳裂纹扩展能力；多苯环的结构，可以和炭黑形成较强的吸附作用。在密炼过程中，如果 PAPI 与橡胶充分反应接枝到橡胶主链，还能够起到帮助炭黑分散的效果。推荐用量为 0.5～2 份。

贮存和注意事项：远离高温、热源、火花和火焰，不能与强氧化剂一同贮存。

生产厂家：

大冢化学管理（上海）有限公司

7.18 低滚阻改性剂 DS-01-M

化学名称：含氮杂环类化合物的异戊二烯预分散母胶

英文名称：nitrogen-containing heterocyclic compound in polyisoprene rubber masterbatch

技术指标：

项目	指标
外观	紫红色母胶片
DS-01 有效含量/%	20
异戊二烯橡胶含量/%	78
矿物油/%	1.5～5.5

使用特性： DS-01 是一款能够显著降低丁苯橡胶配方体系（尤其是白炭黑配方）滚动阻力的特种改性剂。DS-01 能够对 SBR、BR 主链进行改性，同时可以改善白炭黑分散。

其功能特点是：显著降低 Panye 效应；降低胶料损耗因子；显著降低轮胎的滚动阻力；对加工性能有一定影响，门尼黏度上升 5～15 个值。推荐用量 0.5～1 份。

生产厂家：

大塚化学株式会社

第 8 章

典型橡胶制品配方实例

8.1 轿车子午胎不同补强体系胎面配方

组分	配方 1	配方 2	配方 3
高乙烯基溶聚丁苯橡胶/份	103	103	103
高顺式顺丁胶/份	25	25	25
炭黑 N347/份	85		
高分散白炭黑/份		70	
标准白炭黑/份			70
硅烷偶联剂/份	—	11.2	11.2
氧化锌/份	1.5	1.5	1.5
硬脂酸/份	1	1	1
防老剂 4020/份	2	2	2
硫黄/份	1.5	1.5	1.5
促进剂 CZ/份	1.25	1.25	1.25
促进剂 D/份	1.25	1.25	1.25
硫化胶物理性能			
硬度(邵尔 A)	72	73	71
滚动阻力 tanδ(60℃)	0.262	0.129	0.12
湿牵引性 tanδ(0℃)	0.72	0.732	0.651
DIN 磨耗损失/%	137	124	135

8.2 全天候轿车胎胎面胶配方

组分	
SBR1712/份	82.5
NR(SMR20)/份	20
BR/份	20
炭黑 N234/份	65
填充油或操作油/份	22.5
氧化锌/份	4
硬脂酸/份	2

续表

组分	
防老剂 4010NA/份	1.5
微晶蜡/份	1
硫黄/份	2
促进剂 TBBS/份	1.2
促进剂 TMTD-80/份	0.15
硫化胶物理性能	
硬度(邵尔 A)	61
拉伸强度/MPa	20
300%定伸应力/MPa	6.8
扯断伸长率/%	615
回弹性(登录普)/%	46.2

8.3 绿色轿车子午胎胎面胶配方

组分	配方 1	配方 2	配方 3
S-SBR VSL5525-1/份	103.2	103.2	SBR1712 110
BR 1207/份	25	25	BR 20
白炭黑/份	80	80	
硬脂酸/硅烷偶联剂/份	1/NXT7.8	2/TESPT6.7	1.5/Si-69 4
氧化锌/份	2.5	3	2.5
炭黑 N375/白炭黑/份			50/20
操作油 8125/份	5	操作油 8	增黏树脂 3/分散剂 2
防老剂 6PPD/份	2	2	1
防老剂 TMQ/份	—	—	1
防护蜡/份	1.5	蜡 PEG4000 3.2/TBzTD0.2	1
促进剂 CBS/DPG/份	1.7/2	TBBS1.7/DPG 2	TBBS1.5/DPG 0.4
硫黄/份	1.4	1.5	2.3
合计/份	233.1	238.42	220.2

续表

组分	配方 1	配方 2	配方 3
硫化胶性能	149℃×18min	170℃×18min	
拉伸强度/MPa	22.92	撕裂 57kN/m	17.8
300%定伸应力/MPa	10.33	11.8	14
扯断伸长率/%	513	磨耗/mm^3 110	
硬度(邵尔 A)	52	79	68
永久变形/%			10.5
损耗角正切(60℃)	0.109		
滚动阻力(60km/h)/N			43.8

8.4 轿车子午胎胎侧胶配方

组分	
NR(SMR20)/份	50
BR(Budene1207)/份	50
炭黑 N660/份	50
环烷油 641/份	12
酚醛增黏树脂/份	5
聚乙烯蜡/份	1
防老剂 4020/份	2.5
防老剂 RD/份	1
硬脂酸/份	1
氧化锌/份	3
促进剂 NS/份	1
硫黄/份	2
硫化胶性能	
拉伸强度/MPa	13.8
300%定伸应力/MPa	5.4
扯断伸长率/%	620
硬度(BPA)	54
撕裂强度/(kN/m)	31.5

8.5 轿车子午胎聚酯胎体配方

组分	
NR/份	80
SBR1502/份	20
硬脂酸/份	2
氧化锌/份	4
炭黑 N539、N660/份	30/15
操作油/增黏树脂/份	7/1
RE/黏合剂 A/份	2/2
防老剂 RD/份	2
促进剂 DNBT/TMTD/份	1.7/0.02
不溶性硫黄 7020/份	2.5
合计/份	169.22
硫化胶性能(148℃×30min)	
拉伸强度/MPa	20.3
300%定伸应力/MPa	10.2
扯断伸长率/%	516
硬度(邵尔 A)	51
H 抽出力(1300D/3)/(N/根)	138

8.6 轿车子午胎密封层胶

组分	
NR/份	30
CIIR/份	70
硬脂酸/份	1
氧化锌/份	5
炭黑 N330/份	50
操作油/份	4
促进剂 DM/TMTD/APD/份	1.275/0.1/0.825

续表

组分	
不溶性硫黄 7020/份	0.25
合计/份	162.45
硫化胶性能(148℃×50min)	
拉伸强度/MPa	14.7
300%定伸应力/MPa	7.6
扯断伸长率/%	500
硬度(邵尔 A)	55

8.7　轿车子午胎胶芯胶配方

组分	
NR/份	100
酚醛补强树脂/份	10
HMT/份	2
硬脂酸/份	2
氧化锌/份	10
炭黑 N351/份	55
芳烃油/份	5
防老剂 4020/份	2
烷基酚醛增黏树脂/份	2
促进剂 NS/TBzTD/份	0.6/0.25
不溶性硫黄 7020/CPT/份	5/0.25
合计/份	194.1
硫化胶性能(177℃×10min)	
拉伸强度/MPa	
300%定伸应力/MPa	13.4
扯断伸长率/%	17.6
硬度(邵尔 A)	86
屈挠至破裂(KC)	86
永久变形/%	

8.8 载重子午胎胎面胶配方

组分	配方 1	配方 1	配方 3
NR(SMR20)/份	100	100	70
SBR/份	—	氧化沥青 3	15
BR/份	—	—	15
硬脂酸/份	2	2	2
氧化锌/份	3.5	3.5	4
炭黑 N234/白炭黑/份	38.5/15	43/15	50
Si-69(50%)/份	3	4	芳烃油 4
防老剂 4020/份	2	2	1.5
防老剂 RD/份	1.5	1	1.5
防护蜡/份	1	3	1.5
促进剂 NS/份	1.6	1.8	1.2
硫黄/CTP/份	1.0/0.3	1.2/0.3	1.2/0
合计/份	169.4	181.8	166.9
硫化胶性能(145℃×20min)			
拉伸强度/MPa	23	22	24.8
300%定伸应力/MPa	12.5	16	8.2
扯断伸长率/%	500	430	597
硬度(邵尔 A)	66	71	64

8.9 载重子午胎胎侧胶配方

组分	
NR(SMR10)/份	45
BR/份	55
硬脂酸/份	2
氧化锌/份	3.5
炭黑 N375/份	45
操作油/增黏树脂/份	7/3

续表

组分	
防老剂 4020/份	3
防老剂 RD/份	1
防护蜡/份	2
促进剂 NS/份	0.8
硫黄/CTP/份	1.5/0.15
合计/份	168.95
硫化胶性能	
拉伸强度/MPa	16.5
300%定伸应力/MPa	6.0
扯断伸长率/%	580
硬度(邵尔 A)	58

8.10　载重子午胎胎面基部胶

组分	配方 1	配方 2
NR/份	60	100
BR/份	40	—
环保型塑解剂 DBD/份	—	0.15
硬脂酸/份	1.5	3
氧化锌/份	5	5
炭黑 660/份	45	N220 20/白炭黑 25
Si-17(50%)/份	—	4
防老剂 6PPD/份	1.5	1.5
促进剂 TBBS/份	1.0	CZ 1.8
DTDC/份	1.0	CTP 0.1
硫黄/份	3	1.4
合计/份	164.0	161.8
硫化胶性能		
拉伸强度/MPa	15.4	21.5
300%定伸应力/MPa	11.1	9.3

续表

组分	配方 1	配方 2
扯断伸长率/%	370	550
硬度(邵尔 A)	55	58

8.11 载重子午胎气密层胶

组分	配方 1	配方 2
BIIR/份	100	100
N660/份	60	60
操作油/份	10	8
硬脂酸/份	2	2
氧化锌-80/份	3.7	3.7
氧化镁/份	1	1
烃类树脂混合物/份	6	6
对叔辛基酚醛树脂/份	4	-
促进剂 DM/份	1.5	1.5
硫黄/份	0.5	0.5
合计/份	188.7	182.7
硫化胶性能	160℃×20min	150℃×20min
拉伸强度/MPa	7.5	6.1
300%定伸应力/MPa	3.2	3.8
扯断伸长率/%	770	706
硬度(邵尔 A)	51	55

8.12 载重子午胎钢丝黏合胶

组分	配方 1	配方 2
NR(SMR10)/份	100	100
间苯二酚/份	1.5	1.5

续表

组分	配方 1	配方 2
黏合剂 RA/份	5	5
新癸酸钴/份	1.2	硼酸化钴 1.2
氧化锌/份	8	8
炭黑 N375/白炭黑/份	43/10	56/0
硬脂酸/份	0.5	2
防老剂 4020/份	2	2
防老剂 DTPD/份	1	1
环保型塑解剂 DBD/份	0.27	0.27
促进剂 DCBS/CTP/份	2.0/0.15	1.3/0.15
不溶性硫黄 6033/份	6	5
合计/份	179.62	182.42
硫化胶性能	151℃×30min	151℃×30min
拉伸强度/MPa	18.5	20
300%定伸应力/MPa	17.5	18
扯断伸长率/%	310	350
硬度(邵尔 A)	79	77
H 抽出力(3+9+15*0，175+0.15，埋置深度 25mm)/(N/根)	≥1150(平均)	1100

8.13　载重子午胎胎圈上胶芯胶

组分	
NR/份	100
硬脂酸/份	2
氧化锌/份	4
炭黑 N330/份	45
操作油/份	3
防老剂 4020/份	0.5
防老剂 RD/份	2
增黏树脂/份	2

续表

组分	
促进剂 DZ/份	1.4
不溶性硫黄 7020/份	2.8
合计/份	162.7
硫化胶性能(150℃×20min)	
拉伸强度/MPa	22.3
300%定伸应力/MPa	12.5
扯断伸长率/%	450
硬度(邵尔 A)	56
永久变形/%	

8.14 载重子午胎胎圈下胶芯胶

组分	
NR/份	100
硬脂酸/份	2
氧化锌/份	5
炭黑 N375/补强树脂/份	65/10
操作油/份	4
防老剂 4020/份	0.5
防老剂 RD/份	2
乙炔增黏树脂/份	2
促进剂/份	HMT1.0,NS1.3
不溶性硫黄 7020/CTP/份	4/0.2
合计/份	197
硫化胶性能(150℃×20min)	
拉伸强度/MPa	23.9
扯断伸长率/%	230
硬度(邵尔 A)	85

8.15 载重子午胎胎圈钢丝胶

组分	
SBR/份	80
BR/份	20
硬脂酸/份	1.5
氧化锌/份	5
炭黑 N660/份	100
操作油/份	20
增黏树脂/份	8
防老剂 TMQ/份	1
促进剂 MBT/份	1
硫黄/份	20
合计/份	256.5
硫化胶性能	
拉伸强度/MPa	11.4
扯断伸长率/%	150
硬度(邵尔 A)	80

8.16 载重子午胎胎圈护胶

组分	
NR/份	30
BR(低顺式)/份	70
硬脂酸/份	2
氧化锌/份	4
炭黑 N375/份	70
增黏树脂/份	4
防老剂 6PPD/份	2
防老剂 TMQ/份	1
防护蜡/份	1.5

续表

组分	
促进剂 TBBS/CTP/份	1.4/0.3
不溶性硫黄 7020/份	3.8
合计/份	190
硫化胶性能(150℃×20min)	
拉伸强度/MPa	19.2
扯断伸长率/%	240
硬度(邵尔 A)	78

8.17 硫化胶囊

组分	
丁基橡胶/份	100
氯丁橡胶/份	5
氧化锌/份	5
炭黑 N330/份	55
蓖麻油/份	5
对叔辛基酚醛树脂/份	10
合计/份	180
硫化胶性能(190℃×20min)	
拉伸强度/MPa	12.8
300%定伸应力/MPa	4.8
扯断伸长率/%	720
硬度(邵尔 A)	68

8.18 丁基橡胶囊配方

组分	
IIR/份	90

续表

组分	
CIIR/份	10
氧化锌/份	10
炭黑 N220/份	50
对叔丁基苯酚甲醛树脂 2402/份	10
硬脂酸/份	1
丁基操作油/份	4
石蜡/份	1
硫化胶性能	
拉伸强度/MPa	16.9
300%定伸应力/MPa	10.9
扯断伸长率/%	490
永久变形/%	10
撕裂强度/(kN/m)	63.7
硬度(邵尔 A)	70
蒸汽老化后性能(147℃×30h)	
拉伸强度变化率/%	−8
扯断伸长率变化率/%	−27

8.19　工程轮胎胎面胶配方

组分	
NR/份	50
SBR/份	10
BR/份	40
炭黑 N220/份	25
炭黑 N330/份	40
氧化锌/份	3
硬脂酸/份	2
填充油/份	23

续表

组分	
防老剂 6PPD/份	2
防老剂 TMQ/份	1.5
石蜡/份	4
促进剂 CBS/份	0.7
硫黄/份	2.2
硫化胶性能	
拉伸强度/MPa	18.4
300%定伸应力/MPa	8.8
扯断伸长率/%	606
撕裂强度/(kN/m)	38
硬度(邵尔 A)	57

8.20 摩托车轮胎胎面胶配方

组分	
NR/份	50
BR/份	35
SBR/份	15
炭黑 N330/份	55
硫黄/份	1.5
促进剂 CBS/份	0.8
胶粉(40～80 目)/份	10
硫化胶性能	
拉伸强度/MPa	19.4
300%定伸应力/MPa	9.4
扯断伸长率/%	535
永久变形/%	16
回弹性/%	32
撕裂强度/(kN/m)	104

8.21 彩色鞋大底

组分	配方1	配方2	配方3
NR/份	25	25	25
白色NR胶乳再生胶/份	25	20	15
BR/份	50	55	60
硬脂酸/份	2	2	2
氧化锌/份	4	4	4
立德粉/重质碳酸钙/份	12/25	12/20	12/15
白矿油/份	3.5	3.5	3.5
防老剂264/份	1	1	1
酞菁绿/钛白粉/份	0/6	0.6/6	0/10
古马隆/松香/份	4/1	4/1	4/1
促进剂MBT/DM/DPG/份	0.6/0.8/0.5	0.5/0.8/0.5	0.7/0.8/0.5
硫黄/份	2.5	2.5	2.5
合计/份	162.9	158.4	157
硫化胶性能	黄底	绿底	白底
拉伸强度/MPa	16.3	16.2	15.4
300%定伸应力/MPa	11.5	11.1	10.2
扯断伸长率/%	436	443	480
硬度(邵尔A)	60	58	60
永久变形/%	23	25	24
阿克隆磨耗/cm^3	0.76	0.74	0.73

8.22 耐高温输送带橡胶与镀黄铜钢丝黏合配方

组分	
CIIR/份	40
EPDM/份	60
氧化镁/份	0.5
硬脂酸/份	0.5

续表

组分	
烷基酚醛树脂/份	5
间苯二酚/份	1.25
黏合增进剂/份	2.5
六亚甲基四胺/份	0.8
半补强炭黑/份	70
白炭黑/份	15
石蜡油/份	20
氧化锌/份	5
促进剂 TMTD/份	1
促进剂 CBS/份	1.5
硫黄/份	1
硫化胶性能	
拉伸强度/MPa	9.8
300%定伸应力/MPa	8.1
扯断伸长率/%	320
撕裂强度/(kN/m)	37
硬度(邵尔 A)	61
黏附强度/(N/cm^2)	720

8.23 V 带胶料配方

组分	
SBR1502/份	85
SMR/份	15
炭黑 N774/份	125
操作油/份	10
氧化锌/份	5
硬脂酸/份	2
抗氧剂/份	2
促进剂 TBBS/份	1

续表

组分	
促进剂 TBzTD/份	0.3
硫黄/份	2
硫化胶性能	
拉伸强度/MPa	18.3
300%定伸应力/MPa	9.9
扯断伸长率/%	240

8.24　胶辊胶料配方

组分	
NBR/份	100
炭黑 N550/份	50
氧化锌/份	5
硬脂酸/份	1
促进剂 TMTD/份	2
促进剂 CBS/份	1.5
增塑剂(RS1000)/份	20
硫黄/份	0.3
硫化胶性能	
拉伸强度/MPa	21
扯断伸长率/%	640
硬度(邵尔 A)	60
脆性温度/℃	-38

8.25　砻谷胶辊胶料配方

组分	
NBR/份	100

续表

组分	
沉淀法白炭黑/份	55
偶联剂 Si-17/份	2
聚乙烯二醇/份	2
古马隆树脂/份	5
酚醛树脂/份	25
DOP/份	10
促进剂 TMTM/份	1.5
NBR/PVC 熔融共混体/份	10
硬脂酸/份	3
硫黄/份	1
硫化胶性能	
拉伸强度/MPa	16
扯断伸长率/%	37
硬度(邵尔 A)	90
DIN 磨耗/mm^3	110

8.26 电线电缆外套胶料配方

组分	
NBR 35V/份	100
炭黑 N550/份	50
硬质陶土/份	100
增塑剂/份	35
混合蜡/份	3
防老剂 TMQ/份	1.5
氧化锌/份	3
硬脂酸/份	1.5
促进剂 DM/份	1
促进剂 DOTC/份	0.3
促进剂 TMTD/份	0.4

续表

组分	
硫黄/份	1.5
硫化胶性能	
拉伸强度/MPa	9.6
200%定伸应力/MPa	8.8
扯断伸长率/%	250
硬度(邵尔 A)	82
耐臭氧(50ppm×拉伸 20%×70h)	无龟裂

8.27 O 型密封圈

组分	配方 1	配方 2	配方 3
氢化丁腈橡胶/份	100		
丙烯酸酯橡胶/份		100	
三元氯醚橡胶/份			100
硬脂酸/份	1	硬脂酸钾 0.3	硬脂酸钙 1
氧化锌/份	5	硬脂酸钠 3	四氧化三铅 8
炭黑 N770/份	40	N550 35/N660 25	N550 15/N330 15/N990 40/白炭黑 20
操作油、增塑剂 TP-95/份	5	加工助剂 1.5	
防老剂 4020/份		防老剂 445 2.0	防老剂 NBC 1
防老剂 RD/份			壬二酸 4/尿素衍生物 0.2
防护蜡/份		CTP 0.3	聚醚增塑剂 TP-90-B 10/防 MB0.2
促进剂/份	M0.5/TMTD2.5		邻苯二甲酸二丁酯 5/促进剂 NA-22 1.3
硫黄/份	0.5	0.3	加工助剂 1.5
合计/份	154.5	167.4	222.1
硫化胶性能	一级 160℃×30min 二级 150℃×4h		175℃×35min
拉伸强度/MPa	25.1		6.9
300%定伸应力/MPa			

续表

组分	配方 1	配方 2	配方 3
扯断伸长率/%	480		250
硬度(邵尔 A)	66	60	75
永久变形/%	31		21

8.28 油封配方

组分	
NBR/份	100
氧化锌/份	5
硬脂酸/份	1.5
炭黑 N770/份	110
增塑剂 DOP/份	10
防老剂 OD/份	1.5
促进剂 CBS/份	1.5
促进剂 TMTD/份	1.5
硫黄/份	0.3
硫化胶性能	
拉伸强度/MPa	17.74
扯断伸长率/%	280
硬度(邵尔 A)	79
压缩永久变形/%	18

8.29 建筑密封胶料配方

组分	
EPDM/份	100
炭黑 N550/份	90
环烷油 4240/份	70

续表

组分	
硬脂酸/份	1
氧化锌/份	5
促进剂 MBT/份	0.5
促进剂 TMTD/份	1
促进剂 TMTM/份	1.75
硫黄/份	1
硫化胶性能	
拉伸强度/MPa	13.2
300%定伸应力/MPa	10.7
扯断伸长率/%	390
低温脆化点/℃	-65

8.30 工业密封胶配方

组分	
NBR/份	100
氧化锌/份	5
硬脂酸/份	1
炭黑 N550/份	50
轻度碳酸钙/份	25
表面处理碳酸钙/份	20
增塑剂 DOP/份	10
增黏剂/份	1
石蜡/份	1
防老剂 TMQ/份	1
促进剂 CBS/份	2
促进剂 TMTD/份	2.5
硫黄/份	0.5
硫化胶性能	
拉伸强度/MPa	11.9

续表

组分	
100%定伸应力/MPa	1.3
扯断伸长率/%	490
硬度(邵尔 A)	60

8.31 橡胶减震制品

组分	配方 1	配方 2	配方 3
NR/份	100		充油 EPDM135
CR(DCR-31)/份	—	100	—
EPDM/份	—	—	20
硬脂酸/份	0.5	—	1
氧化锌/份	5	5	5
喷雾炭黑/N550/份	20/0	0/50	0/70
矿物油/癸二酸二丁酯/份	(沥青)3	2/14*	增黏树脂 5/石蜡油 20
防老剂 4020/630/份	1/0	0/2	WB212/3
防老剂 RD/Octamine/份	2/0	0/4	促进剂 PZ1.5
防护蜡/氧化镁/份		4	促进剂 TMTD1.5
促进剂 MBT/促进剂 NA-22/份	0.66/—	DM0.5/TNP1.0	促进剂 M0.5
防老剂 TNP/份	—	—	1.0
硫黄/份	3		0.75
合计/份	162.9	183.25	263.25
硫化胶性能	153℃×10min	150℃×20min	160℃×20min
拉伸强度/MPa	20.6	21.6	15.7
300%定伸应力/MPa		7.9	2.4
扯断伸长率/%	703	500	680
硬度(邵尔 A)	41	58	50
永久变形/%	22	21	45
脆性温度/℃	−59	−50	
黏合强度/MPa	—	—	6.7

8.32　EPDM 屋顶防水卷材配方

组分	
EPDM/份	100
炭黑 N347/份	120
滑石粉/份	30
石蜡油/份	105
氧化锌/份	5
硬脂酸/份	1
促进剂 DM/份	2.2
促进剂 TMTD/份	0.75
促进剂 TETD/份	0.75
硫黄/份	1
硫化胶性能	
拉伸强度/MPa	13.7
300%定伸应力/MPa	8.4
扯断伸长率/%	480
撕裂强度/(kN/m)	35.3

8.33　汽车雨刷胶条配方

组分	**配方 1**	**配方 2**	**配方 3**
NR(标准胶)/份	100	100	100
炭黑 N550/份	40	40	40
热裂法炭黑/份	20	30	20
炭黑 N660/份	10	—	10
增塑剂/份	2	2	2
分散剂/份	—	—	2
防老剂/份	3.75	3.75	3.75
硬脂酸/份	—	1	—
硬脂酸锌/份	1	—	2

续表

组分	配方 1	配方 2	配方 3
氧化锌/份	8	5	5
硫黄/份	1	1	1.2
DTDC/份	1.2	1.2	1.2
促进剂 MBTS/份	0.6	0.6	0.6
促进剂 TMTM/份	0.2	0.2	—
促进剂 TMTD/份	—	—	0.3
促进剂 TBBS/份	0.65	0.65	—
促进剂 CBS/份	—	—	0.65
防焦剂 CTP/份	0.1	0.2	0.2

8.34 医用瓶塞

组分	配方 1	配方 2	配方 3
丁基橡胶/份	100	—	—
CIIR/份	—	100	—
BIIR/份	—	—	100
硬脂酸/份	1.5	1	—
氧化锌/份	10	5	3
重质碳酸钙/份	60	—	—
陶土/份	10	100	100*
二甘醇/份	2	凡士林 4	
石蜡/份		2	2
聚乙烯蜡/份		2	2
促进剂 TMTD/份	2	MBT1/TMTD1.5/ZDC0.5	PZ0.2
硫黄/份	1	0.3	
合计/份	186.5	217.3	207.7
硫化胶性能	165℃×5min	160℃×10min	180℃×4min
拉伸强度/MPa	12.3	8.4	7.4
300%定伸应力/MPa	0.9	1.7	2

续表

组分	配方 1	配方 2	配方 3
扯断伸长率/%	850	850	900
硬度(邵尔 A)	27	50	50
永久变形/%		20	41

8.35 橡胶（气囊式）空气弹簧

组分	外层胶	内层胶	帘布胶
NR/份	50	100	100
CR(120)/份	50	—	—
硬脂酸/份	1.5	2	2
氧化锌/氧化镁/份	5/3	10/0	25/0
炭黑 EPC/SRF/份	15.75/15.75	40/10	—/15
黑油膏/松香/份	2.5/1	松焦油 1	松焦油 1.5
防老剂 6PPD/份	1	1	0.75
防老剂 TMQ/份	1	1	0.75
防护蜡/份	1		
促进剂 MBT/份	0.5	M0.5/TMTD0.05	DM1/TMTD0.04
硫黄/份	1.5	2.5	2.5
合计/份	149.5	157.55	148.54
硫化胶性能	142℃×25min	133℃×25min	133℃×25min
拉伸强度/MPa	24.9	25.5	29.3
300%定伸应力/MPa	7.7	5.4	3.9
扯断伸长率/%	684		682
硬度(邵尔 A)	54	57	48
永久变形/%	17	30	25

8.36 阻燃防水篷布

组分	
NR/份	30
SBR/份	40
氯化聚乙烯/份	30
硬脂酸/份	1.5
氧化锌/份	5
轻质碳酸钙/陶土/份	35/15
石英粉/邻苯二甲酸二丁酯/份	10/6
防老剂 2246/液体古马隆/份	1.5/10
防老剂 SP/份	0.5
三氧化二锑/氢氧化铝/氯化石蜡/份	5/5/25
促进剂 MBT/CBS/NA-22/份	1/1/0.8
硫黄/份	2.3
着色剂/份	2
合计/份	231.6
硫化胶性能	
拉伸强度/MPa	12.2
扯断伸长率/%	745

8.37 高发泡软质海绵胶配方

组分	
NR/份	100
氧化锌/份	5
硬脂酸/份	5
白艳华/份	5
环烷油/份	5
防老剂/份	1
发泡剂 A/份	5

续表

组分	
促进剂 DM/份	0.4
促进剂 DPG/份	0.4
硫黄/份	2
表观密度/(Mg/m^3)	
140℃×27min	0.106
145℃×23min	0.104
150℃×20min	0.103

《橡胶助剂实用手册》联合编制单位

蔚林新材料科技股份有限公司
山东尚舜化工有限公司
圣奥化学科技有限公司
山东阳谷华泰化工股份有限公司
科迈化工股份有限公司
山东斯递尔化工科技有限公司
南京曙光化工集团有限公司
中石化南京化工研究院有限公司
江苏强盛功能化学股份有限公司
河南省开仑化工有限责任公司
鹤壁元昊新材料集团有限公司
宁波艾克姆新材料股份有限公司
江阴市三良橡塑新材料有限公司
杭州中德化学工业有限公司
青岛海佳助剂有限公司
江苏卡欧化工股份有限公司
鹤壁市恒力橡塑股份有限公司
常州市五洲化工有限公司
青岛福诺化工科技有限公司
浙江黄岩浙东橡胶助剂有限公司
武汉径河化工有限公司
国家橡胶助剂工程技术研究中心